走进云南茶树王国

《走进云南茶树王国》编委会 编著

中国经济出版社

·北京·

图书在版编目（CIP）数据

走进云南茶树王国 /《走进云南茶树王国》编委会
编著 . —北京：中国经济出版社，2024.1
　ISBN 978-7-5136-7496-6

　Ⅰ.①走… Ⅱ.①走… Ⅲ.①茶文化 – 云南　Ⅳ.
①TS971.21

中国国家版本馆 CIP 数据核字（2023）第 185797 号

责任编辑　彭　欣
责任印制　马小宾
封面设计　久品轩

出版发行　中国经济出版社
印　刷　者　北京富泰印刷有限责任公司
经　销　者　各地新华书店
开　　　本　889mm×1194mm　1/16
印　　　张　17
字　　　数　377千字
版　　　次　2024年1月第1版
印　　　次　2024年1月第1版
定　　　价　286.00元
广告经营许可证　京西工商广字第8179号

中国经济出版社　网址 www.economyph.com　社址 北京市东城区安定门外大街58号　邮编 100011
本版图书如存在印装质量问题，请与本社销售中心联系调换（联系电话：010-57512564）

版权所有　盗版必究（举报电话：010-57512600）
国家版权局反盗版举报中心（举报电话：12390）　　服务热线：010-57512564

编委会主编、主任：张　云

编委会副主编：赵丹丹　杨　洋　陈　乐　李　娜　苗思明　王　巍
　　　　　　　张　腾

编委会副主任：李春林　张　宁　田　伟　张　东　张　雷　梁晓静

编委会成员：尉　迟　于　洋　史雨生　汪　霞　陆　坤　章亚琴
　　　　　　孙西艳　王　情　张鑫焱　王静文　王奕妃　张　娟
　　　　　　施鹏双　李晓华

编委会

顾问

黄桂枢 云南墨江人，曾任云南省普洱市文物管理所所长、研究员、教授。历任中国考古学会、中国博物馆学会、中国民族学学会、中国民族史学会、中国东南亚研究会、中华诗词学会、云南省书法家协会、云南省作家协会会员；中国国际茶文化研究会顾问、学术委员；中国楹联学会第三届理事，第四、第五届名誉理事；云南省诗词学会、楹联学会常务理事；全球汉诗总会理事；地区文联第二届副主席；普洱市诗词楹联协会主席；云南省文物监管品鉴定员；云南民族学会学术咨询委员；（云南）普洱茶文化研究会常务副会长；《普洱》杂志编委会副主任；普洱市茶叶协会茶文化工作委员会副主任；普洱市人民政府茶产业发展顾问；普洱市和云南省档案馆"档案名人"。享受国务院政府特殊津贴专家。先后完成国家、省、地区科研项目22项，在海内外发表论文61篇。曾获"全国侨联先进个人"称号及"爱国奉献奖"。2005年荣获首届"全球普洱茶十大杰出人物"称号及"茶马奖"；同年9月，荣登国家邮政局发行的"首届全球普洱茶十大杰出人物——云南四杰"邮票。2006年10月，被授予"云南省有突出贡献的哲学社会科学专家"称号。2007年8月，被国家文物局授予"中国当代文博专家"称号。2011年1月，被普洱市委、市政府授予"振兴普洱人才奖"。

赵昌能 云南普洱人，普洱茶专家，曾任中共景东彝族自治县委副书记，原普洱市人民政府茶产业办公室主任、茶业局局长，云南省普洱茶协会会长，普洱市

天下普洱茶国有限公司董事长。为普洱市经济发展特别是"普洱茶"走向世界做出了特殊贡献。

陈勋儒 云南省原副省长，现任农工党中央副主席、云南省委会主委，全国政协常委、云南省政协副主席，中国红十字会理事、云南省红十字会会长，中国作物学会会员，云南省茶叶流通协会创会会长。

邵宛芳 二级教授，国家现代茶叶产业技术体系建设岗位科学家，云南农业大学普洱茶学院及云南普洱茶研究院原院长，云南省第十届政协委员，民盟云南省委常委，云南省普洱茶协会副会长，中国茶叶学会常务理事，中国茶叶学会学术专业委员会副主任，中国社会科学院茶产业研究会专家，普洱茶产业技术创新联盟专家委员会副主任。享受云南省政府特殊津贴，获评"全球普洱茶十大杰出人物"。在中外期刊上发表学术论文90余篇，主编《普洱茶成分及功效探究》《普洱茶保健功效科学读本》《普洱茶文化学》，参编《茶叶生物化学》等专著。获得国家授权发明专利3项。

吕才有 教授，硕士研究生导师，西南大学博士。曾任石屏县人民政府副县长，云南农业大学茶学院院长，现任云南龙润普洱茶学院书记。主要从事茶叶加工、茶的综合利用、普洱茶标准等的教学、科研及高等教育管理工作，发表相关论文30余篇，其中被SCI收录两篇。主持和参与国家、省主要科研项目6项，担任云南省普洱茶协会学术委员会副主任，昆明茶叶行业协会副会长，昆明民族茶文化促进会副秘书长。荣获云南省科技进步一等奖，云南省教学成果二等奖，云南农业大学教学成果一等奖。近年来，先后获云南农业大学"优秀教师"和"优秀党务工作者"等荣誉称号。2007年4月，荣获首届中国普洱茶战略联盟论坛峰会论文一等奖。主编《茶馆设计与管理》，参编《茶的综合利用》《中国茶谱》等专著。

何青元 云南省农业科学院茶叶研究所党委副书记、副所长（主持工作）、研究员，中国茶叶学会常务理事，中国茶叶流通协会专家委员，云南省科技特派员，《云南茶叶》主编。先后主持和承担国家、省重点项目40余项。担任主编编辑的作品包括《云南茶叶研究》《云南省农业科学院茶叶研究所志》《云南茶树遗传资源》《勐海茶种植技术》《勐海普洱茶加工技术》《勐海普洱茶文化》《勐海县古茶树资源科学考察报告》《云南少数民族茶俗茶艺文化研究》。担任副主编编辑的作品包括《云南茶叶加工技术》《云南茶树栽培技术》《滇红》《云南古茶树资源保护与利用研究》《云南省古茶树资源概况》《普洱茶年鉴》。担任执行主编编辑的作品有《云茶大典》。参编《云南大百科全书》《云茶科技》《专家茶人论道普洱茶》等专著，在国家、省级刊物上发表论文80余篇。

何仕华 国际普洱茶评鉴委员会评鉴副主任高级工程师、国家普洱茶产品质量监督检验中心专家，获得"千年古茶树茶第一人"称谓。从事对外经济贸易工作30多年，对茶叶行业管理和茶叶技术推广、名茶开发有深入研究，发表学术论文20多篇。发表的文章《邦崴古茶树的发现与保护》入编"科教兴国丛书"。为《中国普洱茶饮及茶艺》《农业考古中国茶文化专号1995》《古茶树王国》等多部专题片撰稿，上述专题片曾多次在云南电视台、中央一台、四台播出，荣立三等功1次。研究的"孟连县朗勒茶树

栽培试验示范项目"获科技进步奖，有 6 篇论文在国际学术研讨会上获鼓励。主持和参加 25 个茶叶项目基地的论证与实施。

李兴昌 国家级非物质文化遗产——"普洱茶·贡茶制作技艺"国家级优秀传承人、"薪传奖"获得者；中华人民共和国第一届职业技能大赛，入选"中华绝技"优秀展播项目者；中国当代杰出非物质文化遗产传承人 2019 年度人物奖获得者。云南首席技师，普洱大国茶匠，普洱茶专家委员会专家委员，宁洱皇家贡茶研究所首席专家，普洱学院客座教授，滇西应用技术大学、普洱茶学院客座教授、导师，全国劳动技术教育优秀辅导教师，中华非物质文化遗产基金会普洱茶首席顾问。

徐亚和 中国茶叶流通协会理事，云南省茶叶流通协会驻会副会长，云南省打造"绿色食品牌"茶产业专家。发表茶学论文 10 余篇。

陈佳玮 云南省普洱茶协会会长。

张　云 云南省普洱茶协会副会长，云南省茶叶流通协会副会长，云南省普洱茶协会专家委员会副主任专家委员、北京茶业协会副会长。曾获"中国十大新锐创业领袖奖"，中国慈善最高奖项——"中华慈善奖"，全球华商菁英人物"金鸥奖"，第八、第九届中国企业家发展年会"最具社会责任企业家"称号。云爱公益创始人。香港理工大学管理学博士、中国人民大学商学院职业导师，EMBA 北京校友会会长。

编委会

撰 稿

赵丹丹 　黑龙江哈尔滨人，播音与主持专业专科，北京理工大学工商管理本科。2003—2004年任黑龙江卫视主持人。高级茶艺师、评茶员。从事茶文化与茶艺教学10年，曾多次深入云南、福建、浙江等茶业原产地实地考察。茶文化、茶艺资深讲师。录制音频课程"安然浅说茶文化"836节。创建"揭秘世界上最健康的饮料""普洱茶科学数据解析""一杯茶在人体内的旅行""清宫生活与普洱茶""揭秘茶寿108岁""云端上的奇花异草""免疫力与茶""六大茶系终结者——普洱茶""六大茶系"等茶学知识课程。云南省茶叶流通协会北京培训中心特聘茶学高级培训讲师，普洱茶协会常务理事，山花工程云爱公益爱心大使。

（第三章作者）

杨 洋 　山西长治人，播音主持艺术学学士，从事茶艺培训工作5年，主修茶祖文化与茶叶养生学，承担过"茶文化传播""茶叶品鉴与盲品""普洱茶文化学"等课程的教学工作。在培养茶艺师领域做出突出贡献，深受茶友认可与信赖。深耕茶文化产业多年，注重茶文化弘扬与实践，身体力行，走访云南多个茶山，并深入茶叶生产车间学习调研。线上组织讲解茶文化空中课堂，线下讲解茶文化公益讲座近300场，被云南省茶叶流通协会授予2021年度"最美茶人"称号。2017年7月，在"云茶职业技能（北京）培训站"、云南省普洱茶协会北京市工作站从事教学工作至今。国家中级评茶员，国家中级茶艺师，茶文化高级讲师，茶艺培训教师。

（第二章作者）

陈　乐　河北涿州人，毕业于河北师范大学，高级评茶师。主要研究和推广茶文化及茶专业。负责参与普洱茶的研究与推广，多次深入云南茶山考察研究。同时，也是云南茶叶流通协会云茶职业技能北京培训站、云普茶业高级讲师。深入了解茶艺、茶叶和中国传统的茶文化，对茶道有着深刻的理解和体悟。专业知识丰富，针对茶叶加工、鉴赏、营养价值等多个方面进行了探究与讲解。推出的《探索茶文化》《小陈说茶》《茶与健康》《清宫生活与普洱茶》《普洱贡茶的前世今生》《新形势下的普洱茶发展》等专著深受认可与好评。致力于推广茶文化和茶专业技能的普及，通过自己的实践和积累，成为茶文化和茶专业领域的突出人物。

（第一章作者）

李　娜　辽宁朝阳人，作为中国茶文化优秀的传承者、推广者，不遗余力传播中国茶文化。云南省茶叶流通协会云茶职业技能培训站主任委员，云南省农业科学院茶叶研究所北京普洱茶技术研究中心主任委员，云南省普洱茶协会北京工作站主任，"文化强国"光明日报协同推广平台茶文化学习实践基地先进工作者，云南省普洱茶协会专家委员会驻京联络处主任，云南茶文化北京传播中心杰出人物，被茶文化第一人、普洱茶文化开拓者黄桂枢赞誉为"最美茶人"。

（第四章中第三、第四、第五节作者）

王　巍　辽宁省海城人，大连外国语学院英语专业本科。自学校毕业后先后于外贸、医护用品、科技行业从事相应工作，曾担任总经理助理等职务。2003—2020年，从事移民行业，先后担任翻译、高级经理。2020年4月，参加北京钮泰文化发展有限公司举办的茶艺师培训，同年7月加入北京钮泰文化发展有限公司。醉心于研究茶文化，提升茶艺，被聘为茶艺师。通过品茶交流、线下线上授课等方式，向大众传播茶文化，广获好评。现为北京钮泰文化发展有限公司旗下北京云普有限公司讲师。所授课程为："走进六大茶系""世界茶源""禅茶一味""茶——您喝对了吗？""五行与饮茶""余秋雨与普洱茶""如何识别一饼好茶""茶祖的故事""健康与财富""茶叶战争""夏季如何喝茶""绿茶与普洱生茶的区别""佛门与茶的不解之缘""茶叶大盗"。

（第四章中第一、第二节作者）

张　腾　北京人，茶艺师、评茶师。"文化强国"光明日报协同推广平台茶文化学习实践基地高级讲师。原晴天海棠花艺工作室创始人，首席花艺讲师。其专著《方寸之间》《普洱茶新时代》《普洱茶与鞋》《茶艺人生》等广受赞誉，为推广茶文化做出突出贡献。有丰富的茶艺表演、茶事活动、茶艺培训、茶艺策划经验。把花艺与茶艺相结合，使中国茶更具美感与活力。

（第四章中第六节至结尾作者）

编委会成员合影

目 录

第一章 茶树的分类

第一节 茶树植物及其分类方式 … 002
一、乔木型 … 004
二、小乔木型 … 004
三、灌木型 … 004
四、按叶片大小分类 … 005
五、按进化选择方式分类 … 005
六、按栽培方式分类 … 006
七、按繁殖方式分类 … 006

第二节 茶树植物的系统分类 … 006

第三节 茶树种质资源调查工作 … 009
一、普洱市简介 … 009
二、中华人民共和国成立初期的茶树品种资源调查 … 010
三、地区茶树品种资源普查 … 012
四、国家茶树品种资源考察 … 015
五、野生大茶树或古茶树的考察和论证活动 … 018

第四节 茶树种质资源 … 024

第五节 野生型茶树种质资源 … 024
一、景东县 … 024
二、镇沅县 … 031
三、景谷县 … 034
四、宁洱县 … 036

五、墨江县	038
六、江城县	040
七、澜沧县	041
八、西盟县	046
九、孟连县	048

第六节　栽培型茶树种质资源　　　　　　　　　　　　050

一、景东县	050
二、镇沅县	057
三、景谷县	062
四、宁洱县	067
五、墨江县	070
六、思茅区	076
七、江城县	078
八、澜沧县	081
九、西盟县	090
十、孟连县	091

第七节　过渡型茶树　　　　　　　　　　　　　　　　093

第八节　野生茶树居群　　　　　　　　　　　　　　　102

一、无量山居群	102
二、哀牢山居群	103
三、镇沅无量山支系居群	103
四、牛角尖山居群	103
五、羊神庙大山居群	103

	六、芦山居群	104
	七、苏家山曼竜山居群	104
	八、宁洱、景谷无量山支系居群	104
	九、板山居群	104
	十、大石房后山居群	105
	十一、大尖山居群	105
	十二、帕岭、马打死、大空树、蚌潭居群	105
	十三、大黑山居群	105
	十四、龙潭居群	105
	十五、翁嘎科居群	106
	十六、佛殿山城子水库居群	106
	十七、拉斯陇居群	106
	十八、野牛山居群	106
	十九、腊福大黑山居群	106
第九节	古茶山	107
	一、老仓福德古茶山	107
	二、金鼎古茶山	108
	三、漫湾古茶山	108
	四、御笔古茶山	108
	五、哀牢山西坡古茶山	108
	六、振太古茶山	109
	七、老乌山古茶山	109
	八、田坝古茶山	109

九、勐大古茶山	109
十、马邓古茶山	110
十一、文山古茶山	110
十二、秧塔古茶山	110
十三、南板黄草坝古茶山	111
十四、联合龙塘古茶山	111
十五、团结古茶山	111
十六、须立贡茶古茶山	111
十七、龙坝古茶山	111
十八、通关古茶山	112
十九、坝溜古茶山	112
二十、迷帝贡茶古茶山	112
二十一、景星豪门古茶山	112
二十二、困鹿山古茶山	113
二十三、国庆古茶山	113
二十四、文东古茶山	113
二十五、景迈古茶山	114

第十节　普洱景迈山古茶林文化景观被列入世界遗产　　115
　　一、普洱景迈山古茶林文化景观　　116
　　二、和谐的古村落　　117
　　三、丰富的茶文化　　117
　　四、突出的遗产价值　　117

第二章　茶的起源与历史发展

第一节　走进茶的国度——中国茶的起源　122
　　一、茶的起源与发展　122
　　二、茶与历史名人　126
第二节　中国茶独特的制作工艺　140
　　一、从生煮羹饮到晒干收藏　140
　　二、从蒸青造型到龙团凤饼　140
　　三、从团饼茶到散叶茶　141
第三节　普洱茶文化与"世界茶源"　141
　　一、普洱茶文化　142
　　二、普洱茶贡品　155
　　三、茶马古道　163
　　四、普洱茶诗词　166

第三章　普洱茶的医学保健

第一节　古籍中记载的普洱茶保健　170
第二节　古时就称茶为"万病之药"　171
第三节　现代科学研究普洱茶物质　174
第四节　现代科学研究普洱茶的保健功能　176

第四章　茶道与茶艺

第一节　茶道起源　　　　　　　　　　　　　　　　　204
　　一、中国是世界茶道的发源地　　　　　　　　　　204
　　二、中国茶道简介　　　　　　　　　　　　　　　204

第二节　茶道相关人物　　　　　　　　　　　　　　206
　　一、饮茶得道——皎然（生卒年不详）　　　　　　207
　　二、与皇帝斗茶——梅妃（723—756 年）　　　　　207
　　三、"茶圣"——陆羽（约 733—约 804 年）　　　　207
　　四、中国首位女茶艺师——李冶（约 730—784 年）　208
　　五、"茶有十德"——刘贞亮（？—813 年）　　　　208
　　六、唐代写茶诗最多的诗人——白居易（772—846 年）　209
　　七、"吃茶去"——赵州禅师（778—897 年）　　　　209
　　八、日本煎茶道始祖——"茶仙"卢仝（约 795—835 年）　210
　　九、茶器师——皮日休（约 838—约 883 年）　　　210
　　十、"小龙团"茶创始人——让建茶名垂天下——
　　　　蔡襄（1012—1067 年）　　　　　　　　　　　210
　　十一、茶艺大师——苏轼（1037—1101 年）　　　　211
　　十二、《大观茶论》——宋徽宗赵佶（1082—1135 年）　211
　　十三、饮茶助学——李清照（1084—1155 年）　　　212
　　十四、宋代写茶诗最多的人——杨万里（1127—1206 年）　212
　　十五、有仙气的爱茶人——明朝第一代宁王——
　　　　朱权（1378—1448 年）　　　　　　　　　　　213

  十六、煎茶、点茶高度概括——钱椿年（生卒年不详）   213

  十七、烹试、品饮之茶道——许次纾（1549—约 1604 年）   213

  十八、用壶泡茶——张源（明？—？）   214

  十九、自创江南第一名茶——张岱（1597—约 1689 年）   215

  二十、用茶换聊斋故事——蒲松龄（1640—1715 年）   215

  二十一、"扬州八怪"之一——汪士慎（1686—1759 年）   215

  二十二、"君不可一日无茶"——乾隆（1711—1799 年）   215

  二十三、108 岁茶寿的——张天福（1910—2017 年）   216

  二十四、"当代茶圣"——吴觉农（1897—1989 年）   216

  二十五、中国茶树栽培学科奠基人——庄晚芳（1908—1996 年）   217

第三节 茶道与儒释道三家   217

  一、茶道与儒家   217

  二、茶道与佛家   219

  三、茶道与道家   220

第四节 日本茶道   221

  一、日本茶树起源   221

  二、日本茶道起源及发展阶段   221

  三、日本茶道与中国茶道的区别   226

第五节 韩国茶道   227

  一、韩国茶树起源   227

  二、韩国茶道起源及发展阶段   227

  三、韩国茶道与中国茶道的区别   229

第六节　茶艺概述	230
一、茶席布置	230
二、茶席设计概念	231
三、茶席设计的构成要素	231
第七节　茶　具	234
第八节　茶叶冲泡流程（以普洱茶为例）	236
一、冲泡流程	236
二、操作要点	236
第九节　茶　礼	241
一、茶艺人员的仪表仪态要求	241
二、行茶礼仪	242
三、敬茶礼仪	243
四、品茶礼仪	244
第十节　茶事活动	245
一、如何选定主题	245
二、环境的选择	245
三、茶会人员	245
四、茶席的风格	245
第十一节　茶艺培训	246
一、茶艺师的职业道德修养	246
二、茶艺师应具备的基本素质	246
第十二节　宣传茶文化	249

百年大茶树

第一章 茶树的分类

Chapter 1

第一节 茶树植物及其分类方式

茶在植物分类学属于被子植物门、双子叶植物纲、山茶目、山茶科、山茶属，是一种多年生木本常绿植物。

我国是世界上最早种茶、制茶、饮茶的国家，已经有千年的茶树栽培历史。三国时《吴普·本草》引《桐君录》中有"南方有瓜芦木（大茶树），亦似茗，至苦涩，取为屑茶饮，亦可通夜不眠"之说。唐代陆羽《茶经》中称："其巴山峡川，有两人合抱者，伐而掇之。"明代嘉靖《大理府志》载："点苍山（下关）……产茶树高一丈。"

根据植物学家论证，茶树早在几千万年前就在中国西南部进化形成了。同其他物种一样，茶树需要在一定的环境中才能存活。由于茶树长期在某种环境中生长，受到特定环境影响，通过自身的新陈代谢，形成了对某些生态因素的特定需要，从而形成了一定的生存条件。这种生存条件主要包括地形、土壤、阳光、温度、雨水等。茶树形态多样，其地上部分为树冠，包括茎、芽、叶、花、果实等；其地下部分为根系，由众多长短不同、粗细各异的根组成。

按照高度和分枝习性分类，自然情况下，茶树可以分为乔木型、小乔木型和灌木型。

乔木型茶树

小乔木型茶树

灌木型茶树

▲ 茶树分类

乔木型茶树

一、乔木型

　　乔木型是比较原始的茶树类型。乔木型茶树分布于与茶树原产地自然条件比较接近的自然区域，也就是我国热带或亚热带地区。

　　乔木型茶树植株高大，分枝部位高，主干明显，分枝稀疏；叶片大，叶片长度的变异范围为10～26cm，多数品种长度在14cm以上；结实率低，抗逆性弱，特别是抗寒冷性极差；芽头粗大，芽叶中多酚类物质含量高。这类茶树分布于温暖湿润的地区，适宜制成普洱茶，具有滋味浓强的特点。

二、小乔木型

　　小乔木型茶树属于进化类型，分布于亚热带或热带茶区，抗逆性相比乔木类茶树强。植株较高大，从基部到中部的主干明显，上部主干则不明显；分枝较稀，大多数叶片长度在10～14cm，叶片栅栏组织多为2层。

　　小乔木型的茶树介于灌木型和乔木型之间，区域适应性和茶类制性较广。栽培茶树的目的是采摘其幼嫩新梢作为制茶的原料，因此茶树的长相、叶和芽的性状、芽的萌发和生长特性，以及新梢的性状，就成了研究茶树品种的重要经济性状。

三、灌木型

▲ 灌木型茶树

灌木型茶树也属于进化类型，主要分布于亚热带茶区，我国大多数茶区均有分布，包含的品种也最多。灌木型茶树，植株比较低矮，分枝部位低，从基部分枝，无明显主干，分枝密；叶片小，长度变异范围为 2.2 ~ 14cm，叶片栅栏组织 2 ~ 3 层；结实率高，抗逆性强；芽中氨基氮含量高。该类茶树地理分布广，茶类适制性也广。

四、按叶片大小分类

如果茶叶按叶片大小分类，则主要以成熟叶片的长度，兼顾其宽度而定。

第一，特大叶类叶长 ≥ 14cm，叶宽 ≥ 5cm。

第二，大叶类叶长 10 ~ 14cm，叶宽 4 ~ 5cm。

第三，中叶类叶长 7 ~ 10cm，叶宽 3 ~ 4cm。

第四，小叶类叶长 ≤ 7cm，叶宽 ≤ 3cm。

▲ 茶叶分类

一般大叶种叶片大而柔软，叶面革质层较薄；小叶种叶片小而脆硬，叶面革质层较厚，虽对制茶有影响但具有抗逆性。大叶种茶叶茶多酚、咖啡碱等有效物质含量较高，制成的茶味道浓烈；小叶种茶叶胡萝卜素、茶黄素总量高，制出的茶叶香气浓郁。

五、按进化选择方式分类

按生物进化的方式划分，一般分为自然选择和人工选择两种。

野生型：亦称"原始型茶树"，系统发育过程中具有原始的特征特性，多产于原始森林中，呈

无序状态。野生茶具有丰富的变异类型，抗逆性强，是研究茶树演化、分类的重要材料。代表茶树为镇沅县千家寨2700年树龄大茶树。

栽培型：亦称"进化型茶树"，是在长期的自然选择和人工栽培条件下演化而成的，在系统发育过程中，具有进化的特征特性。就主体特征来看，栽培型茶树的芽叶一般多茸毛，酚氨比高，制茶品质优良，是古茶园和现代生产茶园的主体。代表茶树为景迈山古树茶林。

过渡型：这类茶树同时具有野生型茶树的形态特征和栽培型茶树的特征特性，按照植物的进化规律来看，是处于野生型茶树与栽培型茶树之间的中间类型。代表茶树为澜沧邦崴大茶树。

六、按栽培方式分类

台地密集型：多依山开辟，在起伏平缓的山地、丘陵依照等高线修筑环形梯田，以播种或扦插的方式栽种茶树。栽种的茶树密度较高，需要通过定型修剪等方式人为干预其生长，限制其生长高度，以利于茶叶采摘和生长。但出于生态环境单一、土壤肥力不足等原因，需要施肥、打药以保证产量。

山地野放型：多生长在距离村庄较远的山林中，以茶籽播种繁育，粗耕野放，极少人为干预，任其自然生长。采摘较为不便，产量较低且不稳定，但茶质较好。

七、按繁殖方式分类

有性繁殖型：是植物的两性细胞结合后产生种子，以种子进行繁殖的方式，也叫"种生"。种生新植株生命力强、寿命长、富有遗传变异性。

无性繁殖型：实为营养繁殖，即由植物的部分营养器官如根、茎、芽、叶，在一定条件下形成新个体。繁殖方法有分生、压条、扦插、嫁接等。茶树的无性繁殖早期采用压条方式，但因繁殖速度慢，后改为扦插育苗的方式。现在我国大多数茶树都采用这种方式繁殖。无性繁殖的植株只具有亲本的遗传特性，不易产生变异，虽早开花、早结果，但根系弱、寿命短，会产生退化现象。

第二节　茶树植物的系统分类

云南地处我国西南部，是世界茶树的起源中心和原产地，悠久的种茶历史和得天独厚的自然条件，孕育了丰富的茶树资源，是世界茶组植物分类研究中种类最多、分布最广的地区。自20世

云南生态植被

纪80年代起，我国开始全面系统地考察和收集茶树种质资源，主要有4次大规模的茶树种质资源考察收集活动。其中，1981—1984年，在云南省61个县市考察收集了410份各类资源。

目前，世界上已发现的茶组植物绝大部分分布在云南地区。如此众多的茶树资源为茶叶科学的研究和利用提供了广阔的物质基础和利用空间。其中，一些珍稀资源具有重要的学术研究价值和利用潜力，在茶树育种和品种改良中起到重要作用。云南省的栽培型古茶树和野生型古茶树分布于11个州市61个县，总面积93.37万亩，其中集中连片栽培型古茶树（园）面积67.66万亩，共计2062.68万株。

科学的分类、统一的描述规范和编目，是茶树种质资源深入挖掘和利用的基础，也是茶树种质资源科学管理和共享利用的前提。1958年，Sealy将茶组分为茶［C. sinensis（L.）O. Kuntze］［包括C. sinensis var. sinensis、C. sinensis var. assamica（Masters）Kitamura 2个变种］、滇缅茶（C. irrawadiensis Barua）、大理茶［C. taliensis（W. W. Smith）Melchior］、细柄茶（C. gracilipes Merrill ex Sealy）、毛肋茶（C. pubicosta Merrill）5个种。改革开放以来，随着鉴定技术的快速发展，庄晚芳、张宏达、闵天禄和陈亮等先后提出了不同茶组植物分类系统。陈亮等既充分考虑到茶树种间形态（主要是花器官）上的差异，又兼顾了分类学和生物学种的特点，将茶组植物分为大厂茶（C. tachangensis F.C. Zhang）、厚轴茶（C. crassicolumna Chang）、大理茶［C. taliensis（W. W. Smith）Melchior］、秃房茶（C. gymnogyna Chang）和茶［C. sinensis（L.）O. Kuntze］5个种，其中茶又包含阿萨姆茶［C. sinensis var.assamica（Masters）Kitamura］和白毛茶（C. sinensis var. pubilimba Chang）2个变种。

野生型茶树主要属于大厂茶、厚轴茶、大理茶和秃房茶，栽培型茶树主要属于茶、阿萨姆茶、白毛茶等。长期以来，茶树资源的鉴定和评价缺乏统一的描述规范，不同单位采用的性状描述、鉴定技术方法和评价标准各异，导致鉴定数据缺乏可比性，影响了国内不同单位之间资源数据信息的共享。从2005年开始，我国陆续制定了一系列茶树种质保存、鉴定、评价的描述术语规范和茶树重要性状的鉴定方法及评价指标，包括《农作物种质资源鉴定技术规程 茶树》（NY/T 1312—2007）、《农作物优异种质资源评价规范 茶树》（NY/T 2031—2011）和《茶树种质资源描述规范和数据标准》（NY/T 2943—2016）等。此外，原农业部植物新品种保护办公室于2013年发布了《植物新品种特异性、一致性和稳定性测试指南 茶树》（NY/T 2422—2013），为茶树种质创新提供了知识产权保护。

全球茶组植物共4个系31个种4个变种，中国共4个系30个种4个变种。除分布于越南的毛肋茶（C. pubicosta），我国香港的香花茶（C. sinensis var. waldensae）、广东的毛叶茶（C. ptilophyla）、湖南的汝城毛叶茶（C. pubescens）、重庆的2个种［南川茶（C. nanchuanica）和缙云山茶（C. jingyunshanica）］和广西的3个种［膜叶茶（C. leptophylla）、防城茶（C. fengchengensis）和狭叶茶（C. angustifolia）］等8个种1个变种外，疏齿茶（C. remotiserrata）、广西茶（C. kwangsiensis）、大苞茶（C. grandibracteata）、广南茶（C. kwangnanica）、大厂茶（C. tachangensis）、

厚轴茶（C. crassicolumna）、圆基茶（C. rotundata）、皱叶茶（C. crispula）、老黑茶（C. atrothea）、马关茶（C. makuanica）、五柱茶（C. pentastyla）、大理茶（C. taliensis）、德宏茶（C. dehungensis）、秃房茶（C. gymnogyna）、突肋茶（C. costata）、拟细萼茶（C. parvisepaloides）、榕江茶（C. yungkiangensis）、大树茶（C. arborescens）、紫果茶（C. purpurea）、多脉普洱茶（C. assamica var. polyneura）、茶（C. sinensis）、苦茶（C. assamica var. kucha）、普洱茶（C. assamica）、白毛茶（C. sinensis var. pubilimba）、多萼茶（C. multisepala）、细萼茶（C. parvisepala）等23个种3个变种在云南均有分布，占全球比重的74.3%，占全国比重的76.5%。在35个种中，以云南茶树作为模式标本定名的16个种2个变种（16个种1个变种为云南独有），占茶种的51.4%。此外，我国以广西茶树作为模式标本定名的有9个种，其中，我国重庆2个、贵州1个、广东1个、湖南1个、香港1个，越南1个，早期定名的有2个[茶（C. sinensis）和普洱茶（C. assamica）]（《中国植物志》第49卷第三分册，1998）。

第三节　茶树种质资源调查工作

一、普洱市简介

"普洱"一词源自哈尼语，意为"水边的村寨"。普洱市位于云南省西南部，东接红河哈尼族彝族自治州及玉溪市，东北接楚雄彝族自治州，北接大理白族自治州，西北以澜沧江为界与临沧市相望，南连西双版纳傣族自治州，东南与越南、老挝接壤，西南与缅甸毗邻。普洱市地域辽阔，面积45385km²，边境线长约486km，是祖国重要的西南门户。西汉为哀牢地；东汉属永昌郡；唐南诏国时期置银生节度；清代实行"改土归流"，于雍正七年（1729年）设普洱府；1949年该地区解放，成立思茅临时政府，"思茅"一名得以沿用；2007年1月21日，为尊重历史，实现渊源认同，重振茶都雄风，思茅市更名为"普洱市"，是全国唯一的国家绿色经济试验示范区。

▲ 思茅市更名普洱市10周年纪念定制茶

普洱市地处低纬度高原季风气候区，被称为"北回归线上最大的绿洲城市"，藏有大片茂密的原始热带雨林以及未曾破坏的自然生态，这使其拥有丰富的生物多样性，分布着16个自然保护区，森林覆盖率高达71.18%，有高等植物5600种，国家级保护珍稀植物58种，其中国家一级保护植物有蓝果树、藤枣、红豆杉等6种，还有1670余种动物在此自由生息，是生物种质基因宝库和云南动植物王国中的王宫。

受亚热带季风气候的影响，普洱市大部分地区常年无霜（年无霜期在315d以上），年均气温15℃~20.3℃，负氧离子含量在7级以上。冬无严寒，夏无酷暑，享有"绿海明珠""天然氧吧"的美誉。

这座被誉为"从茶林里长出来的城市"，因普洱茶而闻名。普洱市现有茶园面积240万亩，其中现代茶园89.3万亩，古茶树群落面积136万亩。全市已发现野生古茶树群落共40余处。2013年，普洱市被国际茶叶委员会授予"世界茶源"称号。

▲ 2013年普洱市被授予"世界茶源"称号

茶树种质资源既是进行茶叶生产、育种创新和生物科学研究的物质基础，又是实现生态安全、无公害食品与茶业可持续发展的重要保障，向来受到科研、生产单位和政府的高度重视。早在20世纪50年代，普洱市就陆续开展了这项工作。

二、中华人民共和国成立初期的茶树品种资源调查

1956—1962年，勐海茶叶试验站对澜沧、景东、景谷等11个县的茶树地方品种进行调查。此次调查整理出73个品种，按茶树形态初步划分为6类；筛选出景谷秧塔大白茶、景东大叶茶、澜沧大叶绿芽茶等46个优良品种或材料，可在生产或育种领域重点利用；收集了一批品种和材料

在勐海建立了原始材料圃和品种比较试验园，并由张木兰编写了《云南茶树地方品种图谱》；根据调查总结经验，写出了《关于茶树地方品种的整理和鉴定》意见，提出品种识别、产量调查、品质鉴定、品种利用等方面的标准和方法，为今后的品种资源普查工作奠定了基础。这次调查还根据大叶茶群体中混杂有"二叶茶""细叶茶""红芽茶"的情况，在对其经济性状进行分析后，提出大力繁殖大叶茶，一般利用"二叶茶"，逐步淘汰"细叶茶"及"红芽茶"的意见。

1957年11—12月，由勐海茶叶试验站蒋铨等人组成的普查队，对勐腊县的攸乐、易武等古六大茶山进行了调查。此次调查走访了群众，查看了碑石记录，搜集了大量的第一手资料，为论证古六大茶山提供了宝贵的史料，并指出"根据当时的茶山范围、茶园面积、茶叶产量，古六大茶山依次是易武、倚邦、攸乐、莽枝、蛮砖和革登"。

1960年，勐海茶叶科学研究所和中国农业科学院茶叶研究所合作，在勐海、景谷等县调查。此次调查在勐海县南糯山发现一株大茶树，即著名的南糯山大茶树。此树为栽培型，当时实测树高5.8m，树幅10.9m×9.8m，主干直径138cm。据世居南糯山的哈尼族种茶人已有55代推算，该茶树树龄约为800年。

1960年，勐海茶叶科学研究所李志祥和景谷县杨寿强、勐腊县常恩禹等进行野生茶树调查。此次调查在景谷县振太公社山街管理区（今属镇沅县）海拔2200m处发现古茶树3000多株，其中最大的一株树高12.2m，主干直径51cm。

1961年10月，勐海茶叶科学研究所张顺高等人，在勐海县巴达公社的大黑山海拔1500m密林中发现1株野生大茶树，即著名的巴达大茶树。该树树高32.1m，树幅10m，主干直径107cm，平均叶长14.7cm，叶宽6.1cm，叶色绿，有光泽，鳞片和芽叶无毛，芽叶黄绿微紫色，花大，平均花冠直径5.5cm，花柱5裂，子房多毛，为野生型茶树。

1958年，由思茅行署农林水利局编辑《普洱茶（初稿）》一书（未出版），这是中华人民共和国成立后第一本关于思茅茶树方面的专著。全书共分5章：一是栽培历史和地方品；二是1949年前后茶叶生产的变化；三是茶园管理；四是茶叶的采摘、揉捻、干燥；五是新垦茶园的管理及老茶园的改造。第一章重点介绍了以下6个茶区的地方品种。

①南糯山茶区。南糯山茶区有10个自然村，茶区海拔1200～1800m，坡度20°～30°，茶树为小乔木型或灌木型，南糯山大茶树即分布其中。在群体种中，按叶形或叶色划分为12种类型，在对其制茶品质进行审评后，提出大叶茶、大团叶茶、大黄叶茶、细黄叶茶可作为优良原始材料提供育种用。书中还记录了中华人民共和国成立前后南糯山茶区的茶叶产量情况。

②糯福茶区。糯福茶区包括澜沧县景迈茶区和勐海县勐满茶区。景迈茶区一般以大叶茶和小叶茶为主，勐满茶区以大叶茶为主。

③易武茶区。易武茶区资源按类型分为绿叶茶、红叶茶、杨桠茶、白茶、猫耳茶等。

④景谷茶区。景谷茶区有茶园面积410hm^2，主要品种有勐库种和本地种。本地种可分为大叶茶、白茶、大小绿茎茶、大小红茎茶、桠叶茶等9类，以大叶茶栽培最普遍。

⑤安定茶区。安定茶区在景东县,主要品种为勐库种和本地的绿梗大叶和红梗大叶。中华人民共和国成立初期,该地区茶叶产量迅速增长。

⑥景星茶区。景星茶区在墨江哈尼族自治县,最早于1907年种茶,约有茶树5000株。

综观各茶区,大叶茶是较优良的品种资源。自1951年起,每年都引种给外省份,如四川、广东、广西、湖南等。当时的思茅大叶茶可与福建水仙、福鼎大白茶、佛手(雪梨)、铁观音、乌龙、祁门种等著名品种齐名。

三、地区茶树品种资源普查

▲ 茶树照片

为全面摸清普洱茶区茶树品种资源的种类和利用状况,1981年10月,由思茅地区农牧局组织,在各县政府支持和相关专业人员127人的参与下,在8个县45个区98个乡316个合作社,历时两年半,进行了广泛的普查。此次普查共考察了416个样株,采集标本85份、蒸青样114份、土样116份,收集民间名茶33种,拍摄彩色照片72幅。在普查的基础上,于1985年6月编印了《思茅地区茶树品种资源》一书(未出版)。该著作主要阐述了以下几个方面的内容。

第一,茶树分布的高度在海拔600～2500m,栽培型茶树主要分布于海拔1300～1900m,野生型茶树分布在海拔2000m左右，全区全年≥10℃的年活动积温在5000℃以上，太阳总辐射量均大于0.7cal/（cm²·min），可以满足茶树光饱和点的要求，且各季节差异不大；年平均气温14.8℃~20.2℃，年温较差7.9~13℃；年降水量在1087~2739mm，在"雨线"（2200m）内，随着海拔的升高逐渐增加，超过"雨线"则逐渐减少；年雾日在31~135d；无霜期在349~363d。全区由南到北、由低到高，依次分布的土壤有砖红壤、赤红壤、红壤、黄红壤、黄棕壤、棕壤、亚高山草甸土7种，最适宜茶树生长的是赤红壤、红壤、黄红壤、黄棕壤，pH值在5左右。低纬度，海拔高差，使全区具有北热带、亚热带、南温带3种气候带和干热、湿热、湿凉等季节性气候特点，是茶树最适宜生长的区域。

第二，调查的416个样株，依据来源和形态特征分为22种类型，其中大叶茶类15种（乔木型）、中叶茶类5种（乔木型）、小叶茶类2种（小乔木型），每个茶类都有相应的植物学特征和生化成分。

第三，初步调查了部分野生茶树和近缘植物的分布状况。野生型茶树主要分布于无量山、哀牢山和澜沧江两岸，海拔1836~2600m，多散生在原始森林中，面积约5000hm²。野生型茶树和近缘植物都有相应的植物学特征及理化测定数据。从野生茶树的性状来看，多属于大理茶。

▲ 无量山

▲ 无量山乔木古树单株茶　　　　　　▲ 云普出品新生代普洱茶代表作无量壹号

5 株野生茶树如下：

① 1 号大茶树生长在镇沅县千家寨龙潭，海拔 2450m；乔木型，树姿直立，树高 18.5m，树幅 16.35m，基部干径 143.5cm，最低分枝高 10m；叶水平状着生，叶长 15.1cm，叶宽 4.5cm，叶长形，叶面微隆起，叶质软；芽叶无茸毛，芽色淡绿；含茶多酚 22.27%、儿茶素总量 5.46%、氨基酸 1.42%、咖啡碱 3.58%。

② 2 号大茶树生长在景谷县困庄大地，海拔 2410m；乔木型，树姿直立，树高 20m，树幅 11.5m，基部干径 87.9cm，最低分枝高 2m；叶上斜状着生，叶长 16.9cm，叶宽 7cm，叶椭圆形，叶面微隆起，叶质厚软；芽叶无茸毛，芽色为黄绿色；含茶多酚 28.53%、儿茶素总量 7.58%、氨基酸 2.45%、咖啡碱 3.17%。

③ 3 号大茶树生长于景谷县大黑龙潭，海拔 1970m；乔木型，树姿半开展，树高 4.35m，树幅 4.25m，基部干径 31.8cm，最低分枝高 2.1m；叶下垂状着生，叶长 15.6cm，叶宽 6.2cm，叶椭圆形，叶面微隆起；芽叶绿色；含茶多酚 36.11%、儿茶素总量 5.79%、氨基酸 2.23%、咖啡碱 3.24%。

④ 4 号大茶树生长于景东县石大门，海拔 253m；乔木型，树姿直立，基部干径 83.4cm；叶长 15.1cm，叶宽 6.8cm，叶椭圆形，叶面微隆起，叶质硬脆；芽叶无茸毛，芽色为黄绿；含茶多酚 28.48%、儿茶素总量 7.9%、氨基酸 3.19%、咖啡碱 2.98%。

⑤ 5 号大茶树生长于澜沧县帕令黑山，海拔 2190m；乔木型，树姿直立，树高 26.5m，树幅 9.05m，基部干径 60cm，最低分枝高 10.1m；叶水平状着生，叶长 15.6cm，叶宽 7.8cm，叶长椭圆形，叶面平，叶质软；芽色为红绿色；含茶多酚 22.21%、儿茶素总量 5.86%、氨基酸 2.07%、咖啡碱 2.19%。

2株近缘植物如下：

①近缘1号，俗称"老鼠爬不上树"，主要分布在思茅、宁洱、景谷等地；小乔木型，树冠矮小，分枝较密，嫩枝银灰色，茸毛特别多；叶上斜状着生，叶小，叶长4.4cm，叶宽2.2cm，叶椭圆形，叶面平滑，叶蜡质层较厚，叶质硬脆，叶色深绿有光泽，叶脉12对，主脉有茸毛，叶齿浅密；一芽三叶无茸毛，芽色为淡红色，叶梢黄绿色，有苦涩味；花果小；含茶多酚34.7%、儿茶素总量1.82%、氨基酸0.21%、咖啡碱1.23%。分类上初定云南连蕊茶。

②近缘2号，俗称"萝卜条"，主要分布在思茅、宁洱、景谷等地；小乔木型，树冠矮小，分枝较密，嫩枝茸毛特别多；叶上斜状着生，叶小，叶长6cm，叶宽2.4cm，叶椭圆形，叶面平滑，叶蜡质层厚，叶质硬脆，叶色深绿有光泽，叶脉20对，主脉茸毛多，叶齿浅密；一芽三叶无茸毛，芽色为绿色，叶梢淡绿色，有苦涩味；花果小；含茶多酚39.04%、儿茶素总量3.39%、氨基酸0.43%、咖啡碱3.55%。分类上初定云南连蕊茶。

四、国家茶树品种资源考察

▲ 云南生态植被

1981—1984年，由农牧渔业部经济作物处组织，云南省农业厅、云南省对外贸易厅和云南省农业科学院共同牵头，在中国农业科学院茶叶研究所和云南省农业科学院茶叶研究所的共同承担

下，云南茶树品种资源考察在各个地州、县的配合下全面展开。此次考察在4年内共考察了云南省15个地州61个县的410个点。

思茅地区的考察于1982年11月27日至12月9日进行，重点考察了景东、镇沅、景谷、澜沧4个县10个点的多个样株。

1. 景东县

①安定野茶，生长在安定乡迤仓李家村，海拔1950m；乔木型，树姿直立，树高6.8m，树幅4.2m，基部干围120cm；平均叶长12cm，叶宽5.2cm，叶椭圆形，叶面微隆起；萼片无毛，花大，花冠平均5.7cm×5cm，花瓣平均12枚，柱头5（4）裂，子房有毛，茶果直径4.2～3.9m。分类上属于大理茶，制晒青茶。

②花山大茶树，生长在花山乡文岔上文献村，海拔1710m；乔木型，树姿半开张，树高9.6m，树幅8.2m，基部干围282.7cm；平均叶长13.6cm，叶宽4.5cm，叶椭圆形或长椭圆形，叶齿浅、稀；萼片无毛，柱头3裂，子房有毛，茶果直径3.6～3.2cm。分类上属于普洱茶，制晒青茶，品质优良。

2. 镇沅县

①振太大茶树，生长在振太乡焕习村苦荞地，海拔2241m；乔木型，树姿直立，树高6.8m，树幅5.0m×3.8m，基部干围134cm；平均叶长15.9cm，叶宽5.5cm，叶椭圆形，叶面平，叶齿浅、稀；萼片无毛，花大，花冠平均6.5cm×6.1cm，花瓣平均13枚，柱头5（4）裂，子房有毛。分类上属于大理茶，当地已不利用。

②振太大叶红芽茶，生长在振太乡文帕村河头寨，海拔2100m；乔木型，树姿开张，树高9.6m，树幅7.4m×6.4m，基部干围251cm；平均叶长18cm，叶宽7.9cm，叶椭圆形，叶面平，叶齿浅、稀；花大，花冠平均5.6cm×4.8cm，花瓣平均10枚；萼片无毛，柱头5（4）裂，子房有毛，茶果直径3.8～4.6cm，种子2.1cm×1.8cm。分类上属于大理茶，制晒青茶。

③马邓茶，生长在者东乡马邓村马丁寨子下茶园，海拔1760m；小乔木型，树姿半开张，树高3.5m，树幅3m，基部干围25cm；平均叶长16.4cm，叶宽6.3cm，叶椭圆形或长椭圆形，叶面隆起，叶脉平均14对；萼片无毛，柱头3裂，子房有毛。分类上属于普洱茶，制青茶。品质优，于1981年获名茶奖。

3. 景谷县

①景谷大白茶，生长在民乐乡秧塔村苦竹山，海拔1740m；乔木型，树姿半开张，树高4.5m，树幅3.6m×3.6m，基部干围28cm；平均叶长12.8cm，叶宽5.2cm，叶椭圆形，叶面隆起，叶背多毛，叶脉平均12对；萼片无毛，花冠平均4.5cm×3.6cm，柱头3裂，子房有毛；茶果呈三角形。分类上属于普洱茶，制青茶。

②景谷大白茶（黄芽型），生长在民乐乡秧塔村苦竹山，海拔1750m；乔木型，树姿半开张，树高4.6m，树幅4m×3.8m，基部干围25.5cm；平均叶长15cm，叶宽7.2cm，叶椭圆形，叶面隆起，叶脉平均13对；萼片无毛，花冠平均4.5cm×4.2cm，柱头3裂，子房有毛；茶果呈三角形。分类上属于普洱茶，制青茶。

③红山茶组植物，生长在民乐乡至秧塔村大箐路边，海拔1760m；乔木型，树姿半开张，树高8m，树幅5.5m，基部干围25cm；平均叶长16.3cm，叶宽6.5cm，叶卵圆形或椭圆形，叶尖急尖成尾状，叶面微隆起，叶齿疏、锐、浅，叶脉平均9对；花顶部簇生，腋部单生，花瓣特多，呈覆瓦状排列；萼片红色、多毛，柱头3裂，子房有毛；茶果呈桃形，直径6.1～6.7cm，果皮有棕黄色茸毛。

4. 澜沧县

①大叶红梗茶，生长在糯福乡景迈村景迈大寨，海拔1400m；小乔木型，树姿开张，树高5.2m，树幅4.4m×4.1m，基部干围700cm；平均叶长15.1cm，叶宽6.3cm，叶长椭圆形，叶面隆起，叶脉平均13对；萼片无毛，花冠平均4.4cm×4.2cm，花瓣7枚，柱头3裂，子房有毛；茶果直径3.2～2.9cm。分类上属于普洱茶，制青茶。

②大叶绿梗茶，生长在糯福乡景迈村景迈大寨，海拔1400m；小乔木型，树姿开张，树高5.4m，树幅3.9m×3m，基部干围56cm；平均叶长14.8cm，叶宽6.3cm，叶长椭圆形，叶面隆起，叶脉平均12对；萼片无毛，花冠平均4.1cm×4cm，花瓣7枚，柱头3裂，子房有毛。分类上属于普洱茶。

③大黑茶，生长在糯福乡景迈村景迈大寨，海拔1540m；小乔木型，树姿半开张，树高5.9m，树幅3.5m×3.4m，基部干围78cm；平均叶长17.3cm，叶宽6.4cm，叶长椭圆形，叶面隆起，叶脉平均14对；萼片无毛，花冠平均3.6cm×3.6cm，花瓣7枚，柱头3裂，子房有毛。分类上属于普洱茶，制青茶。

④大叶红柄绿梗茶，生长在糯福乡景迈村景迈大寨，海拔1560m；乔木型，树姿开张，树高4.9m，树幅6.5m×5.4m，基部干围150cm；平均叶长14.6cm，叶宽4.9cm，叶长椭圆形，叶面微隆起，叶脉平均12对；萼片无毛，花冠平均4.4cm×4.1cm，花瓣6枚，柱头3裂，子房有毛。分类上属于普洱茶，制青茶。

⑤大黑绿叶绿梗茶，生长在糯福乡景迈村景迈大寨，海拔1560m；小乔木型，树姿开张，树高6.9m，树幅5.3m×4.5m，基部干围159cm；平均叶长17.8cm，叶宽6.7cm，叶长椭圆形，叶面隆起，叶脉平均13对，叶齿锐、浅，有42对；萼片无毛，花冠平均4.3cm×3.9cm，花瓣6枚，柱头3裂，子房有毛。分类上属于普洱茶，制青茶。

⑥黑山野茶，生长在营盘（今发展河乡）帕令黑山，海拔2109m；乔木型，树姿直立，树高26.5m，树幅10.1m×8m，基部干围180cm；平均叶长16.4cm，叶宽7.6cm，叶长椭圆形，叶脉平

均 13 对，叶齿锐、浅，叶缘 1/3 处无齿；萼片无毛，花冠平均 4.6cm×4.3cm，花瓣 12 枚，柱头 5 裂，子房有毛。分类上属于大理茶。

⑦黑山茶，生长在营盘、老挝黑山涂堪菁，海拔 2340m；乔木型，树姿直立，树高 13.2m，树幅 3m×2m，基部干围 210cm；叶长 11.7cm，叶宽 4.3cm，叶椭圆形，叶面平，叶齿锐、浅，叶缘 1/3 处无齿；萼片无毛，柱头 5 裂，子房有毛。分类上属于大理茶。

从上述调查样株来看，大理茶主要分布在海拔 2000m 左右的高山地带，多数不能利用。栽培型茶树主要分布在海拔 1700m 左右的地带，多属于普洱茶，是制大叶青茶的优质原料。

五、野生大茶树或古茶树的考察和论证活动

20 世纪 80 年代以来，根据各地发现的野生大茶树情况，主要进行了以下几项考察和论证活动。

1. 邦崴大茶树

1991 年 3 月，思茅地区经贸局何仕华根据群众反映，实地考察了澜沧县富东乡邦崴村新寨一株大茶树。4 月，云南省思茅茶树良种场肖时英和何仕华对邦崴大茶树采集蒸青样进行分析（水浸出物 47.07%、茶多酚 36.74%、儿茶素总量 13.83%、氨基酸 2.1%、咖啡碱 3.55%）。5 月，肖时英、何仕华对邦崴大茶树进行了第二次考察。11 月，由地区茶叶学会组织肖时英、张木兰、邱辉、何俊、何仕华等人对邦崴大茶树进行第三次考察。12 月，地区茶叶学会、地区经贸局、地区农牧局联合召开了"邦崴古茶树新闻发布会"，并先后在中央电视台、云南电视台、思茅电视台、《中国科学报》、《中国食品报》、《中国文物》、《中国文物报》、《云南日报》、《文摘周报》、《思茅报》等做了相关报道。1992 年 10 月，云南省茶叶学会、思茅行署、云南省农科院茶叶研究所、思茅茶叶学会、澜沧拉祜族自治县共同在澜沧县召开"澜沧邦崴大茶树考察论证会"。浙江农业大学，安徽农学院，中国农业科学院茶叶研究所，湖南农学院，华南农业大学，西南农业大学，云南农业大学，云南省农业科学院，中国科学院西双版纳热带植物园，云南省农业科学院茶叶研究所，云南省农牧渔业厅，云南省茶叶进出口公司，思茅、西双版纳两地州的专家刘祖生、王镇恒、虞富莲、唐明德、郑永球、李华钧、张芳赐、丁渭然、金鸿祥、张顺高、王海思、陈理华、苏芳华、王淑贤、张木兰、邱辉、肖时英、杨德兴、曾云荣等人参加了现场考察和论证。在思茅茶叶学会多次考察的基础上，经过现场测量、取样观察、茶样分析，得出以下考察论证意见。

第一，乔木型，树姿直立，分枝密，树高 11.8m，树幅 8.2m×9m，根茎处干径 114cm，最低分枝高 0.7m，一级分枝 3 个、二级分枝 13 个。

第二，叶片平均长 13.3cm、宽 5.3cm，叶长椭圆形，叶尖渐尖，叶面微隆起、有光泽，叶缘微波，叶身平或稍内折，叶质厚软，叶齿细浅，叶脉 7～12 对，叶背、主脉、叶柄多毛。

第三，鳞片、芽叶、嫩梢多毛。芽叶黄绿色，节间长 3.7cm。

▲ 澜沧邦崴大茶树

第一章 茶树的分类

第四，花冠较大，平均花冠 4.6cm×4.3cm，花瓣 10（9～12）枚，有微毛，平均 2.3cm×1.5cm，雌蕊高于雄蕊，花丝平均 173 枚，柱头多为 4～5 裂，花柱平均长 1.34cm，子房多毛；萼片 5 个，平均 4.3cm×4.3cm，绿色，外无毛，边缘有睫毛，内有毛，花梗平均长 1.34cm，苞痕 2～3 个，茶果径 2.8～2.5cm，茶果呈扁圆形或肾形，果皮绿色有微毛，外种皮上除有胚痕外，还有一下陷的圆痕。

第五，抗逆性强，现场只发现少量斑毒蛾和茶籽象甲，未见有冻寒和旱害发生。

第六，当地群众常年采制红、绿茶，品质良好。经对绿茶春茶样品品尝，滋味鲜浓。

综合树型、叶片和花果形态，邦崴大茶树既具有野生型大茶树的花果种子形态特征，又具有栽培型茶树的芽叶、枝梢特征，初步认为是野生型和栽培型的过渡型，属古茶树，可直接利用。关于邦崴古茶树的树龄，多数专家估算为千年以上。邦崴古茶树是我国稀有的古茶树之一，在做好保护工作的同时，应加强茶树起源进化和开发利用方面的研究。

2. 千家寨大茶树

1982 年，镇沅县茶叶农技站技术员杨钊了解到九甲区千家寨有大片野茶树林，随后县里组织调查，发现千家寨有大茶树居群。1993 年 4 月，在"中国普洱茶国际学术研讨会"和"中国古茶树遗产保护研讨会"上，何仕华等发布了这一消息。1995 年，中央电视台《中国报道》栏目把千家寨大茶树作为《今日云南》系列片之一做了相关报道。1996 年 1 月，由思茅行署、地区茶叶学会、镇沅县政府组织在镇沅县召开了"哀牢山国家自然保护区云南省镇沅千家寨大茶树考察论证会"。参加论证的有云南农业大学、中国农业科学院茶叶研究所、中国科学院西双版纳热带植物园、云南省农业科学院茶叶研究所、云南省思茅农业学校、云南省思茅茶树良种场、思茅地区对外贸易经济局、思茅地区文物管理所、云南茶叶机械总厂的专家和科技工作者张芳赐、虞富莲、张顺高、李远烈、李光涛、杨柳霞、何仕华、黄桂枢、陈亮、何俊等。考察活动有现场调查、观察记载、标本采集、资料分析、讨论研究等。得出考察论证意见如下。

▲ 千家寨大茶树

（1）千家寨野生大茶树的生态环境和植物群落

野生大茶树生长在九甲乡和平村千家寨原始森林中。该原始森林为哀牢山国家自然保护区的组成部分。哀牢山国家自然保护区呈北南走向，长40km，宽4~6km。这片原始森林是以茶树为优势建群树种的植物群落，地处101°14′E，24°7′N。东接新平县，北接双柏县，西连景东县，为四县接壤地带。茶树群落以千家寨为中心，分布在海拔2100~2500m处。大茶树位于保护区北端10km处，哀牢山主脉西侧，南临大磨岩主峰（海拔3169m），年平均气温10℃~12℃，降水量1500mm以上，霜期为11月到翌年3月，降雪期为12月到翌年2月，属中亚热带北缘气候区。植被为中山湿性常绿阔叶林，土壤为山地森林黄棕壤，腐殖质层30cm，土壤肥沃。根据对1000m^2样方的调查，高25m以上的植物有9种9株，其中茶树1株，占11.1%；高10~25m的植物有10种22株，其中茶树4株，占18.1%；高2~10m的木本植物有11种96株，其中茶树17株，占17.7%；高大藤本6株。样方内共有壳斗科、木兰科、山茶科、桦木科等植物127株，其中茶树22株，占总株数的17.3%。原始森林中有茶树群落280hm^2，直径在30cm以上的茶树随处可见，1m以上乃至3~4m直径的其他树种也很普遍，林冠覆盖度85%以上。根据分析，茶树为该样方的优势建群树种。该群落是迄今为止世界上已发现的面积最大的原始茶树植物群落。

（2）千家寨1号、2号大茶树的植物学特征

①千家寨1号，所在地海拔2450m，地名上坝。乔木树型，树姿直立，分枝较稀，生长正常；树高25.6m，树幅22m×20m，最低分枝高3.6m，第二分枝高7.3m，基部干径120cm，胸径89cm；叶片平均14cm×5.8cm，叶椭圆形，叶尖渐尖，叶面平，叶色深绿有光泽，叶缘和叶身平，叶厚，革质，叶脉9~11对，叶背、主脉、叶柄均无毛，叶柄微紫色，鳞片有少量脊毛，嫩枝无毛；花冠大，平均5.7cm×5.6cm，花瓣白色，14（12~15）枚，无毛；柱头5裂，裂位1/3~1/2，花柱中下部有少毛，子房茸毛特别多；萼片5枚，大小为0.5cm×0.7cm，绿色，外有中毛；花梗无毛，长1.1cm。当地从11月到翌年3月有霜雪，茶树不发生冻害，现场也未见有病虫危害。

②千家寨2号，所在地海拔2280m，地名小吊水头。乔木树型，树姿直立，分枝稀，生长正常；树高19.5m，树幅16.5m×18cm，最低分枝高10m，基部干径102cm，胸径86cm；叶片平均12.8cm×5.9cm，叶椭圆形，叶尖渐尖，叶面微隆起，叶色深绿有光泽，叶缘和叶身平，叶革质，叶脉9~10对，叶背、主脉、叶柄均无毛；花冠大，平均6.5cm×6.6m，花白色，11（10~12）枚，无毛；柱头4裂，裂位4/5，花柱中下部有少毛，子房茸毛特别多；萼片5枚，绿色，中毛，大小为0.5cm×0.5cm；花梗长1.1cm。现场未见有病虫危害。

综合千家寨1号、2号茶树的树型、叶片及花器官的形态特征，它们的植物学主要性状相同，属较原始的野生型茶。根据勐海南糯山大茶树已知的确切树龄（800年）和已有的生理生态研究资料，结合千家寨古茶树的地理纬度、海拔高度与光温水湿等资源条件进行类推测算，1号古茶树（上坝）的树龄为2700年，2号古茶树（小吊水头）的树龄为2500年，是目前为止发现的世界上最古老的野生型大茶树。它对论证茶树原产地，对茶树的遗传多样性、群落多样性、生态系

统多样性等方面的研究和种质资源的利用都具有重要意义。

2001年4月9—11日，参加第三届普洱茶国际学术研讨会的美国、荷兰、韩国及中国港台地区的国内外专家张顺高、张芳赐、夏德瑞、汉斯等63人到千家寨举行了"世界茶王，举世无双"的揭碑仪式，并考察了古茶树和野生茶树居群。

▲ "世界茶王举世无双"碑

3. 普洱县古茶树资源

2004年11月，由普洱县政府组织，中国农业科学院茶叶研究所虞富莲，中国科学院昆明植物研究所杨世雄，云南农业大学蔡新，云南省农业科学院茶叶研究所王平盛、张俊，思茅茶树良种场杨柳霞等人组成的专家组，对黎明乡杨家寨社茶源山野生型茶树进行了考察。这次在箐沟和坡脚发现有零星的大理茶分布。

2005年6—7月，由普洱县农牧局组织县茶叶研究所李振平、张勇、陈虎、陈朝岗等人，对把边乡、德安乡、黎明乡、勐先乡、磨黑镇、梅子乡、宁洱镇的古茶树资源进行摸底调查，初步得出以下结论。

第一，野生型古茶树群落分布在4个乡镇：宁洱镇困鹿山万亩古茶树群落；德安乡兰庆村茶树地、新厂河、黄草坝、摞栊山万亩古茶树群落，初定为大理茶和普洱茶；黎明乡杨家寨社茶源山万亩古茶树群落，属大理茶；磨黑乡新寨白菜地（木浆子林）古茶树群落，种待定。

第二，过渡型古茶树群落分布在3个乡镇：勐先乡雅鹿古茶树群落，包括雅鹿菜子地铁厂、板山；梅子乡干坝子古茶树群落；宁洱镇白草地梁子豹子洞古茶树群落。

第三，栽培型古茶园（树）分布在4个乡镇：宁洱镇困鹿山古茶园，西萨和谦岗古茶园、清真寺院古茶树；新平办事处小新寨刘春波家古茶园；德安乡大黑山古茶园；磨黑乡新寨古茶园。

2005年12月，由普洱县政府再次组织，中国科学院西双版纳热带植物园、云南农业大学、云南省农业科学院茶叶研究所、中国普洱茶研究院、思茅市商务局及县茶叶研究所等的专家张顺高、张芳赐、蔡新、王平盛、许玫、杨柳霞、何仕华等，对县里上半年摸底调查的部分地区，做进一步实地鉴定。鉴定结论为：普洱县的野生古茶树主要分布在黎明乡、宁洱镇、梅子乡，位于101°02′~101°3′E，24°46′~23°31′N，海拔1800~2400m。茶树分布面积约3400hm^2，其中栽培面积1134hm^2。

其分类如下：

①宁洱镇白草地梁子豹子洞发现的野生大茶树（1号、2号）属大理茶。

②梅子乡永胜村罗东山发现的野生茶树居群中的5号大茶树属大理茶。

③梅子乡永胜村上旧芦栽培古茶园为普洱茶。

④宁洱镇困鹿山古茶园为普洱茶。

⑤宁洱镇清真寺内栽培的古茶树为普洱茶。

⑥梅子乡永胜村大平掌古茶树是大理茶。

4.古茶树资源普查汇总分析

2006年1—4月，对10县（区）90个乡镇495个村1166个社组同时进行普查。此次普查共考察记载了648个样株，压制蜡叶标本567份；征集活体材料495份，采集和分析生化样195份（包括2006年秋茶样23份）。得出以下结论：

第一，10个县（区）共有野生茶树居群和栽培型古茶树面积83187hm^2，其中野生茶树居群78633hm^2，古茶山12123hm^2。

第二，野生茶树居群主要分布在海拔2100~2700m的无量山、哀牢山国家自然保护区内，多呈带状或区块状分布，相对集中在景东、镇沅、宁洱、澜沧、西盟5个县，可划分为19个居群。其中，最大的是景东县锦屏镇到镇沅县勐大镇的无量山居群（16534hm^2），最小的是墨江县芦山居群（473hm^2）。

第三，古茶山多为栽培型茶树，多呈区域性集中分布或零星分布，海拔在1500~2300m的红壤、黄棕壤山区或农作区。主要集中在景东、镇沅、景谷、墨江、澜沧等产茶历史悠久的县，可分为26个古茶山，最大的是景谷县文山古茶山，面积1112hm^2；最小的是宁洱县困鹿山古茶山，面积77hm^2。

第四，发现了奇形野生型大茶树和栽培型大茶树。例如，景东县锦屏镇凹路箐奇形大茶树，树姿直立，3个分枝成一个"山"字形，树高14m，树幅7.2m×4m，最大丛围（指3个分枝的围径）7.83m，最低分枝高度0.3m，为国内外罕见。孟连县勐马镇腊福野茶树，树高27m，树幅10m×7m，基部干围2.01m，最低分枝高度4.4m，是此次普查中发现的最高大的野生型大茶树。孟连县勐马乡东乃大茶树，树高21m，树幅9.7m×9.4m，基部干围2.4m，是目前国内外发现的最

高的栽培型茶树。景东县太忠乡丫口大茶树，树高8.9m，树幅7m×6.6m，最大干围285cm，是此次普查中发现的最粗大的栽培型茶树。

第五，绘制了普洱市和各县（区）古茶树资源各类规格分布图62幅，同时绘有MapGIS格式的数字化图光盘25张。根据野外普查资料建成了"普洱市古茶树资源数据库"，共输入信息4万余条；建立了"影像资料库"，保存有茶树照片2005张，制作考察影像资料DVD光盘8张、VCD光盘7张；在普洱市普洱茶研究院建立了"普洱市古茶树资源圈"，保存普查征集的495份活体材料，共测定生化样195份。

第四节　茶树种质资源

在2005—2006年10个县（区）考察的648份样株中，按照茶树所处的立地条件、特征特性的典型性和代表性，以及利用状况等综合因子，选择了152份予以介绍，其中野生型茶树55份，栽培型茶树82份，过渡型茶树15份。

第五节　野生型茶树种质资源

一、景东县

1. JD2006-003（普查编号，下同）石婆婆野茶

产地：景东县花山乡芦山村石婆婆山，位于101°14.1′E，24°17.7′N，海拔2400m。

特征特性：野生型茶树。乔木型，树姿直立，长势强；树高26.5m，树幅7.2m×7.7m，基部干围3.1m，最低分枝高度2m，分枝稀；嫩枝无毛，芽叶紫红色，茸毛多；大叶，平均叶片长13.7cm、宽6cm，最大叶片长16.2cm、宽6.7cm，叶椭圆形，叶色深绿，叶身平，叶缘微波，叶面强隆起，叶质中，叶尖渐尖，叶基近圆形，叶脉11对，叶齿细锯齿，叶背主脉无茸毛，鳞片4片；一芽二叶，鲜叶干样约含水浸出物44.64%、茶多酚34.43%、氨基酸1.62%、咖啡碱3.2%，

酚/氨 21.2；耐寒性、耐旱性均强。采制情况不详。

急尖　　　　　圆尖　　　　渐尖　　　　　钝尖

▲ 叶尖类型

利用和保护意见：石婆婆野茶是高海拔地区高大的乔木型野生型茶树之一，对研究茶树的生态特性有重要价值，可作为抗性基因源用于育种。按古树名木原地重点保护，禁止采叶制茶。

2. JD2006-007 大石房野茶

产地：景东县花山乡芦山村大石房大湾箐口，位于101°14.0′E，24°18.7′N，海拔2450m。

特征特性：野生型茶树。乔木型，树姿直立；树高25m，树幅5m×8m，基部干围2.4m，最低分枝高度6.5m，分枝稀；嫩枝无毛；叶芽紫红色，茸毛多。制晒青茶。

利用和保护意见：大石房野茶是高海拔地区高大的乔木型野生型茶树之一，对研究茶树的生态特性有重要价值。按古树名木原地重点保护，禁止采叶制茶。

3. J02006-025 箐门口野茶

产地：景东县大街乡气力村箐门口，位于101°063′E，24°23.9′N，海拔2090m。

特征特性：野生型茶树。小乔木型，树姿半开张；树高8m，树幅6m×6m，基部干围2.54m，最低分枝高度0.3m，分枝密；嫩枝有毛；叶芽绿色，茸毛特别多；中叶，平均叶片长11.4cm、宽3.6cm，最大叶片长13cm、宽4.3cm，叶披针形，叶色绿；叶身背卷，叶缘微波，叶面平，叶质硬，叶尖渐尖，叶基楔形，叶脉平均12对，最多14对，叶缘重锯齿，叶背主脉无茸毛，鳞片4片；萼片5片，绿色，有茸毛，花冠6.7cm×5cm，花瓣9枚，花瓣长2.4cm、宽2.1cm，花瓣白色，质地中，雌蕊比雄蕊高，子房有毛，花柱长2cm，柱头5裂，浅裂；果实呈四方状球形，鲜果径3.9cm，果高2.8cm，鲜果皮厚2.2mm；种子不规则形，种子直径1.7cm，种皮棕褐色；一芽二叶，鲜叶干样约含水浸出物41.66%、茶多酚32.88%、氨基酸2.22%、咖啡碱2.95%，酚/氨14.8；耐寒性、耐旱性均强。手工制晒青茶。

利用和保护意见：原地保护，禁止采叶制茶。

4. JD2006-032 丫口大茶树

产地：景东县太忠乡大柏村丫口寨王家新地，位于101°00.1′E，24°23.5′N，海拔1940m。

特征特性：野生型茶树。小乔木型，树姿半开张，树高8.9m，树幅7m×6.6m，基部干围2.85m，最低分枝高度0.1m，分枝密度中；嫩枝无毛；叶芽绿色，茸毛少，中叶；平均叶片长11cm、宽4.2cm，最大叶片长13cm、宽5.2cm，叶长椭圆形，叶色绿；叶身稍内折，叶缘平，叶面微隆起，叶质中，叶尖渐尖，叶基楔形，叶脉9对，叶缘重锯齿，叶背主脉无茸毛，鳞片5片；萼片5片，绿色，有茸毛；花冠大小4cm×3.8cm，花瓣11枚，花瓣长1.6cm、宽1.3cm，花瓣白色，花瓣质地中，雌雄蕊等高，子房有毛，花柱长1.6cm，柱头3（4）裂，浅裂；果实呈四方状球形，鲜果径3.3cm，果高1.9cm，鲜果皮厚2.4mm；种子球形，种子大小1.4cm×1.3cm，种皮褐色；一芽二叶，鲜叶干样约含水浸出物41.33%、茶多酚37.52%、氨基酸1.84%、咖啡碱3.11%，酚/氨20.4；耐寒性、耐旱性均强。手工制晒青茶。

利用和保护意见：原地保护，禁止采叶制茶。

5. JD2006-033 外松山野茶

产地：景东县太忠乡大柏村外松山李学羊地，位于101°0.7′E，24°28.9′N，海拔2090m。

特征特性：野生型茶树。小乔木型，树姿直立；树高12.2m，树幅7m×6m，基部干围2.51m，分枝稀，嫩枝有毛；叶芽绿白色，茸毛少；中叶，平均叶片长11cm、宽4.5cm，最大叶片长13.2cm、宽5cm，叶椭圆形，叶色绿，叶身背卷，叶缘微波，叶面微隆起，叶质中，叶尖渐尖，叶基楔形，叶脉9对，叶缘重锯齿，叶背主脉无茸毛，鳞片5片；萼片5片，色绿，无茸毛；果实呈三角状或四方状球形，鲜果径3.7cm，果高2.3cm，鲜果皮厚3mm；种子球形，种子大小1.7cm×1.6cm；耐寒性、耐旱性均强。手工制晒青茶。

利用和保护意见：原地保护，禁止采叶制茶。

6. JD2006-049 秧草塘大山茶1号

产地：景东县锦屏镇磨腊村秧草塘，位于100°42.9′E，24°26.4′N，海拔2406m。

特征特性：野生型茶树。乔木型，树姿直立；树高22.5m，树幅12.9m×12.8m，基部干围3.16m，最低分枝高度0.2m，分枝密；叶芽黄绿色，茸毛少；大叶，平均叶片长12.8cm、宽5.4cm，最大叶片长13.7cm、宽5.4cm，叶椭圆形，叶色深绿，叶身背卷，叶缘波，叶面平，叶质中，叶尖渐尖，叶基楔形，叶脉10对，叶缘少锯齿，叶背主脉无茸毛，鳞片4片；花冠大小4.1cm×4.5cm，花瓣7枚，花瓣长2.1cm、宽1.6cm，花瓣白色；果实呈三角状球形，鲜果皮厚2.1mm；种子球形，种子大小1.3cm×1.3cm，种皮棕色；耐寒性、耐旱性均强。采制情况不详。

利用和保护意见：秧草塘大山茶1号是高海拔地区高大的野生大茶树之一，对研究茶树的生态特性有重要价值。可作为抗性基因源用于育种，按古树名木原地重点保护。禁止采叶制茶。

7. JD2006-050 秧草塘大山茶2号

产地：景东县锦屏镇磨腊村秧草塘，位于100°42.9′E，24°26.4′N，海拔2420m。

特征特性：野生型茶树。乔木型，树姿直立，长势强；树高24.5m，树幅15.5m×13.9m，基部干围3.5m，最低分枝高度1.1m，分枝密；嫩枝无毛；叶芽黄绿色，无茸毛；大叶，平均叶片长11.5cm、宽5.7cm，最大叶片长13.5cm、宽6.7cm，叶椭圆形，叶色深绿，叶身平，叶缘微波，叶面平，叶质中，叶尖钝尖，叶基楔形，叶脉7对，叶缘少锯齿，叶背主脉无茸毛，鳞片5片；果实呈三角状球形或四方状球形，鲜果皮厚1.6mm；种子球形，种子大小1.6cm×1.5cm，种皮棕色；春茶一芽二叶，鲜叶干样约含水浸出物41.24%、茶多酚21.67%、氨基酸1.97%、咖啡碱2.57%，酚/氨11；耐寒性、耐旱性均强。采制情况不详。

利用和保护意见：秧草塘大山茶2号是高海拔地区高大的野生大茶树之一，对研究茶树的生态特性有重要价值。可作为抗性基因源用于育种，按古树名木原地重点保护，禁止采叶制茶。

8. JD2006-052 凹路箐大茶树

产地：景东县锦屏镇龙树村曼状组凹路箐，位于100°39.1′E，24°31.7′N，海拔2400m。

特征特性：野生型茶树。乔木型，树姿直立；树高19m，树幅6.2m×6.1m，基部干围2.35m，最低分枝高度1.8m，分枝密度中；叶芽黄绿色，茸毛少；中叶，平均叶片长10.6cm、宽5cm，叶椭圆形，叶色深绿，叶身稍内折，叶缘微波，叶面平，叶质中，叶尖急尖，叶基楔形，叶脉9对，叶缘少锯齿，叶背主脉无茸毛，鳞片5片；果实呈三角状球形和四方形，鲜果径2.7cm，果高2.1cm，鲜果皮厚5mm；种子球形，种子大小1.5cm×1.4cm，种皮棕色；耐寒性、耐旱性均强。制晒青茶。

利用和保护意见：凹路箐大茶树是高海拔地区高大的野生大茶树之一，对研究茶树的生态特性有重要价值。可作为抗性基因源用于育种，按古树名木原地重点保护，禁止采叶制茶。

9. JD2006-056 温卜大茶树

产地：景东县锦屏镇温卜村大泥塘，位于100°43.5′E，24°26.3′N，海拔2580m。

特征特性：野生型茶树。乔木型，树姿直立，长势强；树高24m，树幅7.3m×4m，基部干围3m，最低分枝高度3.1m，分枝稀，嫩枝无毛；叶芽绿色，茸毛少；大叶，平均叶片长12.6cm、宽6.5cm，最大叶片长14.0cm、宽6.1cm，叶卵圆形，叶色深绿，叶身平，叶缘平，叶面平，叶质中，叶尖渐尖，叶基楔形，叶脉9对，叶缘少锯齿，叶背主脉无茸毛，鳞片4片；耐寒性、耐旱性均强。制晒青茶。

利用和保护意见：温卜大茶树是目前海拔2500m以上高大的野生大茶树之一，对研究茶树的生态特性有重要价值。可作为抗性基因源用于育种，按古树名木原地重点保护，禁止采叶制茶。

10. JD2006-067 石头窝野茶

产地：景东县安定乡青云村箐平掌石头窝，位于100°40.3′E，24°47.6′N，海拔2490m。

特征特性：野生型茶树。小乔木型，树姿直立；树高9.5m，树幅3.3m×3.2m，基部干围1.77m，最低分枝高度1.4m，分枝密度中，嫩枝无毛；叶芽黄绿色，无茸毛；中叶，平均叶片长11.3cm、宽4.1cm，最大叶片长13.0cm、宽4.6cm，叶长椭圆形，叶色黄绿，叶身内折，叶缘平，叶面平，叶质硬，叶尖渐尖，叶基楔形，叶脉7对，叶缘少锯齿，叶背主脉无茸毛，鳞片4片；一芽二叶，鲜叶干样约含水浸出物41.98%、茶多酚25.30%、氨基酸3.10%、咖啡碱3.31%，酚/氨8.2；耐寒性、耐旱性均强。制晒青茶。

利用和保护意见：合理采摘，就地利用。

▲ 百年古树

11. JD2006-074 芹河野茶

产地：景东县安定乡芹河村山背后小组房屋后，位于100°41.1′E，24°46.4′N，海拔2180m。

特征特性：野生型茶树。小乔木型，树姿半开张，长势强；树高4.5m，树幅4.2m×3.8m，基部干围1.9m，最低分枝高度0.25m，分枝密，嫩枝无毛；叶芽黄绿色，茸毛中；大叶，平均叶片长12.1cm、宽5cm，最大叶片长13.6cm、宽5.8cm，叶椭圆形，叶色深绿，叶身稍内折，叶缘平，叶面平，叶质硬，叶尖急尖，叶基楔形，叶脉10对，叶缘少锯齿，叶背主脉无茸毛，鳞片5片；萼片5片，绿色，无茸毛；花冠大小6cm×5.5cm，花瓣11枚，花瓣长2.8cm、宽1.6cm，花瓣白色，质地中；果实呈球形或四方形，鲜果径3.4cm，果高2.2cm，鲜果皮厚5mm；种子球形，种子大小1.7cm×1.8cm；耐寒性、耐旱性均强。制晒青茶。

利用和保护意见：原地保护，禁止采叶制茶。

12. JD2006-085 泡竹箐大茶树

产地：景东县景屏镇新明村泡竹箐，位于100°42.5′E，24°24.1′N，海拔2500m。

特征特性：野生型茶树。乔木型，树姿开张，长势强；树高8.1m，树幅9.2m×9m，最大干围2.89m，分枝密度中，嫩枝无毛；叶芽绿色，无茸毛；中叶，平均叶片长12.1cm、宽4.5cm，最大叶片长13.5cm、宽5.5cm，叶长椭圆形，叶色深绿，叶身平，叶缘平，叶面平，叶质中，叶尖渐尖，叶基楔形，叶脉7对，叶缘细锯齿，叶背主脉无茸毛，鳞片6片；萼片5片，色泽绿，无茸毛；耐寒性强、耐旱性中。制晒青茶。

利用和保护意见：原地保护，禁止采叶制茶。

13. JD2006-088 公平大山茶

产地：景东县景福乡公平村平掌，位于100°38.9′E，24°24.3′N，海拔1945m。

特征特性：野生型茶树。小乔木型，树姿半开张，长势强；树高7.5m，树幅4.1m×4m，基部干围1.73m，分枝密，嫩枝无毛；叶芽绿色，无毛；大叶，平均叶片长11.6cm、宽5.9cm，最大叶片长14.1cm、宽6.6cm，叶椭圆形，叶色深绿，叶身稍内折，叶缘微波，叶面微隆起，叶质硬，叶尖渐尖，叶基楔形，叶脉8对，叶缘细锯齿，叶背主脉无茸毛，鳞片8片；果实呈四方状球形，鲜果径3.4cm，果高2cm，鲜果皮厚2mm；种子球形，种子大小1.6cm，种皮棕色；耐寒性、耐旱性均中。手工晒青茶。

利用和保护意见：原地保护，禁止采叶制茶。

14. JD2006-089 槽子头大茶树

产地：景东县景福乡岔河村对门村组槽子头，位于100°43.3′E，24°19.3′N，海拔2495m。

特征特性：野生型茶树。乔木型，树姿半开张，长势强；树高15m，树幅14m×11m，最大干围1.73m，最低分枝高度2m，分枝密度中，嫩枝无毛；叶芽绿色，无茸毛；特大叶，平均叶片长14.2cm、宽6.7cm，最大叶片长15.7cm、宽6.9cm，叶椭圆形，叶色深绿，叶身平，叶缘微波，叶面平，叶质中，叶尖渐尖，叶基楔形，叶脉9对，叶缘少锯齿，叶背主脉无茸毛，鳞片5片；耐寒性强、耐旱性弱。制晒青茶。在40m×40m样方内同一类型直径≥10cm的植株有65株。

利用和保护意见：槽子头大茶树是高海拔地区高大的野生大茶树之一，该树周围大理茶分布密度大，对研究茶树自然居群的形成和植被组成有重要价值。需连同所处居群原地重点保护，禁止采叶制茶。

15. JD2006-090 勐令老山茶

产地：景东县景福乡勐令村大村子组，位于100°44′E，24°16′N，海拔1922m。

特征特性：野生型茶树。小乔木型，树姿半开张，长势较强；树高7.5m，树幅5m×4.8m，基部干围1.75m，最低分枝高1.8m，分枝稀，嫩枝无毛；叶芽紫绿色，无茸毛；中叶，平均叶片长10.6cm、宽5cm；叶椭圆形，叶色黄绿，叶身稍内折，叶缘微波，叶面平，叶质中，叶尖渐尖，

叶基楔形，叶脉7对，叶缘少锯齿，叶背主脉无茸毛，鳞片7片；萼片5片，紫绿色，无毛；花冠大小6.2cm×5.5cm，花瓣11枚，花瓣长3.1cm、宽3cm，花瓣白色，质地薄，雌雄蕊等高，子房有毛，花柱长1.8cm，柱头5裂，裂位中；鲜果皮厚2mm；种子球形，种子大小1.8cm×1.6cm，种皮棕褐色；一芽二叶，鲜叶干样约含水浸出物45.23%、茶多酚31.64%、氨基酸2.18%、咖啡碱2.95%，酚/氨14.5；耐寒性中、耐旱性弱。手工制晒青茶。

利用和保护意见：原地保护，禁止采叶制茶。

16. JD2006-109 大卢山山茶

产地：景东县林街乡岩头村箐门口大卢山头，位于100°39.0′E，24°29.9′N，海拔2474m。

特征特性：野生型茶树。乔木型，树姿半开张，长势强；树高18.5m，树幅16.8m×15m，基部干围2.6cm，最低分枝高4.6m，分枝密度中，嫩枝无毛；叶芽紫绿色，无茸毛；特大叶，平均叶片长14.2cm、宽6.2cm，最大叶片长16.3cm、宽6.9cm，叶椭圆形，叶色绿，叶身平，叶缘微波，叶面平，叶质中，叶尖渐尖，叶基楔形，叶脉10对，叶缘少锯齿，叶背主脉无茸毛，鳞片4片；耐寒性强、耐旱性中。制晒青茶。

利用和保护意见：大卢山山茶是高海拔地区高大的野生栽培型大茶树之一，按古树名木予以保护，合理采摘。

17. JD2006-112 丁帕老山茶

产地：景东县林街乡丁帕村二道河组，位于100°376′E，24°25.7′N，海拔1993m。

特征特性：野生型茶树。小乔木型，树姿半开张，长势较强；树高6.5m，树幅4.5m×3.9m，基部干围1.81m，分枝密度中，嫩枝无毛；叶芽紫绿色，无茸毛；中叶，平均叶片长10.1cm、宽4.9cm，叶椭圆形，叶色黄绿，叶身稍内折，叶缘微波，叶面微隆起，叶质硬，叶尖渐尖，叶基楔形，叶脉7对，叶缘少锯齿，叶背主脉有毛，鳞片8片；萼片5片，紫绿色，无茸毛；花冠大小6.1cm×5.7cm，花瓣11枚，花瓣长2.7cm、宽2.1cm，花瓣白色，质地中，雌蕊比雄蕊高，子房有毛，花柱长1.5cm，柱头5裂，裂位中；鲜果皮厚2.1mm；种子锥形，种子大小1.6cm×1.4cm，种皮棕色；一芽二叶，鲜叶干样约含水浸出物40.80%、茶多酚29.31%、氨基酸2.96%、咖啡碱3.47%，酚/氨9.9；耐寒性中、耐旱性强。制晒青茶。

利用和保护意见：原地保护，禁止采叶制茶。

18. JD2006-120 滴水箐野茶

产地：景东县漫湾镇安召村滴水箐组吃水干沟，位于24°44.1′N，100°30.5′E，海拔2282m。

特征特性：野生型茶树。小乔木型，树姿开张，长势较强；树高7.5m，树幅2m×1.5m，基部干围0.73m，最低分枝高度1.5m，分枝稀，嫩枝无毛；叶芽紫绿色，无茸毛；大叶，平均叶片长9.8cm、宽6.3cm，叶近圆形，叶色深绿，叶身稍内折，叶缘平，叶面隆起，叶质硬，叶尖渐尖，叶基楔形，叶脉6对，叶缘少锯齿，叶背主脉无茸毛，鳞片6片；一芽二叶，鲜叶干样约含水浸出物40.93%、茶多酚26.66%、氨基酸3.61%、咖啡碱2.49%，酚/氨7.4；耐寒性强、耐旱性中。制晒青茶。

利用和保护意见：合理采摘，就地利用。

19. JD2006-131 凹路箐奇形大茶树

产地：景东县锦屏镇龙树村曼壮组凹路箐，位于100°39.1′E，24°31.8′N，海拔2470m。

特征特性：野生型茶树。乔木型，树姿直立，分枝密度中，3个分枝成一个"山"字形；树高14m，树幅7.2m×4m，最大丛围（指3个分枝的围径）7.83m，最低分枝高0.3m；叶芽黄绿色，茸毛少；中叶，平均叶片长11.1cm、宽4.6cm，叶椭圆形，叶色深绿，叶身背卷，叶缘微波，叶面平，叶质硬，叶尖急尖，叶基楔形，叶脉11对，叶缘少锯齿，叶背主脉无茸毛，鳞片5片，果实呈球形或四方状球形，鲜果径3.2cm，果高2.3cm，鲜果皮厚5mm；种子球形，种子大小1.4cm×1.5cm，种皮棕色；耐寒性、旱性强。采制情况不详。

利用和保护意见：凹路箐奇形大茶树是高海拔地区野生大茶树之一，且树形奇特，十分罕见。可作为抗性基因源用于育种，按古树名木原地重点保护。禁止采叶制茶。

二、镇沅县

1. ZY2006-001 老茶塘老野茶

产地：镇沅县恩乐镇平掌村羊圈山老茶塘，位于100°57.5′E，23°44.0′N，海拔1840m。

特征特性：野生型茶树。小乔木型，树姿直立，长势较强；树高16.5m，树幅9.5m×7.3m，有26个分枝，平均枝干直径10cm，基部丛围（包括26个分枝）4.2m，最低分枝高0.3m，分枝稀，嫩枝有毛；叶芽绿色，茸毛少；大叶，平均叶片长12.8cm、宽5.4cm，最大叶片长15.3cm、宽7cm，叶圆形，叶色深绿，叶身稍内折，叶缘微波，叶面微隆起，叶质中，叶尖渐尖，叶基楔形，叶脉9对，叶缘少锯齿，叶背主脉无茸毛，鳞片4片；萼片5片，绿色，无毛；花冠大小5.7cm×5.5cm，花瓣11枚，花瓣长3cm、宽2.5cm，花瓣白色，质地中，雌蕊比雄蕊高，子房有毛，花柱长1.3cm，柱头4裂，深裂；果实呈球形或四方状球形，鲜果径3.7cm，果高2.1cm，鲜果皮厚3.6mm；种子球形，种子大小2cm×1.8cm，种皮棕褐色，百粒籽鲜重266g。耐寒性、耐旱性均强。手工制晒青茶。

利用和保护意见：原地保护，禁止采叶制茶。

2. ZY2006-003 芹菜塘老野茶

产地：镇沅县勐大镇文况村芹菜塘，位于100°55.2′E，24°01.6′N，海拔2150m。

特征特性：野生型茶树。小乔木型，树姿直立，长势强；树高19.5m，树幅10.3m×8.9m，有8个分枝，平均枝干直径20.9cm，基部干围2.55m，最低分枝高0.8m，分枝密度中，嫩枝无毛；

叶芽绿色，茸毛中；大叶，平均叶片长 12.4cm、宽 4.7cm，最大叶片长 15.0cm、宽 4cm，叶长椭圆形，叶色深绿，叶身稍内折，叶缘微波，叶面微隆起，叶质中，叶尖渐尖，叶基楔形，叶脉 9 对，叶缘锯齿，叶背主脉无茸毛，鳞片 4 片；萼片 5 片，绿色，无毛；花冠大小 5.5cm×5.3cm，花瓣 11 枚，花瓣长 2.9cm、宽 2.5cm，花瓣白色，质地中，雌蕊比雄蕊低，子房有毛，花柱长 1.3cm，柱头 5 裂，裂位中；果实呈扁球形或四方状球形，鲜果径 4.3cm，果高 3cm，鲜果皮厚 3.2mm；种子球形，种子大小 2cm×1.8cm，种皮棕褐色，百粒籽鲜重 268g；一芽二叶，鲜叶干样约含水浸出物 44.71%、茶多酚 29.72%、氨基酸 2.11%、咖啡碱 2.7%，酚/氨 14.1；耐寒性、耐旱性均强。手工制晒青茶。在 20m×20m 样方内有同类型茶树 144 株。

利用和保护意见：芹菜塘老野茶是高海拔地区高大的野生大茶树之一，该树周围大理茶分布密度大，对研究茶树自然居群的形成和植被组成有重要价值。按古树名木原地重点保护，禁止采叶制茶。

▲ 古树茶园

3. ZY2006-006 打水箐头老野茶

产地：镇沅县恩乐镇五一村打水箐头，位于 100°56.6′E，23°59.0′N，海拔 2146m。

特征特性：野生型茶树。小乔木型，树姿直立，长势强；树高 5m，树幅 2.7m×2.5m，有 7

个分枝，平均枝干直径 8cm，基部丛围（包括 7 个分枝）1.9m，最低分枝高 0.5m，分枝密度中，嫩枝无毛；叶芽紫红色，茸毛少；中叶，平均叶片长 12.3cm、宽 4.1cm，最大叶片长 14.4cm、宽 4.7cm，叶披针形，叶色深绿，叶身平，叶缘平，叶面平，叶质硬，叶尖渐尖，叶基楔形，叶脉 11 对，叶缘少锯齿，叶背主脉无茸毛，鳞片 4 片；萼片 5 片，绿色，无毛；花冠大小 5.7cm×5.4cm，花瓣 11 枚，花瓣长 2.8cm、宽 2.6cm，花瓣白色，质地中，雌雄蕊等高，子房有毛，花柱长 1.2cm，柱头 4 裂，裂位中；果实呈扁球形或四方状球形，鲜果径 4.4cm，果高 2.9cm，鲜果皮厚 3.4mm；种子球形，种子大小 1.9cm×1.7cm，种皮褐色；一芽二叶，鲜叶干样约含水浸出物 40.41%、茶多酚 26.82%、氨基酸 1.63%、咖啡碱 2.96%，酚 / 氨 16.4；耐寒性、耐旱性均强。手工制晒青茶。

利用和保护意见：原地保护，禁止采叶制茶。

4. ZY2006-014 大茶房老野茶

产地：镇沅县九甲乡果吉村大茶房山，位于 101°17.5′E，24°13.5′N，海拔 2510m。

特征特性：野生型茶树。乔木型，树姿半开张，长势较强；树高 15m，树幅 11m×8.4m，有 3 个分枝，平均枝干直径 53cm，基部丛围（包括 3 个分枝）2.7m，最低分枝高 0.3m，分枝密度中，嫩枝无毛；叶芽紫绿色，无茸毛；大叶，平均叶片长 11cm、宽 6.1cm，最大叶片长 13.0cm、宽 7.1cm，叶卵圆形，叶色深绿，叶身稍内折，叶缘微波，叶面微隆起，叶质中，叶尖渐尖，叶基楔形，叶脉 9 对，叶缘细锯齿，叶背主脉无茸毛，鳞片 5 片；萼片 5 片，绿色，无毛；花冠大小 5.8cm×5.6cm，花瓣 11 枚，花瓣长 2.9cm、宽 2.6cm，花瓣白色，质地中，雌蕊比雄蕊低，子房有毛，花柱长 1.1cm，柱头 5 裂，裂位中；果实呈扁球形或四方状球形，鲜果径 4.2cm，果高 3.1cm，鲜果皮厚 3.7mm；种子球形，种子大小 1.9cm×1.8cm，种皮棕褐色，百粒籽鲜重 270g；耐寒性强、耐旱性中。手工制晒青茶。

利用和保护意见：原地重点保护，禁止采叶制茶。

5. ZY2006-036 蓬藤箐头老野茶

产地：镇沅县和平乡麻洋村马鹿塘蓬藤箐头，位于 101°30.4′E，23°56.1′N，海拔 2510m。

特征特性：野生型茶树。小乔木型，树姿半开张，长势较强；树高 12m，树幅 8.7m×5.1m，基部干围 3.13m，最低分枝高 2.2m，分枝密，嫩枝无毛；叶芽紫绿色，茸毛少，中叶，平均叶片长 11.3cm、宽 4.8cm，叶椭圆形，叶色深绿，叶身背卷，叶缘微波，叶面微隆起，叶质中，叶尖渐尖，叶基楔形，叶脉 8 对，叶缘少锯齿，叶背主脉无茸毛，鳞片 4 片；耐寒性、耐旱性均强。手工制晒青茶。

利用和保护意见：蓬藤箐头老野茶是高海拔地区野生大茶树之一，可作为抗性基因源用于育种。原地重点保护，禁止采叶制茶。

6. ZY2006-041 千家寨大茶树

产地：镇沅县九甲乡和平村千家寨上坝，位于101°14.0′E，24°24.7′N，海拔2450m。

特征特性：野生型茶树。乔木型，树姿直立，长势较强；树高25.6m，树幅22m×20m，胸径2.82m，最低分枝高3.6m，分枝密度中，嫩枝无毛；叶芽绿色，茸毛少；大叶，平均叶片长14cm、宽5.8cm，叶椭圆形，叶色深绿，叶身稍内折，叶缘微波，叶面微隆起，叶质硬，叶尖渐尖，叶基楔形，叶脉10对，叶缘少锯齿，叶背主脉无茸毛，鳞片5片；萼片5片，绿色，无毛；花冠大小5.9cm×5.7cm，花瓣12枚，花瓣长2.8cm、宽2.5cm，花瓣白色，质地中，雌蕊比雄蕊低，子房有毛，花柱长1.2cm，柱头4裂，裂位中；果实呈扁球形或四方状球形，鲜果径4.5cm，果高3cm，鲜果皮厚3.5mm；种子球形，种子大小2cm×1.8cm，种皮棕褐色，百粒籽鲜重264g；耐寒性、耐旱性均强。

利用和保护意见：千家寨大茶树是高海拔地区高大的典型乔木型野生大茶树，为世界罕见，国内外著名。按古树名木原地重点保护，禁止采叶制茶和一切有损茶树生机的行为，并且要保护好周围的生态环境。

▲ 千家寨1号大茶树

三、景谷县

1. JG2006-026 洞洞箐口野茶

产地：景谷县小景谷乡文山村洞洞箐口，位于100°43.5′E，23°42.1′N，海拔2010m。

特征特性：野生型茶树。小乔木型，树姿半开张，长势较强；树高2.5m，树幅1.2m×1.1m，基部干围1.04m，最低分枝高0.2m，分枝密度中，嫩枝有毛；叶芽黄绿色，茸毛少；大叶，平均叶片长13cm、宽6.5cm，最大叶片长15cm、宽7.4cm，叶椭圆形，叶色深绿，叶身稍内折，叶缘微波，叶面微隆起，叶质中，叶尖渐尖，叶基楔形，叶脉11对，最多15对，叶缘少锯齿，叶背主脉无茸毛，鳞片4片；春茶一芽二叶，鲜叶干样约含水浸出物43.37%、茶多酚34.85%、氨基酸3.24%、咖啡碱3.92%。耐寒性、耐旱性均强。手工制晒青茶。

利用和保护意见：原地保护，禁止采叶制茶。

2. JG2006-054 大水缸大绿茶 1 号

产地：景谷县正兴乡黄草坝村大水缸，位于 101°00.2′E，23°31.4′N，海拔 2220m。

特征特性：野生型茶树。乔木型，树姿直立，长势强；树高 21m，树幅 11m×10.1m，基部干围 3.2m，最低分枝高 1m，分枝密，嫩枝无毛；叶芽绿色，茸毛少；大叶，平均叶片长 11.6cm、宽 5.1cm，叶椭圆形，叶色绿，叶身平，叶缘微波，叶面平，叶质中，叶尖渐尖，叶基楔形，叶脉 9 对，叶缘细锯齿，叶背主脉无茸毛，鳞片 4 片；耐寒性、耐旱性均强。采制情况不详。

利用和保护意见：大水缸大绿茶 1 号是高海拔地区高大野生大茶树之一，可作为抗性基因源用于育种。原地重点保护，禁止采叶制茶。

3. JG2006-055 大水缸大绿茶 2 号

产地：景谷县正兴乡黄草坝村大水缸，位于 101°00.2′E，23°31.4′N，海拔 2220m。

特征特性：野生型茶树。乔木型，树姿直立，长势强；树高 17.5m，树幅 8.2m×7.8m，基部干围 1.66m，最低分枝高 2.8m，分枝稀，嫩枝无毛；叶芽绿色，茸毛少；特大叶，平均叶片长 14.2cm、宽 6.1cm，最大叶片长 15.5cm、宽 6cm，叶椭圆形，叶色绿，叶身平，叶缘微波，叶面平，叶质中，叶尖渐尖，叶基楔形，叶脉 9 对，叶缘细锯齿，叶背主脉无茸毛，鳞片 4 片；耐寒性、耐旱性均强。采制情况不详。

利用和保护意见：大水缸大绿茶 2 号是高海拔地区高大野生大茶树之一，可作为抗性基因源用于育种。原地重点保护，禁止采叶制茶。

4. JG2006-072 曼竜山野茶

产地：景谷县益智乡益智村曼竜山，位于 100°43.1′E，23°43.1′N，海拔 1970m。

特征特性：野生型茶树。小乔木型，树姿直立，长势强；树高 4.8m，树幅 3.5m×2.8m，基部干围 1.68m，最低分枝高 0.8m，分枝密，嫩枝无毛；叶芽绿色，茸毛少；中叶，平均叶片长 12cm、宽 4.5cm，最大叶片长 13.4cm、宽 5.2cm，叶长椭圆形，叶色深绿，叶身内折，叶缘微波，叶面平，叶质中，叶尖渐尖，叶基楔形，叶脉 9 对，叶缘细锯齿，叶背主脉无茸毛，鳞片 5 片；耐寒性、耐旱性均强。采制情况不详。

利用和保护意见：原地保护，禁止采叶制茶。

5. JG2006-103 徐家村大叶茶

产地：景谷县钟山乡训岗村徐家村，位于 100°50.6′E，23°32.5′N，海拔 1470m。

特征特性：野生型茶树。小乔木型，树姿直立，长势强；树高 8.4m，树幅 4.6m×4.4m，基部干围 1.16m，最低分枝高 1.5m，分枝密度中，嫩枝有毛；叶芽紫红色，茸毛多；中叶，平均叶片长 10.4cm、宽 3.7cm，叶长椭圆形，叶色绿，叶身内折，叶缘微波，叶面平，叶质硬，叶尖渐尖，叶基楔形，叶脉8对，叶缘细锯齿，叶背主脉茸毛多，鳞片2片；萼片5片；花冠大小3cm×2.9cm，花瓣5枚，花瓣长1.6cm、宽1.6cm；鲜果径2.7cm，果高1.7cm，鲜果皮厚1.7mm；种子直径1.3cm；秋茶一芽二叶，鲜叶干样约含水浸出物45.52%、茶多酚25.35%、氨基酸2.02%、咖啡碱2.54%，酚/氨12.5；耐寒性、耐旱性均强。手工制晒青茶。

利用和保护意见：芽叶紫红色，可试制优质红茶或普洱茶，或用于研制功能性茶。合理采摘，原地保护。

四、宁洱县

1. NR2006-003 困鹿山野生大茶树

产地：宁洱县宁洱镇宽宏村困鹿山，位于101°5.2′E，23°14.2′N，海拔2050m。

特征特性：野生型茶树。乔木型，树姿半开张，长势强；树高4.8m，树幅3.5m×3.2m，基部干围1.75m，最低分枝高0.8m，分枝稀，嫩枝无毛；叶芽绿色，无茸毛；大叶，平均叶片长13.7cm、宽5.3cm，最大叶片长15.9cm、宽5.7cm，叶长椭圆形，叶色绿，叶身稍内折，叶缘平，叶面平，叶质中，叶尖渐尖，叶基楔形，叶脉7对，叶缘少锯齿，叶背主脉无茸毛，鳞片2片；花冠大小3.8cm×3.6cm，花瓣10枚，花瓣长1.5cm、宽1.5cm，花瓣质地薄，雌蕊比雄蕊低，柱头5裂；果实呈五角状，鲜果径3.5cm，果高1.9cm，鲜果皮厚2.8mm；种子球形，种子

直径1.8cm，种皮棕褐色，百粒籽鲜重250g；一芽二叶，鲜叶干样约含水浸出物36.10%、茶多酚12.16%、氨基酸3.37%、咖啡碱2.04%，酚/氨3.6；耐寒性、耐旱性均中。手工制晒青茶。

利用和保护意见：茶多酚含量特低，可作为特异资源用于种质创新研究。原地重点保护，禁止采叶制茶。

2. NR2006-007 干坝子大山茶

产地：宁洱县梅子乡永胜村干坝子大山，位于101°01.4′E，23°34.4′N，海拔2460m。

特征特性：野生型茶树。小乔木型，树姿半开张，长势较强；树高15m，树幅10.6m×10.6m，最大干围2.65m，最低分枝高1m，分枝稀，嫩枝有毛；叶芽绿色，茸毛少；大叶，平均叶片长12.7cm、宽6.2cm，最大叶片长16.5cm、宽7cm，叶椭圆形，叶色绿，叶身稍内折，叶缘微波，叶面平，叶质中，叶尖渐尖，叶基楔形，叶脉7对，叶缘细锯齿，叶背主脉无茸毛，鳞片2片；耐寒性、耐旱性均中。手工制晒青茶。

利用和保护意见：干坝子大山茶是高海拔地区高大的野生大茶树之一。原地重点保护，禁止采叶制茶。

3. NR2006-010 罗东山野生大茶树

产地：宁洱县梅子乡永胜村罗东山，位于101°02.4′E，23°31.4′N，海拔2370m。

▲ 云南古寨

特征特性：野生型茶树。乔木型，树姿半开张，长势较强；树高14.8m，树幅14.0m×12.8m，最大干围3.4m，最低分枝高0.4m，分枝密度中，嫩枝无毛；叶芽绿色，无茸毛；特大叶，平均叶片长14.7cm、宽6.8cm，最大叶片长17cm、宽6.8cm，叶椭圆形，叶色绿，叶身稍内折，叶缘微波，叶面微隆起，叶质中，叶尖渐尖，叶基楔形，叶脉10对，叶缘细锯齿，叶背主脉无茸毛，鳞片3片；萼片5片，绿色，无毛；花冠大小5.9cm×5cm，花瓣11枚，花瓣长2.4cm、宽1.5cm，花瓣微绿色，质地中，雌雄蕊等高，子房有毛，柱头5裂，裂位中；鲜果径2.7cm，果高1.9cm，鲜果皮厚1.5mm；种子不规则形，种子直径1.3cm，种皮棕褐色，百粒籽鲜重215g；耐寒性、耐旱性均中。手工制晒青茶。

利用和保护意见：罗东山野生大茶树是高海拔地区高大的野生大茶树之一。原地重点保护，禁止采叶制茶。

4. NR2006-011 丙龙山大叶茶

产地：宁洱县德安乡兰庆村丙龙山，位于101°04.2′E，23°24.4′N，海拔2150m。

特征特性：野生型茶树。乔木型，树姿直立，长势较强；树高19.5m，树幅12.1m×9.8m，最大干围2m，最低分枝高3.7m，分枝稀，嫩枝无毛；叶芽绿色，无茸毛；大叶，平均叶片长12.1cm、宽5.3cm，最大叶片长13.6cm、宽6cm，叶椭圆形，叶色绿，叶身稍内折，叶缘平，叶面微隆起，叶质柔软，叶尖渐尖，叶基楔形，叶脉8对，叶缘细锯齿，叶背主脉无茸毛，鳞片2片；一芽二叶，鲜叶干样约含水浸出物43.74%、茶多酚14.89%、氨基酸1.86%、咖啡碱2.49%，酚/氨8.0；耐寒性、耐旱性均中。手工制晒青茶。

利用和保护意见：丙龙山大叶茶是高海拔地区高大的野生大茶树之一，在分类研究上有重要价值，且茶多酚含量很低，可作为特异资源用于种质创新和茶多酚与茶叶品质关系的研究。原地重点保护，禁止采叶制茶。

五、墨江县

1. MJ2006-022 牛角尖山野茶

产地：墨江县联珠镇马路村牛角尖山，位于101°41.2′E，23°39.4′N，海拔2180m。

特征特性：野生型茶树。小乔木型，树姿直立，长势强；树高10m，树幅4.4m×4m，最大干围1.35m，最低分枝高0.1m，分枝稀，嫩枝无毛；叶芽绿色，茸毛少；特大叶，平均叶片长14.7cm、宽6cm，最大叶片长17.4cm、宽6cm，叶椭圆形，叶色深绿，叶身稍内折，叶缘微波，叶面平，叶质柔软，叶尖渐尖，叶基楔形，叶脉8对，叶缘少锯齿，叶背主脉无茸毛，鳞片5片；萼片5片，绿色，无毛；花冠大小4.7cm×4.3cm，花瓣8枚，花瓣长2.2cm、宽1.9cm，花瓣白色，质地中，雌蕊比雄蕊低，子房有毛，花柱长1.3cm，柱头5裂，浅裂；果实呈扁球形或三角状球形，鲜果径4.4cm，果高1.9cm，鲜果皮厚2.0mm；种子球形，种子大小1.9cm×1.8cm，种皮褐色，百粒籽鲜重 270g；秋茶一芽二叶，鲜叶干样约含水浸出物 41.12%、茶多酚 24.02%、氨基酸 3.80%、咖啡碱 2.89%，酚 / 氨 6.3；耐寒性、耐旱性均强。手工制晒青茶。

利用和保护意见：根据其酚 / 氨低的情况，用短穗扦插法繁殖扩大数量，可试制绿茶。原地重点保护，禁止采叶制茶。

▲ 百年古树

2. MJ2006-032 芦山紫芽茶

产地：墨江县雅邑乡芦山村阿八丫口，位于 101°42.0′E，23°10.5′N，海拔 1910m。

特征特性：野生型茶树。小乔木型，树姿直立，长势较强；树高 6m，树幅 2.8m×2.4m，最大干围 1.36m，最低分枝高 0.6m，分枝稀，嫩枝无毛；叶芽绿色，茸毛少；大叶，平均叶片长 13.8cm、宽 5.3cm，最大叶片长 15.3cm、宽 5.8cm，叶长椭圆形，叶色深绿，叶身平，叶缘平，叶面平，叶质柔软，叶尖渐尖，叶基楔形，叶脉 9 对，叶缘少锯齿，叶背主脉无茸毛；萼片 5 片，绿色，无毛；花冠大小 5.4cm×4.1cm，花瓣 8 枚，花瓣长 2.9cm、宽 2cm，花瓣白色，质地中，雌蕊比雄蕊高，子房有毛，花柱长 1.8cm，柱头 4 裂，裂位中；果实呈三角状球形，鲜果径 4.2cm，果高 1.8cm，鲜果皮厚 2.4mm；种子球形，种子大小 1.7cm×1.7cm，种皮褐色，百粒籽鲜重 220g；

秋茶一芽二叶，鲜叶干样约含水浸出物47.88%、茶多酚30.85%、氨基酸1.87%、咖啡碱2.25%，酚/氨16.5；耐寒性、耐旱性均强。手工制晒青茶。

利用和保护意见：原地保护，禁止采叶制茶。

3. MJ2006-034 山星街野茶

产地：墨江县雅邑乡芦山村山星街边，位于101°41.2′E，23°10.4′N，海拔1960m。

特征特性：野生型茶树。小乔木型，树姿直立，长势弱；树高5.1m，树幅1.9m×1.9m，最大干围0.86m，最低分枝高0.4m，分枝稀，嫩枝无毛；叶芽绿色，茸毛少；特大叶，平均叶片长15.1cm、宽5.8cm，最大叶片长18cm、宽6.7cm，叶长椭圆形，叶色深绿，叶身稍内折，叶缘微波，叶面平，叶质中，叶尖渐尖，叶基楔形，叶脉8对，叶缘少锯齿，叶背主脉无茸毛，鳞片4片；萼片4片，绿色，无毛；花冠大小5.7cm×4cm，花瓣7枚，花瓣长2.9cm、宽1.9cm，花瓣白色，质地中，雌蕊比雄蕊高，子房有毛，花柱长2.1cm，柱头4裂，裂位中；果实呈扁球形或椭圆状球形，鲜果径4.3cm，果高1.9cm，鲜果皮厚2.3mm；种子球形，种子大小1.8cm×1.8cm，种皮褐色，百粒籽鲜重225g；秋茶一芽二叶，鲜叶干样约含水浸出物38.24%、茶多酚20.66%、氨基酸1.78%、咖啡碱1.13%，酚/氨11.6；耐寒性、耐旱性均强。手工制晒青茶。

利用和保护意见：原地保护，禁止采叶制茶。

4. MJ2006-103 羊神庙野茶

产地：墨江县鱼塘乡景平村羊神庙大山，位于101°25.1′E，23°10.0′N，海拔2090m。

特征特性：野生型茶树。小乔木型，树姿半开张，长势较强；树高66m，树幅4.9m×4.5m，最大干围1.24m，最低分枝高0.3m，分枝稀，嫩枝无毛；叶芽绿色，无茸毛；特大叶，平均叶片长15.5cm、宽6.4cm，最大叶片长17.6cm、宽7.5cm，叶椭圆形，叶色深绿，叶身稍内折，叶缘微波，叶面微隆起，叶质中，叶尖渐尖，叶基楔形，叶脉9对，叶缘细锯齿，叶背主脉无茸毛；萼片5片，绿色，无毛；花冠大小5.1cm×4cm，花瓣7枚，花瓣长2.1cm、宽1.8cm，花瓣白色，质地中，雌蕊比雄蕊高，子房有毛，花柱长1.9cm，柱头5裂，裂位中；果实呈扁球形，鲜果径4.5cm，果高2cm，鲜果皮厚2.5mm；种子球形，种子大小1.8cm×1.8cm，种皮褐色，百粒籽鲜重206g；一芽二叶，鲜叶干样约含水浸出物44.16%、茶多酚30.72%、氨基酸2.26%、咖啡碱2.89%，酚/氨13.6；耐寒性、耐旱性均强。手工制晒青茶。

利用和保护意见：原地保护，禁止采叶制茶。

六、江城县

JC2006-012 梁子寨野茶

产地：江城县嘉禾乡联合村梁子寨，位于102°34.5′E，22°37.5′N，海拔1827m。

特征特性：野生型茶树。乔木型，树姿直立，长势弱；树高14m，树幅6.5m×6.0m，基部干围1.37m，最低分枝高0.4m，分枝稀，嫩枝无毛；叶芽黄绿色，无茸毛；大叶，平均叶片长11.8cm、宽5.4cm，最大叶片长13.5cm、宽5.2cm，叶椭圆形，叶色深绿，叶身背卷，叶缘平，叶面微隆起，叶质中，叶尖渐尖，叶基楔形，叶脉9对，叶缘少锯齿，叶背主脉无茸毛，鳞片4片；一芽二叶，鲜叶干样约含水浸出物41.13%、茶多酚31.15%、氨基酸2.92%、咖啡碱3.74%，酚/氨10.7；耐寒性、耐旱性均强。手工制晒青茶。

利用和保护意见：原地保护，禁止采叶制茶。

▲ 螃蟹脚

七、澜沧县

1. LC2006-011 新寨大山茶1号

产地：澜沧县富东乡邦崴村新寨四组，位于99°56.1′E，23°07.3′N，海拔1930m。

特征特性：野生型茶树。小乔木型，树姿半开张，长势强；树高6.9m，树幅5.2m×4m，基部干围1.76m，最低分枝高0.8m，分枝稀，嫩枝有毛；叶芽紫红色，茸毛少；特大叶，平均叶片长13.2cm、宽7.9cm，最大叶片长15.6cm、宽7.9cm，叶近圆形，叶色深绿，叶身稍内折，叶缘平，叶面微隆起，叶质中，叶尖钝尖，叶基楔形，叶脉9对，叶缘少锯齿，叶背主脉无茸毛，鳞

片 5 片；萼片 5 片，绿色，无毛；花冠大小 3.7cm×3.4cm，花瓣 5 枚，花瓣长 1.4cm、宽 1.1cm，花瓣白色，质地薄，雌雄蕊等高，子房有毛，花柱长 1.7cm，柱头 5 裂，裂位中；果实呈四方状球形，鲜果径 3.7cm，果高 1.9cm，鲜果皮厚 2.1mm；种子球形，种子直径 1.5cm，种皮褐色；春茶一芽二叶，鲜叶干样约含水浸出物 43.85%、茶多酚 34.06%、氨基酸 1.38%、咖啡碱 3.61%，酚/氨 24.7；耐寒性、耐旱性均强。手工制晒青茶。

利用和保护意见：原地保护，禁止采叶制茶。

2. LC2006-012 新寨大山茶 2 号

产地：澜沧县富东乡邦崴村新寨，位于 99°56.1′E，23°07.3′N，海拔 1900m。

特征特性：野生型茶树。小乔木型，树姿直立，长势强；树高 9.9m，树幅 3.6m×3.4m，最大干围 1.39m，最低分枝高 3.3m，分枝稀，嫩枝有毛；叶芽紫红色，茸毛少；中叶，平均叶片长 10cm、宽 5.3cm，叶卵圆形，叶色深绿，叶身稍内折，叶缘平，叶面微隆起，叶质硬，叶尖钝尖，叶基楔形，叶脉 10 对，叶缘少锯齿，叶背主脉无茸毛，鳞片 5 片；萼片 5 片，绿色，无毛；花冠大小 5.4cm×4.8cm，花瓣 9 枚，花瓣长 2.3cm、宽 2cm，花瓣白色，质地薄，雌雄蕊等高，子房有毛，花柱长 1.6cm，柱头 5 裂，裂位中；果实呈四方状球形，鲜果径 4.9cm，果高 2.3cm，鲜果皮厚 2.8mm；种子球形，种子直径 2cm，种皮褐色；春茶一芽二叶，鲜叶干样约含水浸出物 44.64%、茶多酚 32.95%、氨基酸 1.68%、咖啡碱 3.24%，酚/氨 19.6；耐寒性、耐旱性均强。手工制晒青茶。

利用和保护意见：原地保护，禁止采叶制茶。

3. LC2006-029 南方野茶

产地：澜沧县木戛乡南方村代夫李扎努家地，位于 99°40.2′E，23°02.1′N，海拔 1850m。

特征特性：野生型茶树。小乔木型，树姿半开张；树高 7.4m，树幅 5.7m×4.8m，基部干围 1.28m，最低分枝高 0.3m，分枝密，嫩枝有毛；叶芽紫红色，茸毛多；特大叶，平均叶片长 15.5cm、宽 6.2cm，最大叶片长 19.2cm、宽 7.7cm，叶椭圆形，叶色深绿，叶身平，叶缘平，叶面微隆起，叶质中，叶尖渐尖，叶基楔形，叶脉 12 对，最多 13 对，叶缘少锯齿，叶背主脉多茸毛，鳞片 7 片；萼片绿色，无毛；花冠大小 5cm×4.9cm，花瓣 7 枚，花瓣长 1.9cm、宽 1.8cm，花瓣白色，质地薄，雌蕊比雄蕊低，子房有毛，花柱长 1.9cm，柱头 4 裂，浅裂；果实呈三角状球形，鲜果径 2.9cm，果高 1.9cm，鲜果皮厚 3mm；种子球形，种子直径 1.5cm，种皮褐色；一芽二叶，鲜叶干样约含水浸出物 50.82%、茶多酚 39.559%、氨基酸 2.88%、咖啡碱 3.92%，酚/氨 13.7；耐寒性、耐旱性均强。手工制晒青茶。

利用和保护意见：根据其茶多酚和水浸出物含量特高的情况，用短穗扦插法繁殖扩大数量。既可用于研制优质红茶、普洱茶和功能性茶，或用于茶叶深加工，也可用作育种材料。原地重点保护，禁止采叶制茶。

第一章 茶树的分类

▲ 百年古树

4. LC2006—030 赛罕野茶

产地：澜沧县富邦乡赛罕村大茶树梁子，位于 99°52.5′E，22°51.6′N，海拔 2220m。

特征特性：野生型茶树。小乔木型，树姿直立，长势强；树高 16m，树幅 8.4m×7.7m，最大干围 2.05m，最低分枝高 0.8m，分枝稀，嫩枝无毛；叶芽紫红色，无茸毛；特大叶，平均叶片长 14.4cm、宽 6cm，最大叶片长 16.2cm、宽 6cm，叶椭圆形，叶色绿，叶身平，叶缘微波，叶面平，叶质中，叶尖钝尖，叶基楔形，叶脉 14 对，最多 16 对，叶缘少锯齿，叶背主脉无茸毛，鳞片 7 片；萼片 5 片，绿色，无毛；花冠大小 5cm×4.5cm，花瓣 8 枚，花瓣长 1.7cm、宽 1.7cm，花瓣白色，质地薄，雌雄蕊等高，子房有毛，花柱长 1.9cm，柱头 5 裂，浅裂；果实呈三角状球形，鲜果径 4.7cm，果高 2.3cm，鲜果皮厚 3.3mm；种子球形，种子直径 1.8cm，种皮褐色；一芽二叶，鲜叶干样约含水浸出物 44.15%、茶多酚 34.44%、氨基酸 3.84%、咖啡碱 4.79%，酚/氨 9.0；耐寒性、耐旱性均强。手工制晒青茶。

利用和保护意见：赛罕野茶是高海拔地区高大的野生大茶树之一，根据其茶多酚和氨基酸含量均高的情况，可用短穗扦插法繁殖扩大数量。既可用于研制优质红茶、普洱茶和功能性茶，也可用作抗性育种。原地重点保护，禁止采叶制茶。

5. LC2006-034 战马坡野茶

产地：澜沧县竹塘乡战马坡村戛拉早国，位于 99°40.2′E，22°53.7′N，海拔 2260m。

特征特性：野生型茶树。小乔木型，树姿直立；树高 11.8m，树幅 8.7m×6.4m，基部干围 2.2m，最低分枝高 4.3m，分枝稀，嫩枝无毛；叶芽紫红色，无茸毛；中叶，平均叶片长 11.6cm、宽 4.7cm，叶椭圆形，叶色深绿，叶身稍内折，叶缘平，叶面微隆起，叶质中，叶尖渐尖，叶基楔形，叶脉 12 对，最多 14 对，叶缘少锯齿，叶背主脉无茸毛，鳞片 7 片；萼片 5 片，绿色，无毛；花冠大小 5cm×4.9cm，花瓣 7 枚，花瓣长 1.9cm、宽 1.8cm，花瓣白色，花瓣质地薄，雌雄蕊等高，子房有毛，花柱长 1.9cm，柱头 5 裂，浅裂；果实呈三角状球形，鲜果径 4.6cm，果高 2.3cm，鲜果皮厚 3.6mm；种子球形，种子直径 1.9cm，种皮褐色；耐寒性、耐旱性均强。手工制晒青茶。

利用和保护意见：原地保护，禁止采叶制茶。

6. LC2006-043 安知别野茶

产地：澜沧县拉巴乡音同村新音同安知别，位于 99°34.1′E，22°33.2′N，海拔 1940m。

特征特性：野生型茶树。乔木型，树姿直立，长势弱；树高 25m，树幅 12.7m×8m，最大干围 2.2m，最低分枝高 1.6m，分枝稀，嫩枝有毛；芽叶绿色，无茸毛；大叶，平均叶片长 13.4cm、宽 5.9cm，叶椭圆形，叶深绿色，叶身平，叶缘平，叶面平，叶质硬，叶尖渐尖，叶基楔形，叶脉 9 对，最多 11 对，叶缘少锯齿，叶背主脉无茸毛，鳞片 3 片；果实呈扁球形，鲜果径 2.6cm，果高 1.9cm，鲜果皮厚 2.3mm；种子肾形，种子大小 2.1cm×1.6cm，种皮褐色；耐寒性、耐旱性均强。手工制晒青茶。

保护和利用意见：安知别野茶是高大的野生大茶树之一，可用于抗性育种。按古树名木原地重点保护，禁止采叶制茶。

7. LC2006-060 营盘草坝野茶

产地：澜沧县发展河乡发展河村排坡营盘草坝，位于100°1.0′E，22°23.5′N，海拔2150m。

特征特性：野生型茶树。乔木型，树姿直立，长势弱；树高9m，基部干围2.45m，最低分枝高度4.9m，分枝稀，嫩枝无毛；叶芽绿色，无茸毛；大叶，平均叶片长11.6cm、宽5.3cm，叶椭圆形，叶色深绿，叶身平，叶缘微波，叶面平，叶质柔软，叶尖渐尖，叶基楔形，叶脉8对，叶缘少锯齿，叶背主脉无茸毛，鳞片3片；果实呈椭圆状球形，鲜果径3.4cm，果高2.9cm，鲜果皮厚3.4mm；种子球形，种子大小1.6cm×1.5cm，种皮褐色；一芽二叶，鲜叶干样约含水浸出物43.02%、茶多酚33.03%、氨基酸2.98%、咖啡碱3.41%、酚/氨11.1；耐寒性、耐旱性均强。手工制晒青茶。

利用和保护意见：原地保护，禁止采叶制茶。

8. LC2006-064 大尖山野茶

产地：澜沧县发展河乡营盘村大尖山脚，位于100°18.6′E，22°27.1′N，海拔2250m。

特征特性：野生型茶树。乔木型，树姿直立，长势弱；树高19m，最大干围1.74m，最低分枝高6.8m，分枝稀，嫩枝无毛；叶芽绿色，无茸毛；中叶，平均叶片长10.4cm、宽4.5cm，叶椭圆形，叶色深绿，叶身平，叶缘平，叶面平，叶质中，叶尖渐尖，叶基楔形，叶脉10对，叶缘少锯齿，叶背主脉无茸毛，鳞片3片；萼片6片，绿色，无毛；花冠大小5cm×4.2cm，花瓣8枚，花瓣长2.7cm、宽2.2cm，花瓣白色，质地厚，雌蕊比雄蕊高，子房有毛，花柱长1.4cm，柱头5裂，深裂；果实呈四方状球形，鲜果径3.6cm，果高3.1cm，鲜果皮厚2.8mm；种子不规则形，种子大小2cm×1.8cm，种皮褐色；耐寒性、耐旱性均强。手工制晒青茶。

利用和保护意见：大尖山野茶是高海拔地区高大的乔木型大茶树之一。按古树名木原地重点保护，禁止采叶制茶。

9. LC2006-066 看马山野茶

产地：澜沧县勐朗镇看马山村大寨龙塘底，位于100°07.2′E，22°26.3′N，海拔2130m。

特征特性：野生型茶树。乔木型，树姿直立，长势较强；树高11.7m，最大干围2.6m，最低分枝高0.5m，分枝密度中，嫩枝无毛；叶芽绿色，无茸毛；大叶，平均叶片长11.8cm、宽5.6cm，叶椭圆形，叶色绿，叶身平，叶缘平，叶面平，叶质柔软，叶尖渐尖，叶基楔形，叶脉12对，最多13对，叶缘少锯齿，叶背主脉无茸毛，鳞片4片；果实呈四方状球形，鲜果径4cm，果高2.5cm，鲜果皮厚3.6mm；种子不规则形，种子大小2.2cm×1.8cm，种皮褐色；耐寒性、耐旱性均强。手工制晒青茶。

利用和保护意见：原地保护，禁止采叶制茶。

八、西盟县

1. XM2006-003 南亢野茶

产地：西盟县力所乡南亢村怕科一组寨边，位于99°27.1′E，22°41.0′N，海拔1810m。

特征特性：野生型茶树。小乔木型，树姿开张，长势强；树高11.5m，树幅12.2m×1m，基部干围3m，最低分枝高0.2m，分枝密，嫩枝无毛；叶芽绿色，无茸毛；大叶，平均叶片长12.3cm、宽4.9cm，最大叶片长16.3cm、宽6.2cm，叶长椭圆形，叶色深绿，叶身背卷，叶缘微波，叶面微隆起，叶质中，叶尖渐尖，叶基楔形，叶脉10对，叶缘少锯齿，叶背主脉无茸毛，鳞片3片；萼片6片，绿色，有毛；花冠大小5.8cm×4.7cm，花瓣10枚，花瓣长2.7cm、宽2.4cm，花瓣白色，质地厚，雌蕊比雄蕊高，子房有毛，花柱长2.2cm，柱头5裂，浅裂；鲜果径2.9cm，果高2.2cm，鲜果皮厚3mm；种子球形，种子直径1.5cm，种皮棕褐色；耐寒性、耐旱性均强。手工制晒青茶。

利用和保护意见：原地保护，禁止采叶制茶。

▲ 云南植被

2. XM2006-005 勐卡野茶

产地：西盟县勐卡镇城子水库边，位于99°26.6′E，22°44.2′N，海拔2083m。

特征特性：野生型茶树。小乔木型，树姿直立，长势强；树高12.5m，树幅5m×4.7m，最大干围1.95m，最低分枝高0.5m，分枝密度中，嫩枝无毛；叶芽黄绿色，无茸毛；中叶，平均叶片长9.3cm、宽4.4cm，叶椭圆形，叶色深绿，叶身稍内折，叶缘平，叶面平，叶质中，叶尖渐尖，叶基楔形，叶脉10对，叶缘少锯齿，叶背主脉无茸毛，鳞片4片；萼片5片，绿色，无毛；花冠大小6.9cm×6.5cm，花瓣14枚，最多16枚，花瓣长3.1cm、宽2.1cm，花瓣白色，质地中，雌蕊比雄蕊高，子房有毛，花柱长2.5cm，柱头5裂，裂位中；果实呈扁球形，鲜果径4.7cm，果高3.7cm，鲜果皮厚3.9mm；种子球形，种子直径1.7cm，种皮棕褐色；一芽二叶，鲜叶干样约含水浸出物46.38%、茶多酚34.49%、氨基酸1.84%、咖啡碱2.989%，酚/氨18.7；耐寒性、耐旱性均强。手工制晒青茶。

利用和保护意见：花瓣特别多，是研究茶树进化和大理茶变异的重要材料。原地重点保护，禁止采叶制茶。

3. XM2006-007 大黑山腊茶树

产地：西盟县勐卡镇马散村大黑山腊，位于99°26.4′E，22°47.1′N，海拔2107m。

特征特性：野生型茶树。乔木型，树姿直立，长势较弱；树高23m，树幅5.5m×4.5m，基部干围2.85m，最低分枝高5.7m，分枝稀，嫩枝无毛；叶芽黄绿色，无茸毛；大叶，平均叶片长14.2cm、宽5.8cm，最大叶片长17cm、宽6.8cm，叶椭圆形，叶色深绿，叶身稍内折，叶缘微波，叶面微隆起，叶质中，叶尖渐尖，叶基楔形，叶脉13对，最多15对，叶缘少锯齿，叶背主脉无茸毛，鳞片3片；萼片5片，绿色，边缘有睫毛；花冠大小6.9cm×6.3cm，花瓣14枚，花长2.9cm、宽1.8cm，花瓣白色，质地厚，雌蕊比雄蕊高，子房有毛，花柱长2.1m，柱头5裂，裂位中；果实呈扁球形，鲜果径3.8cm，果高2.1cm，鲜果皮厚4.4mm；种子锥形，种子直径1.5cm，种皮棕色；一芽二叶，鲜叶干样约含水浸出物39.62%、茶多酚25.05%、氨基酸1.85%、咖啡碱2.61%，酚/氨13.5；耐寒性、耐旱性均强。手工制晒青茶。

利用和保护意见：花瓣特别多，是研究茶树进化和大理茶变异的重要材料。原地重点保护，禁止采叶制茶。

4. XM2006-016 班母野茶

产地：西盟县勐梭镇班母村富母乃后山，位于99°35.1′E，22°34.4′N，海拔1860m。

特征特性：野生型茶树。乔木型，树姿直立，长势较强；树高9.2m，树幅5m×5m，最大干围2.38m，最低分枝高1m，分枝密度中，嫩枝无毛；叶芽绿色，无茸毛；特大叶，平均叶片长15.4cm、宽5.9cm，最大叶片长18.5cm、宽7.3cm，叶长椭圆形，叶色深绿，叶身背卷，叶缘微波，叶面微隆起，叶质中，叶尖渐尖，叶基楔形，叶脉9对，叶缘少锯齿，叶背主脉无茸毛，鳞

片 3 片；萼片 5 片，绿色，边缘有睫毛；花冠大小 6.3cm×5.8cm，花瓣 14 枚，最多 17 枚，花瓣长 3cm、宽 2.1cm，花瓣白色，质地厚，雌蕊比雄蕊高，子房有毛，花柱长 2.3cm，柱头 5 裂，裂位中；果实呈扁球形，鲜果径 4.3cm，果高 2.4cm，鲜果皮厚 3.4mm；种子为球形，种子直径 1.8cm；耐寒性、耐旱性均强。手工制晒青茶。

利用和保护意见：花瓣特别多，是研究茶树进化和大理茶变异的重要材料。原地重点保护，禁止采叶制茶。

九、孟连县

1. ML2006-002 腊福绿芽野茶

产地：孟连县勐马镇腊福村，位于 99°22.3′E，22°06.4′N，海拔 2514m。

特征特性：野生型茶树。乔木型，树姿直立，长势强；树高 27m，树幅 10m×7m，基部干围 2.01m，最低分枝高 4.4m，分枝稀，嫩枝无毛；芽叶绿色，无茸毛；大叶，平均叶片长 13.2cm、宽 5.6cm，叶椭圆形，叶色深绿，叶身平，叶缘平，叶面微隆起，叶质柔软，叶尖渐尖，叶基楔形，叶脉 10 对，叶缘少锯齿，叶背主脉无茸毛，鳞片 4 片；耐寒性、耐旱性均强。手工制晒青茶。

利用和保护意见：腊福绿芽野茶是目前海拔 2500m 以上高大的乔木型大茶树之一，对研究茶树的适应性有重要价值。按古树名木原地重点保护，禁止采叶制茶。

2. ML2006-003 腊福大茶树

产地：孟连县勐马镇腊福村，位于 99°22.1′E，22°065′N，海拔 2509m。

特征特性：野生型茶树。乔木型，树姿直立，长势强；树高 22m，树幅 9.4m×9.3m，基部干围 2.41m，最低分枝高 4.1m，分枝密，嫩枝无毛；叶芽红色，无茸毛；大叶，平均叶片长 13.2cm、宽 5.6cm，最大叶片长 15.0cm、宽 5.6cm，叶椭圆形，叶色深绿，叶身平，叶缘平，叶面平，叶质柔软，叶尖渐尖，叶基楔形，叶脉 11 对，叶缘少锯齿，叶背主脉无茸毛，鳞片 4 片；萼片 5 片，绿色，有毛；花冠大小 6.4cm×5.7cm，花瓣 8 枚，花瓣长 3.0cm、宽 2.8cm，花瓣白色，质地厚，雌蕊比雄蕊低，子房有毛，花柱长 1.3cm，柱头 5 裂，全裂；果实呈三角状球形，鲜果径 3.4cm，果高 2.4cm，鲜果皮厚 3mm；种子球形，种子直径 1.7cm，种皮褐色，百粒籽鲜重 103.8g；春茶一芽二叶，鲜叶干样约含水浸出物 43.48%、茶多酚 36.78%、氨基酸 2.81%、咖啡碱 3.29%，酚 / 氨 13.1；耐寒性、耐旱性均强。手工制晒青茶。

利用和保护意见：腊福大茶树是目前海拔 2500m 以上高大的乔木型大茶树之一，对研究茶树的适应性有重要价值，且芽叶红色，茶多酚和氨基酸含量均较高，具有开发研制功能性茶的潜力，也可用于育种。按古树名木原地重点保护，禁止采叶制茶。

▲ 茶花

3. ML2006-018 南雅紫芽野茶

产地：孟连县南雅乡南雅村，位于99°31.2′E，22°25.8′N，海拔1702m。

特征特性：野生型茶树。小乔木型，树姿直立，长势强；树高7.8m，树幅4m×3m，基部干围1m，最低分枝高0.3m，分枝密，嫩枝无毛；叶芽紫绿色，无茸毛；大叶，平均叶片长12.7cm、宽5.9cm，叶椭圆形，叶色深绿，叶身平，叶缘微波，叶面微隆起，叶质硬，叶尖渐尖，叶基楔形，叶脉10对，叶缘少锯齿，叶背主脉无茸毛，鳞片3片；萼片5片，绿色，有毛；花冠大小5.5cm×4.4cm，花瓣9枚，花瓣长2.4cm、宽2cm，花瓣白色，质地厚，雌蕊比雄蕊低，子房有毛，花柱长1.5cm，柱头4裂，裂位中；果实呈三角状或椭圆状球形，鲜果径2.7cm，果高2.1cm，鲜果皮厚2.2mm；种子球形，种子直径1.1cm，种皮棕褐色，百粒籽鲜重133.8g；春茶一芽二叶，鲜叶干样约含水浸出物46.44%、茶多酚36.78%、氨基酸1.92%、咖啡碱4.28%，酚/氨19.2；耐寒性、耐旱性均强。手工制晒青茶。

利用和保护意见：原地保护，禁止采叶制茶。

第六节 栽培型茶树种质资源

一、景东县

1. JD2006-002 背爹箐茶

产地：景东县花山乡庐山村背爹箐，位于101°912.3′E，24°16.4′N，海拔1980m。

特征特性：栽培型茶树。小乔木型，树姿半开张，长势较强；树高6m，树幅5.9m×5.8m，基部干围1.35m，最低分枝高0.2m，分枝密，嫩枝有毛；叶芽紫绿色或绿色，茸毛多；大叶，平均叶片长11.2cm、宽5.4cm，最大叶片长13.5cm、宽5.5cm，叶椭圆形，叶色深绿，叶身稍内折，叶缘微波，叶面微隆起，叶质硬，叶尖渐尖，叶基楔形，叶脉10对，叶缘细锯齿，叶背主脉茸毛少，鳞片3片；萼片5片，绿色，有茸毛；花冠大小3.6cm×2.9cm，花瓣6枚，花瓣长1.6cm、宽1.3cm，花瓣微绿色，质地薄，雌蕊比雄蕊低，子房有毛，花柱长1cm，柱头3裂，浅裂；果实呈四方状球形，鲜果径2.6cm，果高1.9cm，鲜果皮厚1.6mm；种子球形，种子直径1.7cm，种皮棕色；一芽二叶，鲜叶干样约含水浸出物48.09%、茶多酚35.09%、氨基酸3%、咖啡碱4.49%，酚/氨11.7；耐寒性、耐旱性均强。手工制晒青茶。

利用和保护意见：芽叶茸毛多，几项生化成分含量均高，可用作研制优质红茶和普洱茶。在保护好母株的情况下，采用短穗扦插法繁殖扩大数量，也可用于育种。

▲ 茶园古道

2. JD2006-038 谢太富大茶树

产地：景东县龙街乡和哨村瓦泥组谢太富地，位于 100°52.0′E，24°43.1′N，海拔2150m。

特征特性：栽培型茶树。小乔木型，树姿半开张，树高8.4m，树幅7m×7m，基部干围2.2m，分枝密，嫩枝有毛；芽叶绿白色，茸毛多；大叶，平均叶片长12.0cm、宽5.3cm，最大叶片长15.0cm、宽4.9cm，叶椭圆形，叶色深绿，叶身内折，叶缘微波，叶面微隆起，叶质中，叶尖渐尖，叶基近圆形，叶脉10对，叶缘重锯齿，叶背主脉茸毛少，鳞片3片；萼片5片；花冠大小3.7cm×3.7cm，花瓣8枚，花瓣长1.9cm、宽1.8cm，花瓣白色，雌蕊比雄蕊低或等高，子房有毛，花柱1.5cm，柱头3裂，浅裂；果实呈球形，鲜果径1.9cm，果高1.9cm，鲜果皮厚3.9mm；种子球形或不规则形，种子大小1.6cm×1.5cm，种皮褐色；耐寒性、耐旱性均强。手工制晒青茶。

利用和保护意见：合理采摘，就地利用。

3. JD2006-042 苘麻林大茶树

产地：景东县龙街乡多依树村苘麻林，位于100°57.0′E，24°38.6′N，海拔2260m。

特征特性：栽培型茶树。小乔木型，树姿半开张，树高8m，树幅4m×4m，基部干围0.95m，最低分枝高1m，分枝密，嫩枝有毛；叶芽紫绿色，茸毛多。中叶，平均叶片长8.5cm、宽3.9cm，叶椭圆形，叶色绿，叶身背卷，叶缘微波，叶面平，叶质中，叶尖渐尖，叶基楔形，叶脉11对，叶缘细锯齿，叶背主脉茸毛多，鳞片2片；萼片5片，绿色，无毛；花冠大小3cm×2.8cm，花瓣6枚，花瓣长1.3cm、宽0.7cm，花瓣白色，质地薄，雌蕊比雄蕊高，子房有毛，花柱长1.2cm，柱头3（2）裂，深裂；果实呈椭圆状球形，鲜果径2cm，果高2.1cm，鲜果皮厚2.2mm；种子球形，种子直径1.3cm，种皮棕褐色；一芽二叶，鲜叶干样约含水浸出物47.8%、茶多酚40.97%、氨基酸2.11%、咖啡碱4.71%，酚/氨19.4；耐寒性、耐旱性均强。手工制晒青茶。

利用和保护意见：按其芽叶紫绿色，茶多酚、咖啡碱含量较高的特点，既可用于研制优质普洱茶，也可用于茶叶深加工。在保护好母株的情况下，采用短穗扦插法繁殖扩大数量。

4. JD2006-054 菜户大茶树

产地：景东县景屏镇菜户村迤菜户组，位于100°41.5′E，24°31.4′N，海拔1780m。

特征特性：栽培型茶树。小乔木型，树姿半开张，树高6.1m，树幅5.9m×5.6m，基部干围2.01m，分枝密，嫩枝有毛；叶芽黄绿色，茸毛多；大叶，平均叶片长16cm、宽5.2cm，最大叶片长13cm、宽5.8cm，叶椭圆形，叶色绿，叶身内折，叶缘波，叶面隆起，叶质柔软，叶尖渐尖，叶基楔形，叶脉9对，叶缘细锯齿，叶背主脉茸毛多，鳞片3片；萼片4片，绿色，无毛；花冠大小4cm×3.6cm，花瓣7枚，花瓣长2.0cm、宽1.7cm，花瓣微绿色，质地中，雌蕊比雄蕊低，子房有毛，花柱长1.2cm，柱头3裂，浅裂或中裂；果实呈球形或三角状球形，鲜果径2cm，果高1.7cm，鲜果皮厚1.8mm；种子球形，种子大小1.8cm×1.6cm，种皮棕褐色；耐寒性、耐旱性均强。手工制晒青茶。

利用和保护意见：合理采摘，就地利用。

5. JD2006-066 红格子茶

产地：景东县安定乡河底下村花椒村组，位于100°35.5′E，24°39.3′N，海拔1970m。

特征特性：栽培型茶树。小乔木型，树姿半开张，树高8.5m，树幅7m×6.8m，最大干围1.75m，最低分枝高0.7m，分枝密；叶芽黄绿色，茸毛少；中叶，平均叶片长10.9cm、宽4.5cm，叶椭圆形，叶色绿，叶身背卷，叶缘波，叶面隆起，叶质柔软，叶尖渐尖，叶基楔形，叶脉10对，叶缘细锯齿，叶背主脉无茸毛，鳞片3片；萼片5片，绿色，有毛；花冠大小3.9cm×3.7cm，花瓣7枚，花瓣长1.9cm、宽1.4cm，花瓣白色，质地中，雌雄蕊等高，子房有毛，花柱长1cm，柱头3裂，浅裂；果实呈球形或三角状球形，鲜果径3.3cm，果高2.2cm，鲜果皮厚1.7mm；种子球形，种子大小1.4cm×1.3cm，种皮棕色；一芽二叶，鲜叶干样约含水浸出物45.10%、茶多酚

34.62%、氨基酸 2.89%、咖啡碱 3.57%，酚／氨 12.0；耐寒性、耐旱性均强。手工制晒青茶。

利用和保护意见：合理采摘，就地利用。

6. JD2006-071 民福茶

产地：景东县安定乡民福村上村小组，位于 100°37.6′E，24°40.5′N，海拔 2000m。

特征特性：栽培型茶树。乔木型，树姿直立，树高 8.5m，树幅 5.5m×4.8m，基部干围 1.42m，分枝密，嫩枝有毛；叶芽黄绿色，茸毛多；大叶，平均叶片长 12.3cm、宽 5.4cm，最大叶片长 14.1cm、宽 5.6cm，叶长椭圆形，叶色绿，叶身内折，叶缘微波，叶面隆起，叶质硬，叶尖急尖，叶基楔形，叶脉 10 对，叶缘重锯齿，叶背主脉茸毛多，鳞片 3 片；萼片 5 片，绿色，有毛；花冠大小 3.3cm×2.8cm，花瓣 7 枚，花瓣长 1.5cm、宽 1.4cm，花瓣白色，雌蕊比雄蕊高或雌雄蕊等高，子房有毛，花柱长 1.1cm，柱头 3（4）裂，浅裂；果实呈三角状球形，鲜果径 2.3cm，果高 1.5cm，鲜果皮厚 1.4mm；种子球形，种子大小 1.5cm×1.4cm，种皮棕色；一芽二叶，鲜叶干样约含水浸出物 46.08%、茶多酚 32.89%、氨基酸 1.83%、咖啡碱 4.93%，酚／氨 18.0；耐寒性、耐旱性均强。手工和机制晒青茶。

利用和保护意见：合理采摘，就地利用。

7. JD2006-080 长地山大茶

产地：景东县文井镇丙村长地山小组，位于 100°50.1′E，24°21.3′N，海拔 1920m。

特征特性：栽培型茶树。小乔木型，树姿半开张，树高 5.2m，树幅 4.8m×4.8m，基部干围 1.11m，最低分枝高 1.2m，分枝密，嫩枝有毛；叶芽黄绿色，茸毛特别多；中叶，平均叶片长 10.0cm、宽 5.2cm，叶卵圆形，叶色绿，叶身稍内折，叶缘微波，叶面微隆起，叶质硬，叶尖钝尖，叶基楔形，叶脉 10 对，叶缘细锯齿，叶背主脉茸毛多，鳞片 2 片；萼片 5 片，绿色，有毛；花冠大小 3.3cm×3cm，花瓣 6 枚，花瓣长 1.8cm、宽 1.7cm，花瓣白色，质地中，雌蕊比雄蕊高或等高，子房有毛，花柱长 1.3cm，柱头 3 裂，浅裂；果实呈三角状球形，鲜果径 3.7cm，果高 2.1cm，鲜果皮厚 4mm；种子球形，种子大小 1.8cm×1.9cm，种皮棕色；一芽二叶，鲜叶干样约含水浸出物 46.69%、茶多酚 32.22%、氨基酸 2.08%、咖啡碱 4.35%，酚／氨 15.5；耐寒性、耐旱性均强。手工和机制晒青茶。

利用和保护意见：合理采摘，就地利用。

8. JD2006-092 一碗水茶

产地：景东县大朝山东镇苍文村一碗水，位于 100°40.3′E，24°5.3′N，海拔 2090m。

特征特性：栽培型茶树。小乔木型，树姿开张，长势强，树高 5m，树幅 5.8m×4.5m，基部干围 1.1m，最低分枝高 0.6m，分枝密，嫩枝有毛；叶芽黄绿色，茸毛多；中叶，平均叶片长 9.9cm、宽 4.7cm，叶椭圆形，叶色绿，叶身稍内折，叶缘微波，叶面微隆起，叶质中，叶尖渐尖，叶基近圆形，叶脉 7 对，叶缘细锯齿，叶背主脉无茸毛，鳞片 3 片；萼片 5 片，绿色，无毛；花冠大小

▲ 千年古树

2.7cm×2.4cm，花瓣8枚，花瓣长1.4cm、宽1cm，花瓣微绿色，质地薄，雌蕊比雄蕊高，子房有毛，花柱长0.4cm，柱头3（4）裂，浅裂；果实呈三角状球形，鲜果径2.4cm，果高1.6cm，鲜果皮厚1.5mm；种子球形，种子大小1.3cm×1.2cm，种皮棕色；一芽二叶，鲜叶干样约含水浸出物43.42%、茶多酚27.66%、氨基酸2.56%、咖啡碱4.71%，酚/氨10.8；耐寒性、耐旱性均强。手工制晒青茶。

利用和保护意见：合理采摘，就地利用。

9. JD2006-095 长发茶

产地：景东县大朝山东镇长发村村公所，位于100°25.5′E，24°2.3′N，海拔1847m。

特征特性：栽培型茶树。小乔木型，树姿半开张，长势较强，树高7m，树幅6.5m×5.8m，基部干围0.87m，分枝密，嫩枝有毛；叶芽黄绿色，茸毛多；小叶，平均叶片长7.6cm、宽3.2cm，叶椭圆形，叶色绿，叶身稍内折，叶缘平，叶面微隆起，叶质中，叶尖渐尖，叶基楔形，叶脉1对，叶缘细锯齿，叶背主脉茸毛多，鳞片4片；萼片5片，紫绿色，无毛；花冠大小2.8cm×2.4cm，花瓣7枚，花瓣微绿色，质地薄，雌雄蕊等高，子房有毛，花柱长1cm，柱头3裂，裂位中；果实呈三角状球形，鲜果径2.9cm，果高1.8cm，鲜果皮厚1mm；种子球形，种子大小1.6cm×1.4cm，种皮棕褐色；一芽二叶，鲜叶干样约含水浸出物46.13%、茶多酚27.98%、氨基酸1.23%、咖啡碱4.41%，酚/氨22.7；耐寒性中、耐旱性强。手工制晒青茶。

利用和保护意见：合理采摘，就地利用。

10. JD2006-098 领岗大叶茶

产地：景东县曼等乡瓦窑领岗小组，位于100°31.9′E，24°17.6′N，海拔1473m。

特征特性：栽培型茶树。乔木型，树姿直立，长势强，树高7.7m，树幅3.9m×3m，基部干围0.7m，最低分枝高2.6m，分枝稀，嫩枝有毛；叶芽绿色，茸毛特别多；大叶，平均叶片长12.6cm、宽4.9cm，最大叶片长13.9cm、宽6.2cm，叶长椭圆形，叶色绿，叶身背卷，叶缘微波，叶面微隆起，叶质中，叶尖渐尖，叶基楔形，叶脉9对，叶缘细锯齿，叶背主脉茸毛多，鳞片3片；萼片5片，紫绿色，无毛；花冠大小3cm×2.6cm，花瓣7枚，花瓣长1.5cm、宽1.1cm，花瓣微绿色，花瓣质地薄，雌蕊比雄蕊高，子房有毛，花柱长0.7cm，柱头3裂，裂位中；果实呈三角状球形，鲜果径2.4cm，果高1.6cm，鲜果皮厚0.5mm；种子球形，种子大小1.4cm×1.3cm，种皮褐色；春茶一芽二叶，鲜叶干样约含水浸出物45.27%、茶多酚30.80%、氨基酸0.95%、咖啡碱4.34%，酚/氨32.4；耐寒性中、耐旱性强。手工制晒青茶。

利用和保护意见：领岗大叶茶氨基酸含量特低，咖啡碱含量高，作为特异资源可用于育种。在保护好母株的情况下，采用短穗扦插法繁殖扩大数量。合理采摘，原地保护。

11. JD2006-103 金鸡林茶

产地：景东县景福乡金鸡林村三家组，位于100°35.2′E，24°22.4′N，海拔1869m。

特征特性：栽培型茶树。小乔木型，树姿开张，长势强，树高7m，树幅6.3m×4.5m，基部干围0.9m，最低分枝高0.2m，分枝密度中，嫩枝有毛；叶芽绿色，茸毛多；特大叶，平均叶片长16.3cm、宽6.5cm，最大叶片长21.5cm、宽8.9cm，叶长椭圆形，叶色绿，叶身稍内折，叶缘波，叶面微隆起，叶质中，叶尖渐尖，叶基楔形，叶脉10对，最多15对，叶缘细锯齿，叶背主脉茸毛多，鳞片2片；萼片绿色，无毛；花冠大小3.3cm×3cm，花瓣6枚，花瓣长1.6cm、宽1.3cm，花瓣微绿色，质地中，雌雄蕊等高，子房有毛，花柱长0.8cm，柱头3裂，裂位中；果实呈扁球形，鲜果径2.2cm，果高1.7cm，鲜果皮厚1.2mm；种子球形，种子直径1.4cm，种皮棕色；春茶一芽二叶，鲜叶干样约含水浸出物46.88%、茶多酚36.21%、氨基酸2.62%、咖啡碱5.22%，酚/氨13.8；耐寒性中、耐旱性强。手工制晒青茶。

利用和保护意见：金鸡林茶茶多酚和咖啡碱含量特高，可用于研制优质红茶和普洱茶，也可作为特异资源用于育种。在保护好母株的情况下，采用短穗扦插法繁殖扩大数量。合理采摘，原地保护。

12. JD2006-122 漫湾温竹茶

产地：景东县漫湾镇温竹村八一组，位于100°31.6′E，24°40.5′N，海拔1946m。

特征特性：栽培型茶树。小乔木型，树姿开张，长势较强，树高4.8m，树幅6.1m×4.5m，基部干围1.2m，最低分枝高0.7m，分枝密，嫩枝有毛；叶芽紫绿色，茸毛多；大叶，平均叶片长13.1cm、宽5.9cm，最大叶片长16.2cm、宽7cm，叶椭圆形，叶色深绿，叶身背卷，叶缘微波，叶面隆起，叶质中，叶尖渐尖，叶基楔形，叶脉9对，叶缘细锯齿，叶背主脉茸毛多，鳞片5片；萼片6片，紫绿色，无毛；花冠大小3.8cm×3.3cm，花瓣7枚，花瓣长1.1cm、宽0.6cm，花瓣微绿色，质地薄，雌雄蕊等高，子房有毛，花柱长1.1cm，柱头3裂，裂位中；果实呈球形，鲜果径2.4cm，果高2cm，鲜果皮厚1.9mm；种子球形，种子大小1.5cm×1.4cm，种皮棕褐色；一芽二叶，鲜叶干样约含水浸出物47.34%、茶多酚34.48%、氨基酸3.12%、咖啡碱4.14%，酚/氨11.1；耐寒性中、耐旱性强。手工制晒青茶。

利用和保护意见：合理采摘，就地利用。

13. JD2006-124 漫湾岔河茶

产地：景东县漫湾镇漫湾村岔河组阿娘左地，位于100°31.7′E，24°39.0′N，海拔1717m。

特征特性：栽培型茶树。小乔木型，树姿半开张，长势强，树高8.6m，树幅6.8m×5.7m，基部干围1.75m，最低分枝高1m，分枝密度中，嫩枝有毛；叶芽绿色，茸毛特多；中叶，平均叶片长9.3cm、宽5cm，叶卵圆形，叶色深绿，叶身平，叶缘平，叶面隆起，叶质中，叶尖圆尖，叶基楔形，叶脉7对，叶缘少锯齿，叶背主脉茸毛多，鳞片6片；萼片5片，绿色，无毛；花冠大小3.9cm×3.7cm，花瓣8枚，花瓣长2.4cm、宽1.5cm，花瓣质地中，雌雄蕊等高，子房有毛，花柱长1.5cm，柱头4裂，浅裂；果实呈扁球形，鲜果径2.4cm，果高1.7cm，鲜果皮厚1mm；种子球形，种子大小 1.5cm×1.4cm，种皮棕褐色；一芽二叶，鲜叶干样约含水浸出物 41.41%、茶多酚 32.28%、氨基酸 2.03%、咖啡碱 3.70%，酚/氨 15.9；耐寒性中、耐旱性强。手工制晒青茶。

利用和保护意见：合理采摘，就地利用。

二、镇沅县

▲ 千年古茶树

1. ZY2006-016 牛血茶

产地：镇沅县九甲乡三台村领干组，位于 101°12.4′E，24°13.4′N，海拔 1770m。

特征特性：栽培型茶树。乔木型，树姿半开张，长势较强，树高 6m，树幅 3.1m×2.7m，最大干围 0.47m，最低分枝高 0.3m，分枝密，嫩枝有毛。芽叶紫红色，茸毛多；中叶，平均叶片长 8.6cm、宽 3.7cm，叶椭圆形，叶色绿，叶身内折，叶缘微波，叶面微隆起，叶质硬，叶尖渐尖，叶基楔形，叶脉 8 对，叶缘细锯齿，叶背主脉茸毛多，鳞片 3 片；萼片 5 片，绿色，无毛；花冠

大小 2.5cm×2cm，花瓣 5 枚，花瓣长 1.5cm、宽 1.2cm，花瓣微绿色，质地薄，雌蕊比雄蕊高，子房有毛，花柱长 0.7cm，柱头 3 裂，裂位浅；果实呈球形，鲜果径 1.6cm，果高 1.3cm，鲜果皮厚 1.4mm；种子球形，种皮棕褐色，百粒籽鲜重 213g；一芽二叶，鲜叶干样约含水浸出物 44.15%、茶多酚 34.68%、氨基酸 2.70%、咖啡碱 5.16%，酚/氨 12.8；耐寒性、耐旱性均强。手工制晒青茶。

利用和保护意见：牛血茶芽叶紫红色和生化成分含量高，可试制优质普洱茶或用于研制功能性茶。在保护好母株的情况下，采用短穗扦插法繁殖扩大数量。

2. ZY2006-019 文立大茶

产地：镇沅县按板镇文立村黄桑树茶树地，位于 100°42.2′E，23°47.8′N，海拔 2057m。

特征特性：栽培型茶树。小乔木型，树姿开张，长势强，树高 5.5m，树幅 8.6m×8m，最大干围 1.12m，最低分枝高 0.6m，分枝密，嫩枝有毛；叶芽紫绿色，茸毛多；大叶，平均叶片长 13.1cm、宽 4.8cm，最大叶片长 14.5cm、宽 5.0cm，叶长椭圆形，叶色绿，叶身背卷，叶缘微波，叶面微隆起，叶质中，叶尖渐尖，叶基楔形，叶脉 9 对，叶缘细锯齿，叶背主脉茸毛多，鳞片 2 片；萼片 5 片，色泽绿，有茸毛；花冠大小 3.2cm×3.1cm，花瓣 8 枚，花瓣长 1.5cm、宽 1.2cm，花瓣白色，质地薄，雌蕊比雄蕊高，子房有毛，花柱长 1.2cm，柱头 3（4）裂，裂位浅；果实呈球形或三角状球形，鲜果径 2.6cm，果高 1.6cm，鲜果皮厚 1.9mm；种子球形，种子大小 1.3cm×1.2cm，种皮棕褐色，百粒籽鲜重 218g；耐寒性、耐旱性均中。手工制晒青茶。

利用和保护意见：据推测文立大茶树树龄为 500 多年，合理采摘，就地利用。

3. ZY2006-020 大绿茶

产地：镇沅县者东乡文麦地村下拉波组庙房，位于 101°23.3′E，24°1.1′N，海拔 1810m。

特征特性：栽培型茶树。小乔木型，树姿半开张，长势较强，树高 7m，树幅 5.2m×4.6m，最大干围 0.89m，最低分枝高 1.2m，分枝密，嫩枝有毛；叶芽黄绿色，茸毛多；特大叶，平均叶片长 14.4cm、宽 6.2cm，最大叶片长 19.8cm、宽 8cm，叶椭圆形，叶色深绿，叶身背卷，叶缘微波，叶面隆起，叶质中，叶尖渐尖，叶基楔形，叶脉 10 对，叶缘细锯齿，叶背主脉茸毛多，鳞片 4 片；萼片 5 片，绿色，无毛；花冠大小 3.6cm×3cm，花瓣 7 枚，花瓣长 1.9cm、宽 1.5cm，花瓣淡红色，质地薄，雌蕊比雄蕊高，子房有毛，花柱长 1.1cm，柱头 3 裂，浅裂；果实呈椭圆状或三角状球形，鲜果径 2.2cm，果高 1.6cm，鲜果皮厚 1.9mm；种子球形，种子大小 1.2cm×1.1cm，种皮棕褐色；耐寒性、耐旱性均强。手工制晒青茶。

利用和保护意见：大绿茶叶特大，花瓣淡红色，可用于育种和遗传研究。合理采摘，原地保护。

4. ZY2006-023 白芽口茶

产地：镇沅县田坝乡田坝村坡头山，位于 101°0.5′E，23°40.5′N，海拔 1925m。

特征特性：栽培型茶树。小乔木型，树姿开张，长势较强，树高 4.5m，树幅 4.7m×4m，最大干围 1.72m，最低分枝高 0.8m，分枝密，嫩枝有毛；叶芽黄绿色，茸毛特别多；小叶，平均叶片长 7.9cm、宽 3.6cm，叶椭圆形，叶色黄绿，叶身稍内折，叶缘微波，叶面微隆起，叶质硬，叶尖渐尖，叶基近圆形，叶脉 9 对，叶缘细锯齿，叶背主脉茸毛多，鳞片 3 片；萼片 5 片，绿色，无毛；花冠大小 3.3cm×2.9cm，花瓣 7 枚，花瓣长 2.0cm、宽 1.5cm，花瓣白色，质地薄，雌蕊比雄蕊低，子房有毛，花柱长 0.8cm，柱头 3 裂，裂位深；果实球形，鲜果径 2.1cm，果高 1.9cm，鲜果皮厚 2.5mm；种子球形，种子大小 1.4cm×1.2cm，种皮褐色，百粒籽鲜重 196g；一芽二叶，鲜叶干样约含水浸出物 46.58%、茶多酚 27.81%、氨基酸 2.72%、咖啡碱 3.64%，酚 / 氨 10.2；耐寒性、耐旱性均中。手工制晒青茶。

利用和保护意见：白芽口茶芽毛特多，芽体较小，酚 / 氨适中，可试制优质绿茶。采用短穗扦插法繁殖扩大数量。合理采摘，原地保护。

5. ZY2006-024 老马邓茶

产地：镇沅县者东乡马邓村大村组，位于 101°24.2′E，23°59.4′N，海拔 1760m。

特征特性：栽培型茶树。小乔木型，树姿开张，长势较强，树高 7.5m，树幅 6.1m×6m，有 3 个分枝，平均直径 30.9cm，基部干围（包括 3 个分枝）1.49m，最低分枝高 0.1m，分枝密，嫩枝有毛；叶芽紫绿色，茸毛多；大叶，平均叶片长 13cm、宽 5.7cm，最大叶片长 18.9cm、宽 7cm，叶椭圆形，叶色绿，叶身背卷，叶缘微波，叶面隆起，叶质硬，叶尖渐尖，叶基楔形，叶脉 10 对，叶缘细锯齿，叶背主脉茸毛多，鳞片 5 片；萼片 5 片，绿色，无毛；花冠大小 4.2cm×3.8cm，花瓣 7 枚，花瓣长 2.2cm、宽 1.7cm，花瓣淡红色，质地薄，雌蕊比雄蕊高，子房有毛，花柱长 1cm，柱头 3 裂，浅裂；果实呈椭圆形或三角状球形，鲜果径 2.3cm，果高 1.2cm，鲜果皮厚 2mm；种子球形，种子大小 1.2cm×1.2cm，种皮棕褐色，百粒籽鲜重 220g；一芽二叶，鲜叶干样约含水浸出物 41.40%、茶多酚 32.87%、氨基酸 2.44%、咖啡碱 4.81%，酚 / 氨 13.5；耐寒性、耐旱性均强。手工制晒青茶

利用和保护意见：老马邓茶叶紫绿色，茶多酚和咖啡碱含量高，制红茶或普洱茶比绿茶更适合。花瓣淡红色，可用于遗传研究和育种。合理采摘，原地保护。

6. ZY2006-030 淡红茶

产地：镇沅县振太乡台头村后山，位于 100°34.3′E，23°54.4′N，海拔 1937m。

特征特性：栽培型茶树。小乔木型，树姿半开张，长势弱，树高 6.2m，树幅 6m×4.4m，基部干围 1.06m，最低分枝高 0.6m，分枝密，嫩枝有毛；叶芽黄绿色，茸毛多；中叶，平均叶片长 11cm、宽 5cm，叶椭圆形，叶色绿，叶身内折，叶缘微波，叶面隆起，叶质硬，叶尖渐尖，叶基楔形，叶脉 10 对，叶缘细锯齿，叶背主脉茸毛多，鳞片 4 片；萼片 5 片，绿色，无毛；花冠大小 3.1cm×2.7cm，花瓣 6 枚，花瓣长 1.8cm、宽 1.3cm，花瓣微绿色，质地薄，雌蕊比雄蕊低，子房有毛，花柱长 0.9cm，柱头 3 裂，裂位浅；果实呈球形或三角状球形，鲜果径 2.2cm，果高 1.7cm，

鲜果皮厚 2.1mm；种子球形，种子大小 1.3cm×1.1cm，种皮棕褐色，百粒籽鲜重 215g；一芽二叶，鲜叶干样约含水浸出物 45.11%、茶多酚 31.49%、氨基酸 2.48%、咖啡碱 4.10%，酚/氨 12.7；耐寒性、耐旱性均中。手工制晒青茶。

利用和保护意见：合理采摘，就地利用。

▲ 栽培型古茶林

7. ZY2006-032 山街老古茶

产地：镇沅县振太乡山街村外村罗维正家旁，位于100°36.4′E，24°1.1′N，海拔1857m。

特征特性：栽培型茶树。小乔木型，树姿直立，长势弱，树高7.8m，树幅5.5m×3.8m，基部干围1.53m，最低分枝高0.5m，分枝密，嫩枝有毛；叶芽黄绿色，茸毛多；中叶，平均叶片长10cm、宽4cm，叶椭圆形，叶色深绿，叶身内折，叶缘波，叶面隆起，叶质中，叶尖渐尖，叶基楔形，叶脉8对，叶缘细锯齿，叶背主脉茸毛少，鳞片3片；萼片5片，绿色，无毛；花冠大小2.6cm×2.2cm，花瓣6枚，花瓣长1.4cm、宽1cm，花瓣白色，质地中，雌蕊比雄蕊低，子房有毛，花柱长0.6cm，柱头3裂，裂位深；果实呈球形或三角状球形，鲜果径2.2cm，果高1.4cm，鲜果皮厚1.9mm；种子球形，种子大小1.3cm×1.1cm，种皮棕褐色，百粒籽鲜重214g；一芽二叶，鲜叶干样约含水浸出物41.73%、茶多酚24.29%、氨基酸0.65%、咖啡碱2.23%，酚/氨37.4；耐寒性、耐旱性均中。手工制晒青茶。

利用和保护意见：山街老古茶氨基酸含量特低，在分类和遗传研究上很有价值。合理采摘，原地保护。

8. ZY2006-033 文和白毫

产地：镇沅县振太乡文索村文和社，位于100°34.3′E，23°59.3′N，海拔2050m。

特征特性：栽培型茶树。小乔木型，树姿开张，长势弱，树高5.7m，树幅5.7m×5m，基部干围1.5cm，分枝密，嫩枝有毛；叶芽黄绿色，茸毛特别多；中叶，平均叶片长10.9cm、宽4.7cm，叶椭圆形，叶色深绿，叶身背卷，叶缘微波，叶面微隆起，叶质中，叶尖钝尖，叶基楔形，叶脉9对，叶缘细锯齿，叶背主脉茸毛多，鳞片3片；萼片5片，绿色，无毛；花冠大小2.9cm×2.2cm，花瓣6枚，花瓣长1.5cm、宽1cm，花瓣白色，质地薄，雌蕊比雄蕊低，子房有毛，花柱长0.8cm，柱头3裂，裂位浅；果实呈球形或三角状球形，鲜果径2.2cm，果高1.3cm，鲜果皮厚1.9mm，种子球形，种子大小1.3cm×1.1cm，种皮褐色，百粒籽鲜重214g；一芽二叶，鲜叶干样约含水浸出物44.59%、茶多酚19.80%、氨基酸0.72%、咖啡碱3.09%，酚/氨27.5；耐寒性、耐旱性均中。手工制晒青茶。

利用和保护意见：据推测文和白毫树龄600多年，氨基酸含量特别低，在分类和遗传研究上很有价值。合理采摘，原地保护。

9. ZY2006-037 砍盆箐茶

产地：镇沅县勐大镇文况村砍盆箐，位于100°57.1′E，23°59.2′N，海拔1910m。

特征特性：栽培型茶树。小乔木型，树姿半开张，长势弱，树高5.8m，树幅4.3m×4.3m，基部干围1.05m，最低分枝高1.1m，分枝密度中，嫩枝有毛；叶芽黄绿色，茸毛特别多；特大叶，平均叶片长14.2cm、宽6.8cm，最大叶片长15.6cm、宽6.7cm，叶椭圆形，叶色黄绿，叶身稍内折，叶缘波，叶面强隆起，叶质中，叶尖渐尖，叶基楔形，叶脉12对，最多13对，叶缘细锯齿，

叶背主脉茸毛多，鳞片3片；萼片5片，绿色，无毛；花冠大小3.7cm×3.3cm，花瓣7枚，花瓣长1.9cm、宽1.5cm，花瓣白色，质地中，雌雄蕊等高，子房有毛，花柱长0.7cm，柱头3（4）裂，深裂；果实呈球形或三角状球形，鲜果径2.8cm，果高2.1cm，鲜果皮厚2.3mm；种子球形，种子大小1.6cm×1.4cm，种皮棕褐色，百粒籽鲜重217g；一芽二叶，鲜叶干样约含水浸出物46.71%、茶多酚31.58%、氨基酸2.90%、咖啡碱4.77%，酚/氨10.9；耐寒性、耐旱性均中。手工制晒青茶。

利用和保护意见：合理采摘，就地利用。

10. ZY2006-039 粮台大山茶

产地：镇沅县勐大镇大山村大山社粮台，位于100°48.2′E，24°9.2′N，海拔1428m。

特征特性：栽培型茶树。灌木型，树姿开张，长势弱，树高4.9m，树幅5.3cm×4.8m，分枝密，嫩枝有毛；叶芽绿色，茸毛特别多；大叶，平均叶片长12.5cm、宽5.4cm，最大叶片长14.6cm、宽5cm，叶椭圆形，叶色绿，叶身稍内折，叶缘微波，叶面隆起，叶质中，叶尖渐尖，叶基楔形，叶脉9对，叶缘细锯齿，叶背主脉茸毛多，鳞片3片；萼片5片，绿色，无毛；花冠大小3.9cm×3.4cm，花瓣7枚，花瓣长2.1cm、宽1.8cm，花瓣白色，质地薄，雌雄蕊等高，子房有毛，花柱长1.2cm，柱头3裂，浅裂；果实呈球形或三角状球形，鲜果径3.2cm，果高2.2cm，鲜果皮厚1.9mm；种子球形，种子大小1.7cm×1.5cm，种皮棕褐色，百粒籽鲜重215g；一芽二叶，鲜叶干样约含水浸出物44.96%、茶多酚33.72%、氨基酸3.11%、咖啡碱4.67%，酚/氨10.8；耐寒性、耐旱性均中。手工制晒青茶。

利用和保护意见：粮台大山茶芽叶茸毛特多，生化成分含量均衡，可试制优质茶。合理采摘，原地保护。

三、景谷县

1. JG2006-021 苦竹山茶

产地：景谷县小景谷乡文山村苦竹山李兴昌地，位于100°40.3′E，23°23.2′N，海拔1940m。

特征特性：栽培型茶树。小乔木型，树姿半开张，长势强，树高9.6m，树幅7.5m×7.3m，基部干围1.47m，最低分枝高1.1m，分枝密，嫩枝有毛；叶芽黄绿色，茸毛多；中叶，平均叶片长9.5cm、宽4cm，叶椭圆形，叶色深绿，叶身内折，叶缘波，叶面微隆起，叶质中，叶尖渐尖，叶基楔形，叶脉8对，叶缘细锯齿，叶背主脉茸毛多，鳞片3片；萼片5片，绿色，有毛；花冠大小3.7cm×3.5cm，花瓣6枚，花瓣长1.6cm、宽1.6cm，花瓣白色，质地中，雌雄蕊等高，子房有毛，花柱长0.9cm，柱头3裂，裂位中；鲜果径3.1cm，果高1.9cm，鲜果皮厚3.5mm；种子直径1.6cm；耐寒性、耐旱性均强。手工制晒青茶。

利用和保护意见：据推测苦竹山茶树龄600多年，合理采摘，就地利用。

▲ 古茶山

2. JG2006-041 谢家大茶树

产地：景谷县永平镇新本上村社谢家地，位于100°22.2′E，23°31.5′N，海拔1730m。

特征特性：栽培型茶树。小乔木型，树姿半开张，长势强，树高8.1m，树幅5.3m×4.9m，基部干围1.28m，最低分枝高0.4m，分枝密度中，嫩枝有毛；叶芽紫绿色，茸毛多；大叶，平均叶片长13cm，宽5.8cm，最大叶片长14.3cm，宽6.2cm，叶椭圆形，叶色深绿，叶身内折，叶缘波，叶面微隆起，叶质中，叶尖渐尖，叶基楔形，叶脉8对，叶缘细锯齿，叶背主脉茸毛多，鳞片3片；萼片5片，绿色，有毛；花冠大小2.4cm×2.3cm，花瓣6枚，花瓣长1.8cm、宽1.3cm，花瓣白色，质地中，雌雄蕊等高，子房有毛，花柱长1.3cm，柱头3裂，裂位中；果实呈三角状球形，鲜果径3.3cm，果高1.6cm，鲜果皮厚1mm；种子球形，种子直径1.6cm，种皮棕褐色；耐寒性、耐旱性均强。手工制晒青茶。

利用和保护意见：谢家大茶树芽叶紫绿色，可试制优质红茶或普洱茶，或用于研制功能性茶。合理采摘，原地保护。

3. JG2006-044 石戴帽大叶茶

产地：景谷县半坡乡安海村石戴帽社，位于100°7.4′E，23°13.1′N，海拔1910m。

特征特性：栽培型茶树。小乔木型，树姿半开张，长势强，树高3.7m，树幅3.1m×2.4m，基部干围 0.88m，最低分枝高 0.9m，分枝密，嫩枝有毛；叶芽紫绿色，茸毛多；大叶，平均叶片长 11.3cm、宽 5.2cm，最大叶片长 12.4cm、宽 6.4cm，叶椭圆形，叶色深绿，叶身稍内折，叶缘波，叶面微隆起，叶质中，叶尖渐尖，叶基楔形，叶脉 12 对，最多 14 对，叶缘细锯齿，叶背主脉茸毛多，鳞片 2 片；萼片 5 片，绿色，有毛；花冠大小 2.2cm×2.1cm，花瓣 6 枚，花瓣白色，质地中，雌雄蕊等高，子房有毛，柱头 3 裂，裂位中；果实呈椭圆状球形，鲜果径 1.8cm，果高 1.7cm，鲜果皮厚 1mm；种子球形，种子直径 1.6cm，种皮棕褐色；耐寒性、耐旱性均强。手工制晒青茶。

利用和保护意见：石戴帽大叶茶芽叶紫绿色，可试制优质红茶或普洱茶，或用于研制功能性茶。合理采摘，原地保护。

4. JG2006-046 黄家寨大叶茶

产地：景谷县半坡乡半坡村黄家寨杨开和家，位于 100°9.2′E，23°10.4′N，海拔 1740m。

特征特性：栽培型茶树。小乔木型，树姿半开张，长势较强，树高 5.7m，树幅 5.1m×4.7m，基部干围 1.59m，最低分枝高 0.8m，分枝密度中，嫩枝有毛；叶芽绿白色，茸毛多；中叶，平均叶片长 10.8cm、宽 4.6cm，叶椭圆形，叶色深绿，叶身内折，叶缘波，叶面隆起，叶质中，叶尖渐尖，叶基楔形，叶脉 8 对，叶缘细锯齿，叶背主脉茸毛多，鳞片 2 片；萼片 5 片，绿色，有毛；花冠大小 2.1cm×2cm，花瓣 6 枚，花瓣白色，质地中，雌雄蕊等高，子房有毛，柱头 3 裂，浅裂；果实呈三角状球形，鲜果径 2.8cm，果高 3.1cm，鲜果皮厚 1mm；种子球形，种子直径 1.7cm，种皮棕褐色；秋茶一芽二叶，鲜叶干样约含水浸出物 45.75%、茶多酚 27.42%、氨基酸 2.96%、咖啡碱 2.87%，酚/氨 9.3；耐寒性、耐旱性均强。手工制晒青茶。

利用和保护意见：合理采摘，就地利用。

5. JG2006-047 黄家寨红茶

产地：景谷县半坡乡半坡村黄家寨杨开和家，位于 100°9.2′E，23°10.4′N，海拔 1730m。

特征特性：栽培型茶树。小乔木型，树姿开张，长势强，树高 5.7m，树幅 6.3m×6.1m，最大干围 1.44m，最低分枝高 0.5m，分枝密，嫩枝有毛；叶芽紫红色，茸毛多；中叶，平均叶片长 12.1cm、宽 4cm，叶披针形，叶紫绿色，叶身内折，叶缘波，叶面隆起，叶质中，叶尖渐尖，叶基楔形，叶脉 9 对，叶缘细锯齿，叶背主脉茸毛多，鳞片 2 片；萼片 5 片，绿色，有毛；花冠大小 2.2cm×2.2cm，花瓣 7 枚，花瓣长 1.4cm、宽 1.1cm，花瓣白色，质地中，雌雄蕊等高，子房有毛，花柱长 0.9cm，柱头 3 裂，浅裂；果实呈三角状球形，鲜果径 2.9cm，果高 2.6cm，鲜果皮厚 1mm；种子肾形，种子直径 1.5cm，种皮棕褐色；耐寒性、耐旱性均强。手工制晒青茶。

利用和保护意见：黄家寨红茶芽叶紫红色，可试制优质红茶或普洱茶，或用于研制功能性茶。合理采摘，原地保护。

6. JG2006-048 刚榨茶

产地：景谷县永平镇团结村刚榨地，位于 100°22.2′E，23°294′N，海拔 1090m。

特征特性：栽培型茶树。小乔木型，树姿半开张，长势较强，树高6.2m，树幅3.6m×3.5m，最大干围1.37m，最低分枝高0.4m，分枝密，嫩枝有毛；叶芽黄绿色，茸毛多；中叶，平均叶片长11.1cm、宽4.7cm，叶椭圆形，叶色绿，叶身内折，叶缘波，叶面微隆起，叶质中，叶尖渐尖，叶基楔形，叶脉10对，最多14对，叶缘细锯齿，叶背主脉茸毛多，鳞片2片；萼片5片，绿色，有毛；花冠大小2.9cm×2.8cm，花瓣5枚，花瓣长1.9cm、宽1.8cm，花瓣白色，质地中，雌雄蕊等高，子房有毛，花柱长1cm，柱头3裂，深裂；果实呈椭圆状球形，鲜果径3cm，果高2.2cm，鲜果皮厚1.8mm；种子球形，种子直径1.5cm，种皮棕褐色；秋茶一芽二叶，鲜叶干样约含水浸出物45.82%、茶多酚28.59%、氨基酸2.86%、咖啡碱3.07%，酚/氨10；耐寒性、耐旱性均强。手工制晒青茶。

利用和保护意见：合理采摘，就地利用。

▲ 景谷茶区栽培型茶林

7. JG2006-049 大平掌茶

产地：景谷县永平镇团结村大平掌，位于100°223′E，23°29.4′N，海拔1090m。

特征特性：栽培型茶树。小乔木型，树姿半开张，长势较强，树高4.9m，树幅3.3m×2m，基部干围2m，最低分枝高1.6m，分枝密度中，嫩枝有毛；叶芽黄绿色，茸毛多；大叶，平均叶片长14.1cm、宽6cm，最大叶片长16.6cm、宽6.7cm，叶椭圆形，叶色黄绿，叶身内折，叶缘波，叶面隆起，叶质中，叶尖渐尖，叶基楔形，叶脉10对，最多13对，叶缘细锯齿，叶背主脉茸毛

多，鳞片3片；花冠大小2.9cm×2.4cm，花瓣5枚，花瓣长1.6cm、宽1.3cm；鲜果径2.7cm，果高1.6cm，鲜果皮厚1.9mm；种子直径1.3cm；耐寒性、耐旱性均强。手工制晒青茶。

利用和保护意见：合理采摘，就地利用。

8. JG2006-057 外寨大叶茶

产地：景谷县正兴乡黄草坝村外寨，位于100°59.2′E，23°30.1′N，海拔1800m。

特征特性：栽培型茶树。小乔木型，树姿半开张，长势强，树高4.1m，树幅3.5m×3.3m，基部干围1.32m，分枝较密，嫩枝有毛；叶芽绿白色，茸毛多；中叶，平均叶片长11cm、宽4.9cm，叶椭圆形，叶色绿，叶身内折，叶缘微波，叶面微隆起，叶质硬，叶尖渐尖，叶基楔形，叶脉7对，叶缘细锯齿，叶背主脉茸毛少，鳞片2片；萼片5片；花冠大小2.9cm×2.7cm，花瓣5枚，花瓣长1.5cm、宽1.3cm；鲜果径2.7cm，果高1.8cm，鲜果皮厚2mm；种子直径1.2cm；秋茶一芽二叶，鲜叶干样约含水浸出物46.75%、茶多酚28.08%、氨基酸3.33%、咖啡碱3.00%，酚/氨8.4；耐寒性、耐旱性均强。手工制晒青茶。

利用和保护意见：合理采摘，就地利用。

9. JG2006-059 黄草坝蚂蚁茶

产地：景谷县正兴乡黄草坝村大寨，位于100°59.2′E，23°30.1′N，海拔1730m。

特征特性：栽培型茶树。小乔木型，树姿半开张，长势强，树高4.9m，树幅4.6m×3.7m，基部干围1.32m，最低分枝高1.5m，分枝较密，嫩枝有毛；叶芽绿白色，茸毛多；小叶，平均叶片长7.8cm、宽2.8cm，叶长椭圆形，叶色黄绿，叶身内折，叶缘微波，叶面平，叶质硬，叶尖渐尖，叶基楔形，叶脉7对，叶缘细锯齿，叶背主脉茸毛多，鳞片2片；萼片5片；花冠大小3.3cm×3cm，花瓣5枚，花瓣长1.7cm、宽1.6cm；鲜果径2.9cm，果高2.1cm，鲜果皮厚1.8mm；种子直径1.5cm；耐寒性、耐旱性均强。手工制晒青茶。

利用和保护意见：根据黄草坝蚂蚁茶芽体小、芽叶绿白色、茸毛多的特点，可研制名优绿茶。合理采摘，就地利用。

10. JG2006-118 洼子大叶茶

产地：景谷县正兴乡黄草坝洼子，位于100°48.3′E，23°32.2′N，海拔1550m。

特征特性：栽培型茶树。小乔木型，树姿开张，长势较强，树高6.5m，树幅6.4m×6.2m，最大干围1.53m，最低分枝高0.6m，分枝密，嫩枝有毛；叶芽绿白色，茸毛多；中叶，平均叶片长11.9cm、宽4.7cm，叶长椭圆形，叶色绿，叶身内折，叶缘微波，叶面隆起，叶质中，叶尖渐尖，叶基楔形，叶脉8对，叶缘细锯齿，叶背主脉茸毛多，鳞片2片；萼片5片，绿色，有毛；花冠大小3cm×2.9cm，花瓣5枚，花瓣长1.7cm、宽1.6cm，花瓣白色，质地薄，雌蕊比雄蕊低，子房有毛，花柱长0.9cm，柱头3裂，浅裂；果实呈椭圆状或三角状球形，鲜果径2.9cm，果高1.9cm，鲜果皮厚 1.8mm；种子球形，种子直径 1.3cm，种皮棕褐色；秋茶一芽二叶，鲜叶干样约含水浸出物 47.22%、茶多酚 31.03%、氨基酸 2.72%、咖啡碱 3.23%、酚/氨 11.4；耐寒性、耐旱性均中。手工制晒青茶。

利用和保护意见：合理采摘，就地利用。

11. JG2006-120 秧塔大白茶

产地：景谷县民乐镇大村秧塔社茶房地，位于 100°34.3′E，23°9.6′N，海拔 1740m。

特征特性：栽培型茶树。小乔木型，树姿半开张，长势强，树高 6.1m，树幅 4.8m×4.6m，基部干围 1.44m，最低分枝高 1m，分枝密度中，嫩枝有毛；叶芽绿白色，茸毛特别多；大叶，平均叶片长 12.6cm、宽 5cm，最大叶片长 14.5cm、宽 5.6cm，叶长椭圆形，叶色绿，叶身稍内折，叶缘波，叶面微隆起，叶质中，叶尖渐尖，叶基楔形，叶脉 8 对，叶缘细锯齿，叶背主脉茸毛多；耐寒性、耐旱性均强。手工制晒青茶。

利用和保护意见：据推测秧塔大白茶树龄约 500 年，可作为杂交亲本用于育种。采用短穗扦插法繁殖扩大数量。母株要合理采摘，原地保护。

四、宁洱县

1. NR2006-001 困鹿山大叶茶

产地：宁洱县宁洱镇宽宏村困鹿山，位于 101°44′E，23°15.0′N，海拔 1640m。

特征特性：栽培型茶树。小乔木型，树姿开张，长势强，树高 8m，树幅 8.3m×7.2m，最大干围 1.92m，最低分枝高 0.4m，分枝密，嫩枝有毛；叶芽黄绿色，茸毛多；大叶，平均叶片长 13.1cm、宽 5cm，最大叶片长 14cm、宽 5.5cm，叶长椭圆形，叶色深绿，叶身背卷，叶缘微波，叶面微隆起，叶质硬，叶尖钝尖，叶基楔形，叶脉 9 对，叶缘细锯齿，叶背主脉茸毛多，鳞片 2 片；萼片 5 片，绿色，无茸毛；花冠大小 4.1cm×3.4cm，花瓣 6 枚，花瓣长 2.3cm、宽 1.6cm，花瓣白色，质地中，雌蕊比雄蕊高或等高，子房有茸毛，花柱长 1.2cm，柱头 3 裂，裂位中；果实呈三角状球形或四方状球形，鲜果径 3.4cm，果高 2.1cm，鲜果皮厚 1.4mm；种子球形，种子直径 1.7cm，种皮棕色，百粒籽鲜重 210g；一芽二叶，鲜叶干样约含水浸出物 50.80%、茶多酚 37.07%、氨基酸 1.91%、咖啡碱 4.85%，酚/氨 19.4；耐寒性、耐旱性均强。手工制晒青茶。

利用和保护意见：据推测困鹿山大叶茶树龄 500 多年，水浸出物超过 50%，且茶多酚、咖啡碱含量都高，既可用于研制优质红茶或普洱茶，也可作为杂交亲本用于育种，或采收种子进行实生选种。采用短穗扦插法繁殖扩大数量。母株要合理采摘，原地保护。

2. NR2006-002 困鹿山细叶茶

产地：宁洱县宁洱镇宽宏村困鹿山，位于 101°4.4′E，23°15.0′N，海拔 1630m。

特征特性：栽培型茶树。小乔木型，树姿半开张，长势强，树高8.5m，树幅4.8m×4.4m，最大干围1.5m，最低分枝高0.3m，分枝稀，嫩枝有毛；叶芽绿白色，茸毛多；特小叶，平均叶片长5.8cm，宽2.4cm，叶椭圆形，叶色深绿，叶身背卷，叶缘微波，叶面微隆起，叶质硬，叶尖渐尖，叶基楔形，叶脉8对，叶缘细锯齿，叶背主脉茸毛多，鳞片2片；萼片5片，色泽绿，有茸毛；花冠大小4.2cm×2.5cm，花瓣5枚，花瓣长1.1cm、宽0.5cm，花瓣白色，质地中，雌蕊比雄蕊低，子房有毛，花柱长1.3cm，柱头3裂，浅裂；果实呈三角状球形，鲜果径2.8cm，果高1.7cm，鲜果皮厚1.5mm；种子球形，种子直径1.3cm，种皮棕褐色，百粒籽鲜重205g；一芽二叶，鲜叶干样约含水浸出物46.66%、茶多酚30.46%、氨基酸2.40%、咖啡碱3.88%，酚/氨12.7；耐寒性、耐旱性均强。手工制晒青茶。

利用和保护意见：困鹿山细叶茶芽体小、芽叶绿白色、茸毛多、生化成分适中，既可研制名优绿茶，也可作为杂交亲本用于育种。采用短穗扦插法繁殖扩大数量。母株要合理采摘，原地保护。

▲ 困鹿山栽培型茶林

3. NR2006-015 下岔河茶

产地：宁洱县黎明乡岔河村下岔河，位于101°27.0′E，22°43.4′N，海拔1370m。

特征特性：栽培型茶树。乔木型，树姿直立，长势较强，树高13.8m，树幅7.2m×5.6m，最大干围0.75m，最低分枝高3.7m，分枝稀，嫩枝有毛；叶芽绿白色，茸毛多；小叶，平均叶片长7.2cm、宽3.3cm，叶椭圆形，叶色绿，叶身稍内折，叶缘微波，叶面微隆起，叶质中，叶尖渐尖，叶基楔形，叶脉8对，叶缘细锯齿，叶背主脉茸毛少，鳞片2片；萼片5片，紫绿色，无毛；花冠大小3.5cm×3cm，花瓣5枚，花瓣长1.3cm、宽0.7cm，花瓣白色，质地中，雌蕊比雄蕊高或等高，子房有毛，花柱长0.8cm，柱头3裂，裂位中；果实呈三角状球形，鲜果径3.2cm，果高2.4cm，鲜果皮厚1.2mm；种子不规则形，种子直径1.3cm，种皮棕褐色，百粒籽鲜重190g；耐寒性、耐旱性均中。手工制晒青茶。

利用和保护意见：可研制名优绿茶。合理采摘，就地利用。

4. NR2006-019 磨黑新寨茶

产地：宁洱县磨黑镇新寨村，位于101°7.5′E，23°10.3′N，海拔1490m。

特征特性：栽培型茶树。小乔木型，树姿开张，长势弱，树高3m，树幅3.5m×2.5m，基部干围0.85m，最低分枝高0.5m，分枝密，嫩枝有毛；叶芽绿白色，茸毛多；中叶，平均叶片长9.3cm、宽4.6cm，叶椭圆形，叶色绿，叶身平，叶缘平，叶面微隆起，叶质硬，叶尖渐尖，叶基楔形，叶脉10对，叶缘细锯齿，叶背主脉茸毛少，鳞片2片；萼片5片，色泽绿，有毛；花冠大小3.9cm×3.4cm，花瓣6枚，花瓣长1.7cm、宽1.4cm，花瓣白色，质地中，雌蕊比雄蕊高，子房有毛，花柱长1.3cm，柱头3裂，裂位中；果实呈三角状球形，鲜果径3.5cm，果高2cm，鲜果皮厚1.2mm；种子不规则形，种子直径1.3cm，种皮棕褐色，百粒籽鲜重200g；耐寒性、耐旱性均中。手工制晒青茶。

利用和保护意见：磨黑新寨茶的茶多酚、咖啡碱含量都高，既可用于研制优质红茶和普洱茶，也可作为杂交亲本用于育种，或采收种子进行实生选种。采用短穗扦插法繁殖扩大数量。母株要合理采摘，原地保护。

5. NR2006-020 扎罗山大叶茶

产地：宁洱县磨黑镇团结村扎罗山，位于101°6.1′E，23°14.3′N，海拔1670m。

特征特性：栽培型茶树。小乔木型，树姿直立，长势弱，树高8m，树幅4.6m×4.2m，最大干围1.2m，分枝密度中，嫩枝有毛；叶芽绿白色，茸毛多；大叶，平均叶片长14.1cm、宽5.4cm，最大叶片长17.0cm、宽5.5cm，叶长椭圆形，叶色绿，叶身稍内折，叶缘微波，叶面微隆起，叶质中，叶尖钝尖，叶基楔形，叶脉12对，最多15对，叶缘细锯齿，叶背主脉茸毛多，鳞片2片；萼片5片，绿色，有茸毛；花冠大小4cm×3.5cm，花瓣6枚，花瓣长2.4cm、宽1.8cm，花瓣白色，质地中，雌雄蕊等高，子房有毛；花柱长1.4cm，柱头3裂，裂位中；果实呈三角状或四方状球形，鲜果径3.4cm，果高1.9cm，鲜果皮厚1.3mm；种子不规则形，种子直径1.4cm，种皮棕褐色，百粒籽鲜重205g；耐寒性、耐旱性均中。手工制晒青茶。

利用和保护意见：扎罗山大叶茶在分类研究上有重要价值。合理采摘，原地保护。

6. NR2006-022 清真寺茶

产地：宁洱县宁洱镇裕和村回族组，位于 101°2′E，23°4′N，海拔 1320m。

特征特性：栽培型茶树。小乔木型，树姿半开张，长势强，树高 10m，树幅 8.4m×7.8m，最大干围 1.35m，最低分枝高 0.3m，分枝密，嫩枝有毛；叶芽黄绿色，茸毛多；大叶，平均叶片长 11.8cm、宽 5.2cm，最大叶片长 13.2cm、宽 4.5cm，叶椭圆形，叶色绿，叶身稍内折，叶缘微波，叶面微隆起，叶质中，叶尖钝尖，叶基楔形，叶脉 8 对，叶缘细锯齿，叶背主脉茸毛少，鳞片 2 片；鲜果径 2.4cm，果高 2cm，鲜果皮厚 1.2mm；种子直径 1.6cm，种皮棕褐色；耐寒性中，耐旱性强。手工制晒青茶。

利用和保护意见：该地种茶约有 450 年的历史，在分类研究上有重要价值。合理采摘，原地保护。

五、墨江县

▲ 墨江茶区茶园

1. MJ2006-001 老朱寨玛玉茶

产地：墨江县坝留乡老朱村一组，位于 101°50.3′E，23°3.6′N，海拔 1750m。

特征特性：栽培型茶树。小乔木型，树姿直立，长势强，树高 7m，树幅 4.6m×4.2m，基部干围 1.51m，最低分枝高 0.4m，分枝密，嫩枝有毛；叶芽绿白色，茸毛多；大叶，平均叶片长 11.2cm、宽 5.2cm，叶椭圆形，叶色绿，叶身平，叶缘微波，叶面微隆起，叶质柔软，叶尖渐尖，叶基楔形，叶脉7对，叶缘细锯齿，叶背主脉茸毛多，鳞片3片；萼片5片，色泽绿，无毛；花冠大小3.2cm×2.8cm，花瓣7枚，花瓣长1.7cm、宽1.3cm，花瓣微绿色，质地薄，雌蕊比雄蕊低，子房有毛，花柱长0.9cm，柱头3裂，裂位中；果实呈三角状球形或四方状球形，鲜果径3.2cm，果高2.3cm，鲜果皮厚0.9mm；种子球形，种子大小1.6cm×1.5cm，种皮褐色；秋茶一芽二叶，鲜叶干样约含水浸出物51.43%、茶多酚41.46%、氨基酸3.19%、咖啡碱4.27%，酚/氨13；耐寒性、耐旱性均强。手工制晒青茶。

利用和保护意见：老朱寨玛玉茶水浸出物超过50%，且茶多酚、氨基酸、咖啡碱含量都高，既可用于研制各种优质茶，也可作为杂交亲本用于育种，或采收种子进行实生选种。采用短穗扦插法繁殖扩大数量。母株要合理采摘，原地保护。

2. MJ2006-002 羊八寨玛玉茶

产地：墨江县坝留乡联珠村羊八寨，位于101°53′E，23°2′N，海拔1630m。

特征特性：栽培型茶树。小乔木型，树姿直立，长势较强，树高9m，树幅5.3m×4.8m，最大干围1.08m，分枝稀，嫩枝有毛；叶芽绿白色，茸毛多；中叶，平均叶片长10.6cm、宽5.3cm，叶椭圆形，叶色绿，叶身平，叶缘微波，叶面微隆起，叶质柔软，叶尖钝尖，叶基楔形，叶脉8对，叶缘细锯齿，叶背主脉茸毛多，鳞片2片；萼片5片，绿色，无毛；花冠大小4.4cm×4cm，花瓣8枚，花瓣长2.2cm、宽1.9cm，花瓣微绿色，质地薄，雌雄蕊等高，子房有毛，花柱长1.5cm，柱头3裂，裂位中；果实呈椭圆状球形或三角状球形，鲜果径3.3cm，果高1.9cm，鲜果皮厚1.6mm；种子球形，种子大小1.8cm×1.7cm，种皮褐色，百粒籽鲜重167g；一芽二叶，鲜叶干样约含水浸出物48.82%、茶多酚32.99%、氨基酸3.00%、咖啡碱5.29%，酚/氨11；耐寒性、耐旱性均强。手工制晒青茶。

利用和保护意见：羊八寨玛玉茶的茶多酚、氨基酸、咖啡碱含量都高，既可用于研制各种优质茶，也可作为杂交亲本用于育种，或采收种子进行实生选种。采用短穗扦插法繁殖扩大数量。母株要合理采摘，原地保护。

3. MJ2006-008 永溪紫芽茶

产地：墨江县联珠镇永溪村畜牧场茶厂，位于101°44.1′E，23°29.5′N，海拔1870m。

特征特性：栽培型茶树。灌木型，树姿开张，长势较强，树高0.8m，树幅1.2m×0.7m，分枝密，嫩枝有毛；中叶，平均叶片长11.5cm、宽4.8cm，叶椭圆形，叶色紫绿，叶身稍内折，叶缘微波，叶面微隆起，叶质柔软，叶尖渐尖，叶基楔形，叶脉9对，叶缘细锯齿，叶背主脉茸毛多；萼片5片，绿色，有毛；花冠大小3.7cm×3.3cm，花瓣7枚，花瓣长2cm、宽1.8cm，花瓣微绿色，质地薄，雌蕊比雄蕊高，子房有毛，花柱长1.1cm，柱头3裂，裂位浅、中、深；果实呈椭圆状球形或三角状球形，鲜果径2.8cm，果高2.2cm，鲜果皮厚1.7mm；种子球形，种子大小1.6cm×1.6cm，种皮褐色，百粒籽鲜重139g；一芽二叶，鲜叶干样约含水浸出物50.17%、茶多酚

40.21%、氨基酸 2.2%、咖啡碱 4.71%，酚/氨 18.3；耐寒性、耐旱性均强。手工制晒青茶。

利用和保护意见：永溪紫芽茶水浸出物超过 50%，且茶多酚、咖啡碱含量都高，既可用于研制优质红茶、普洱茶和功能性茶，或用于茶叶深加工，也可作为杂交亲本用于育种，或采收种子进行实生选种。采用短穗扦插法繁殖扩大数量。母株要合理采摘，原地保护。

4. MJ2006-018 须立贡茶

产地：墨江县碧溪乡碧胜村箭场山，位于 101°41.2′E，23°30.2′N，海拔 1460m。

特征特性：栽培型茶树。小乔木型，树姿开张，长势较强，树高 1.4m，树幅 1.9m×1.5m，最大干围 0.43m，分枝稀，嫩枝有毛；叶芽绿白色，茸毛多；特大叶，平均叶片长 14.7cm、宽 6.3cm，最大叶片长 17.1cm、宽 7cm，叶椭圆形，叶色绿，叶身内折，叶缘微波，叶面微隆起，叶质柔软，叶尖渐尖，叶基楔形，叶脉 11 对，叶缘细锯齿，叶背主脉茸毛多；萼片 6 片，绿色，有毛；花冠大小 4.1cm×3.3cm，花瓣 6 枚，花瓣长 2.3cm、宽 1.7cm，花瓣微绿色，质地薄，雌蕊比雄蕊高，子房有毛，花柱长 1.4cm，柱头 3 裂，浅裂；果

▲ 茶山植被

实呈球形或三角状球形，鲜果径 3.5cm，果高 1.9cm，鲜果皮厚 1.6mm；种子球形，种子大小 1.7cm×1.6cm，种皮褐色，百粒籽鲜重 267g；耐寒性、耐旱性均强。手工和机制晒青茶。

利用和保护意见：当地种茶已有 600 多年历史。须立贡茶树可作为杂交亲本用于育种，或采收种子进行实生选种。母株要合理采摘，原地保护。

5. MJ2006-026 芦山村大叶绿茶

产地：墨江县雅邑乡芦山村打稗子场，位于 101°41.3′E，23°11.3′N，海拔 1840m。

特征特性：栽培型茶树。乔木型，树姿直立，长势较强，树高 3.1m，树幅 1.9m×1.5m，最

大干围 0.42m，分枝稀，嫩枝有毛。中叶，平均叶片长 9cm、宽 4cm，叶椭圆形，叶色绿，叶身稍内折，叶缘微波，叶面微隆起，叶质柔软，叶尖渐尖，叶基楔形，叶脉 9 对，叶缘细锯齿，叶背主脉茸毛多；萼片 5 片，绿色，无毛；花冠大小 3.8cm×2.5cm，花瓣 6 枚，花瓣长 1.7cm、宽 1.4cm，花瓣微绿色，质地薄，雌雄蕊等高，子房有毛，花柱长 0.9cm，柱头 3 裂，浅裂；果实呈椭圆状球形，鲜果径 3.3cm，果高 2.1cm，鲜果皮厚 1.4mm；种子球形，种子大小 1.6cm×1.5cm，种皮褐色，百粒籽鲜重 204g；一芽二叶，鲜叶干样约含水浸出物 50.379%、茶多酚 36.24%、氨基酸 1.35%、咖啡碱 4.39%，酚/氨 26.8；耐寒性、耐旱性均强。手工制晒青茶。

利用和保护意见：芦山村大叶绿茶水浸出物超过 50%，且茶多酚、咖啡碱含量都高，既可用于研制优质红茶、普洱茶和功能性茶，或用于茶叶深加工，也可作为杂交亲本用于育种，或采收种子进行实生选种。采用短穗扦插法繁殖扩大数量。母株要合理采摘，原地保护。

6. MJ2006-048 老围村柳叶茶

产地：墨江县团田乡老围村蜜蜂沟，位于 101°13.1′E，23°52.5′N，海拔 1910m。

特征特性：栽培型茶树。小乔木型，树姿半开张，长势较强，树高 5.9m，树幅 4.3m×3.5m，基部干围 0.94m，分枝稀，嫩枝有毛；中叶，平均叶片长 12.7cm、宽 3.8cm，叶披针形，叶色绿，叶身稍内折，叶缘微波，叶面微隆起，叶质柔软，叶尖渐尖，叶基楔形，叶脉 9 对，叶缘细锯齿，叶背主脉茸毛多；萼片 5 片，绿色，有毛；花冠大小 3.9cm×3cm，花瓣 7 枚，花瓣长 1.9cm、宽 1.4cm，花瓣微绿色，质地薄，雌蕊比雄蕊高，子房有毛，花柱长 1.1cm，柱头 3 裂，浅裂；果实呈椭圆状球形或三角状球形，鲜果径 3.2cm，果高 2.3cm，鲜果皮厚 1.4mm；种子球形，种子大小 1.7cm×1.7cm，种皮褐色，百粒籽鲜重 208g；耐寒性、耐旱性均强。手工制晒青茶。

利用和保护意见：合理采摘，就地利用。

7. MJ2006-050 迷帝茶

产地：墨江县新抚乡界牌村迷帝茶场，位于 101°23.3′E，23°38.3′N，海拔 1360m。

特征特性：栽培型茶树。小乔木型，树姿开张，长势弱，树高 4m，树幅 4m×4m，基部干围 1.07m，分枝密度中，嫩枝有毛；叶芽绿白色，茸毛多。中叶，平均叶片长 11.5cm、宽 4.7cm，叶椭圆形，叶色绿，叶身稍内折，叶缘波，叶面微隆起，叶质中，叶尖渐尖，叶基楔形，叶脉 8 对，叶缘细锯齿，叶背主脉茸毛多；萼片 5 片，绿色，无毛；花冠大小 4.1cm×3.6cm，花瓣 6 枚，花瓣长 2cm、宽 1.6cm，花瓣绿色，质地薄，雌雄蕊等高，子房有毛，花柱长 1.1cm，柱头 3 裂，浅裂；果实呈椭圆状球形或三角状球形，鲜果径 3.5cm，果高 2.2cm，鲜果皮厚 1.8mm；种子球形，种子大小 1.8cm×1.8cm，种皮褐色；秋茶一芽二叶，鲜叶干样约含水浸出物 47.81%、茶多酚 37.26%、氨基酸 1.71%、咖啡碱 4.40%，酚/氨 21.8；耐寒性、耐旱性均强。机制烘青茶。

利用和保护意见：合理采摘，就地利用。

8. MJ2006-063 大平掌大黑茶

产地：墨江县景星乡新华村大平掌，位于 101°21′E，23°32.3′N，海拔 1900m。

特征特性：栽培型茶树。小乔木型，树姿开张，长势较强，树高 3.1m，树幅 5.8m×3.5m，基部干围 1.04m，分枝密，嫩枝有毛；特大叶，平均叶片长 14.9cm、宽 6.2cm，最大叶片长 18.5cm、宽 7.5cm，叶椭圆形，叶色深绿，叶身稍内折，叶缘微波，叶面微隆起，叶质柔软，叶尖圆尖，叶基楔形，叶脉 11 对，叶缘细锯齿，叶背主脉茸毛多；萼片 5 片，绿色，无毛；花冠大小 4cm×3.1cm，花瓣 8 枚，花瓣长 2.1cm、宽 1.5cm，花瓣微绿色，质地薄，雌蕊比雄蕊低，子房有毛，花柱长 0.8cm，柱头 3 裂，深裂；果实呈椭圆状球形或三角状球形，鲜果径 3.7cm，果高 2.1cm，鲜果皮厚 1.9mm；种子球形，种子大小 1.8cm×1.7cm，种皮褐色，百粒籽鲜重 253g；一芽二叶，鲜叶干样约含水浸出物 49.07%、茶多酚 35.29%、氨基酸 2.41%、咖啡碱 4.57%，酚/氨 14.6；耐寒性、耐旱性均强。机制烘青茶。

利用和保护意见：合理采摘，就地利用。

▲ 森林中的野生朱槿

9. MJ2006-076 李冲大黑茶

产地：墨江县景星乡景星村李冲组小操场，位于 101°21.3′E，23°28.5′N，海拔 1870m。

特征特性：栽培型茶树。小乔木型，树姿半开张，长势弱，树高 4.5m，树幅 4.1m×3.5m，基部干围0.74m，分枝稀，嫩枝有毛；中叶，平均叶片长10.5cm、宽4.3cm，叶椭圆形，叶色深绿，叶身稍内折，叶缘微波，叶面微隆起，叶质中，叶尖渐尖，叶基楔形，叶脉9对，叶缘细锯齿，叶背主脉茸毛多；萼片5片，绿色，无毛；花冠大小3.9cm×3.3cm，花瓣6枚，花瓣长2cm、宽1.6cm，花瓣微绿色，质地薄，雌雄蕊等高，子房有毛，花柱长1.3cm，柱头3（4）裂，浅裂；果实呈椭圆状球形或三角状球形，鲜果径3.1cm，果高2cm，鲜果皮厚1.4mm；种子球形，种子大小1.7cm×1.6cm，种皮褐色，百粒籽鲜重169g；一芽二叶，鲜叶干样约含水浸出物49.28%、茶多酚34.84%、氨基酸2.97%、咖啡碱4.40%，酚/氨11.7；耐寒性、耐旱性均强。机制烘青茶。

利用和保护意见：李冲大黑茶各项生化成分含量都高，既可用于研制优质红茶、普洱茶和功能性茶，也可作为杂交亲本用于育种，或采收种子进行实生选种。采用短穗扦插法繁殖扩大数量。母株要合理采摘，原地保护。

10. MJ2006-087 大团叶绿芽茶

产地：墨江县景星乡景星村李冲组大山，位于101°21.4′E，23°29.2′N，海拔1916m。

特征特性：栽培型茶树。小乔木型，树姿开张，长势弱，树高2.8m，树幅5.5m×5.3m，基部干围1.12m，分枝密，嫩枝有毛；叶芽绿白色，茸毛多；中叶，平均叶片长10.4cm、宽5.3cm，叶卵圆形，叶色绿，叶身稍内折，叶缘微波，叶面微隆起，叶质柔软，叶尖渐尖，叶基楔形，叶脉9对，叶缘细锯齿，叶背主脉茸毛多，鳞片3片；萼片5片，绿色，有毛；花冠大小3.5cm×2.8cm，花瓣6枚，花瓣长1.7cm、宽1.4cm，花瓣微绿色，质地薄，雌雄蕊等高，子房有毛，花柱长1.1cm，柱头3裂，浅裂；果实呈椭圆状球形或三角状球形，鲜果径3.3cm，果高2cm，鲜果皮厚24mm；种子球形，种子大小1.6cm×1.6cm，种皮褐色，百粒籽鲜重171g；一芽二叶，鲜叶干样约含水浸出物51.07%、茶多酚35.85%、氨基酸2.79%、咖啡碱4.44%，酚/氨12.8；耐寒性、耐旱性均强。机制烘青茶。

利用和保护意见：大团叶绿芽茶水浸出物超过50%，且茶多酚、咖啡碱含量都高，既可用于研制优质红茶、普洱茶和功能性茶，或用于茶叶深加工，也可作为杂交亲本用于育种，或采收种子进行实生选种。采用短穗扦插法繁殖扩大数量。母株要合理采摘，原地保护。

11. MJ2006-112 李冲紫芽茶

产地：墨江县景星乡景星村李冲组三康地，位于101°21.4′E，23°28.1′N，海拔1820m。

特征特性：栽培型茶树。小乔木型，树姿半开张，长势较强，树高2.4m，树幅2.3m×2.3m，最大干围0.78m，分枝密度中，嫩枝有毛；叶芽紫红色，茸毛多；特大叶，平均叶片长14.2cm、宽6.3cm，最大叶片长15.7cm、宽6.2cm，叶椭圆形，叶色紫绿，叶身内折，叶缘微波，叶面微隆起，叶质柔软，叶尖渐尖，叶基楔形，叶脉10对，叶缘细锯齿，叶背主脉茸毛多；萼片5片，紫绿色，无毛；花冠大小3.5cm×2.9cm，花瓣6枚，花瓣长1.9cm、宽1.5cm，花瓣微绿色，质地薄，雌雄蕊等高，子房有毛，花柱长1.1cm，柱头3裂，浅裂；果实呈椭圆状球形或三角状球形，鲜果径 3.3cm，果高 1.9cm，鲜果皮厚 1.6mm；种子球形，种子大小 1.7cm×1.6cm，种皮褐色；一芽二叶，鲜叶干样约含水浸出物 49.87%、茶多酚 39.56%、氨基酸 3.08%、咖啡碱 4.85%，酚/氨 12.8；耐寒性、耐旱性均强。机制烘青茶。

利用和保护意见：李冲紫芽茶各项生化成分含量都高，既可用于研制各种优质茶和功能性茶，或用于茶叶深加工，也可作为杂交亲本用于育种，或采收种子进行实生选种。采用短穗扦插法繁殖扩大数量。母株要合理采摘，原地保护。

▲ 紫芽

六、思茅区

1. SM2006-001 老荒田大叶茶

产地：思茅区思茅镇老荒田 19 号，位于 100°58.4′E，22°35.5′N，海拔 1320m。

特征特性：栽培型茶树。小乔木型，树姿半开张，长势较强，树高 6.7m，树幅 4m×3.5m，基部干围 1.46m，最低分枝高 0.4m，分枝密度中，嫩枝有毛；叶芽绿色，茸毛多；小叶，平均叶片长 8.6cm、宽 3.3cm，叶长椭圆形，叶色绿，叶身内折，叶缘波，叶面微隆起，叶质硬，叶尖渐尖，叶基楔形，叶脉 8 对，叶缘重锯齿，叶背主脉茸毛少，鳞片 2 片；萼片 5 片，绿色，无毛；花冠大小 2.9cm×2.8cm，花瓣 6 枚，花瓣长 2cm、宽 1.3cm，花瓣微绿色，质地薄，雌蕊比雄蕊高，子房有毛，花柱长 1.5cm，柱头 3（4）裂，浅裂；果实呈球形或椭圆状球形，鲜果径 2.1cm，果高 1.9cm，鲜果皮厚 1.9mm；种子球形，种子大小 1.9cm×1.8cm，种皮棕色；一芽二叶，鲜叶干样约含水浸出物 46.51%、茶多酚 29.73%、氨基酸 2.34%、咖啡碱 4.53%，酚 / 氨 12.7；耐寒性、耐旱性均中。手工制晒青茶。

利用和保护意见：合理采摘，就地利用。

2. SM2006-031 把边寨野生茶

产地：思茅区倚象镇鱼塘村菜阳河保护区内，位于 101°10.5′E，22°35.4′N，海拔 1445m。

特征特性：栽培型茶树。小乔木型，树姿直立，长势强，树高 12m，树幅 4m×3m，最大干围 0.6m，最低分枝高 0.3m，分枝稀，嫩枝有毛；叶芽绿色，茸毛多；中叶，平均叶片长 10.3cm、宽 5.1cm，叶椭圆形，叶色绿，叶身背卷，叶缘微波，叶面微隆起，叶质柔软，叶尖渐尖，叶基楔形，叶脉 9 对，叶缘重锯齿，叶背主脉无茸毛，鳞片 2 片；萼片 5 片，绿色，有毛；花冠大小 1.9cm×1.7cm，花瓣 5 枚，花瓣长 1.6cm、宽 1.4cm，花瓣微绿色，质地厚，雌蕊比雄蕊高，子房有毛，花柱长 1.2cm，柱头 3 裂，裂位中；果实呈球形或三角状球形，鲜果径 2.8cm，果高 1.9cm，鲜果皮厚 4.8mm；种子球形，种子大小 1.6cm×1.4cm，种皮棕褐色；耐寒性、耐旱性均强。手工制晒青茶。

利用和保护意见：合理采摘，就地利用。

3. SM2006-039 上茨竹林茶

产地：思茅区思茅港镇茨竹林村上茨竹林，位于 100°29.2′E，22°41.6′N，海拔 1594m。

特征特性：栽培型茶树。小乔木型，树姿半开张，长势弱，树高 7.5m，树幅 5.2m×5m，基部干围 1.02m，最低分枝高 0.3m，分枝密，嫩枝有毛；叶芽绿色，茸毛多；大叶，平均叶片长 13.8cm、宽 4.7cm，最大叶片长 15.3cm、宽 5.4cm，叶长椭圆形，叶色绿，叶身稍内折，叶缘微波，叶面微隆起，叶质硬，叶尖渐尖，叶基楔形，叶脉 13 对，最多 15 对，叶缘少锯齿，叶背主脉茸毛多，鳞片 2 片；萼片 5 片，绿色，有毛；花冠大小 3.1cm×2.8cm，花瓣 6 枚，花瓣长 1.3cm、宽 1cm，花瓣微绿色，花瓣质地薄，雌雄蕊等高，子房有毛，花柱长 1cm，柱头 3 裂，浅裂；果实呈椭圆状球形或三角状球形，鲜果径 1.7cm，果高 1.6cm，鲜果皮厚 2.6mm；种子球形，种皮棕褐色；耐寒性、耐旱性均强。手工制晒青茶。

利用和保护意见：合理采摘，就地利用。

4. SM2006-048 柳树箐大叶茶

产地：思茅区倚象镇下寨村柳树箐苦竹山，位于100°2.1′E，22°46.1′N，海拔1541m。

特征特性：栽培型茶树。小乔木型，树姿直立，长势较强，树高5.6m，树幅4.1m×3.8m，基部干围1.76m，最低分枝高0.4m，分枝密，嫩枝有毛；叶芽紫红色，茸毛多；特大叶，平均叶片长17.7cm、宽7.2cm，最大叶片长20.6cm、宽8.5cm，叶椭圆形，叶色深绿，叶身稍内折，叶缘波，叶面隆起，叶质中，叶尖急尖，叶基楔形，叶脉10对，最多13对，叶缘细锯齿，叶背主脉茸毛多，鳞片2片；一芽二叶，鲜叶干样约含水浸出物45.08%、茶多酚28.76%、氨基酸3.03%、咖啡碱4.37%，酚/氨9.5；耐寒性、耐旱性均强。手工制晒青茶。

利用和保护意见：柳树箐大叶茶芽叶紫红色、茸毛多，既可用于研制优质普洱茶和功能性茶，也可采收种子进行实生选种。合理采摘，原地保护。

七、江城县

1. JC2006-001 大蛇箐大叶茶

产地：江城县勐烈镇大新村大蛇箐，位于101°51.5′E，22°34.2′N，海拔1200m。

特征特性：栽培型茶树。小乔木型，树姿直立，长势较强，树高11.1m，树幅4.8m×4.6m，基部干围1.4m，分枝稀，嫩枝有毛；叶芽黄绿色，茸毛中；特大叶，平均叶片长20.6cm、宽8.3cm，最大叶片长22.6cm、宽8.7cm，叶椭圆形，叶色绿，叶身稍内折，叶缘微波，叶面隆起，叶质中，叶尖渐尖，叶基楔形，叶脉14对，最多16对，叶缘细锯齿，叶背主脉茸毛少，鳞片3片；萼片绿色，有毛；花冠大小4.1cm×4cm，花瓣7枚，花瓣长2.6cm、宽2.3cm，花瓣微绿色，质地中，雌雄蕊等高，子房有毛，花柱长1.4cm，柱头3裂，裂位中；果实呈椭圆状球形，鲜果径2.3cm，鲜果皮厚0.8mm；种子为球形；一芽二叶，鲜叶干样约含水浸出物47.39%、茶多酚37.29%、氨基酸2.66%、咖啡碱6.01%，酚/氨14.0；耐寒性、耐旱性均强。手工制晒青茶。

利用和保护意见：大蛇箐大叶茶叶片特大、叶脉特多，是珍稀资源，在分类和遗传研究上有重要价值。咖啡碱含量大于6%，超出常规值，且茶多酚含量亦高，可用于研制优质红茶、普洱茶和功能性茶，或用于茶叶深加工。该树已被砍伤，需尽快采用短穗扦插法繁殖扩大数量。母株禁止采摘，原地加强保护。

2. JC2006-013 普家村老树茶

产地：江城县国庆乡洛捷村普家村，位于101°50.4′E，22°36.3′N，海拔1207m。

特征特性：栽培型茶树。小乔木型，树姿开张，长势较强，树高6.2m，树幅7.3m×5.3m，基部干围1.65m，分枝密，嫩枝有毛；叶芽黄绿色，茸毛特多；特大叶，平均叶片长17.2cm、宽6.7cm，最大叶片长21cm、宽8cm，叶长椭圆形，叶色绿，叶身背卷，叶缘波，叶面隆起，叶质中，叶尖渐尖，叶基楔形，叶脉11对，最多14对，叶缘细锯齿，叶背主脉茸毛少，鳞片3片；

萼片 5 片，绿色，无毛；花冠大小 3.8cm×3.5cm，花瓣 6 枚，花瓣长 1.8cm、宽 1.4cm，花瓣微绿色，质地薄，雌雄蕊等高，子房有毛，花柱长 0.9cm，柱头 3 裂，深裂；果实呈椭圆状球形，鲜果径 3.6cm，果高 2.7cm，鲜果皮厚 1.4mm；种子球形，种子直径 1.6cm；一芽二叶，鲜叶干样约含水浸出物 46.20%、茶多酚 38.04%、氨基酸 1.45%、咖啡碱 4.88%，酚/氨 26.2；耐寒性、耐旱性均强。手工制晒青茶。

利用和保护意见：普家村老树茶叶片特大、叶脉多，在分类和遗传研究上有重要价值。茶多酚和咖啡碱含量高，既可用于研制优质红茶、普洱茶和功能性茶，或用于茶叶深加工，也可作为杂交亲本用于育种，或采收种子进行实生选种。采用短穗扦插法繁殖扩大数量。母株要合理采摘，原地保护。

▲ 茶树果实

3. JC2006-024 田房大树茶

产地：江城县国庆乡田房村田房组，位于 101°53.3′E，22°36.5′N，海拔 1143m。

特征特性：栽培型茶树。小乔木型，树姿开张，长势强，树高 3.8m，树幅 3.7m×3.6m，基部干围 1.14m，分枝密，嫩枝有毛；叶芽黄绿色，茸毛少；特大叶，平均叶片长 15.3cm、宽 6.4cm，最大叶片长 19.3cm、宽 7.4cm，叶椭圆形，叶色深绿，叶身背卷，叶缘平，叶面微隆起，叶质柔软，叶尖渐尖，叶基楔形，叶脉 11 对，最多 13 对，叶缘细锯齿，叶背主脉茸毛少，鳞片 3 片；萼片绿色，有毛；花冠大小 3.4cm×3.3cm，花瓣 7 枚，花瓣长 2.1cm、宽 1.8cm，花瓣微绿色，质地薄，雌雄蕊等高，子房有毛，花柱长 1.1cm，柱头 3 裂，浅裂；果实呈椭圆状球形，鲜果径 3.1cm，果高 3cm，鲜果皮厚 1.2mm；一芽二叶，鲜叶干样约含水浸出物 45.95%、茶多酚 33.09%、

氨基酸2.90%、咖啡碱5.08%、酚/氨11.4；耐寒性、耐旱性均强。手工制晒青茶。

利用和保护意见：田房大树茶咖啡碱含量较高，既可用于研制优质普洱茶和功能性茶，也可采收种子进行实生选种。合理采摘，原地保护。

4. JC2006-025 芭蕉林箐苦茶

产地：江城县曲水乡拉珠村芭蕉林箐，位于101°53.3′E，22°36.5′N，海拔1430m。

特征特性：栽培型茶树。乔木型，树姿直立，长势强，树高19m，树幅8m×7.6m，最大干围1.36m，最低分枝高0.2m，分枝密度中，嫩枝有毛；叶芽绿色，茸毛中；特大叶，平均叶片长19.4cm、宽8.5cm，最大叶片长25.2cm、宽9.7cm，叶椭圆形，叶色黄绿，叶身背卷，叶缘平，叶面微隆起，叶质中，叶尖渐尖，叶基楔形，叶脉12对，最多14对，叶缘细锯齿，叶背主脉无茸毛，鳞片3片；萼片绿色，无毛；花冠大小3.3cm×3.1cm，花瓣7枚，花瓣长1.7cm、宽1.2cm，花瓣微绿色，质地中，雌蕊比雄蕊低，子房无毛，花柱长0.7cm，柱头3裂，浅裂；耐寒性、耐旱性均强。手工制晒青茶。

利用和保护意见：据推测芭蕉林箐苦茶树龄600多年。叶片特大，叶脉多，子房无毛，在分类和遗传研究上有重要价值，可采收种子进行实生选种。采用短穗扦插法繁殖扩大数量。母株要合理采摘，原地保护。

5. JC2006-033 山神庙大树茶

产地：江城县国庆乡田房村山神庙，位于101°53.5′E，22°37.1′N，海拔1100m。

特征特性：栽培型茶树。小乔木型，树姿半开张，长势弱，树高3.1m，树幅2.1m×1.9m，基部干围1.5m，最低分枝高0.5m，分枝稀，嫩枝有毛；叶芽黄绿色，茸毛多；特大叶，平均叶片长16.3cm、宽5.3cm，最大叶片长19.0cm、宽6.1cm，叶披针形，叶色黄绿，叶身平，叶缘平，叶面微隆起，叶质柔软，叶尖渐尖，叶基楔形，叶脉12对，最多14对，叶缘少锯齿，叶背主脉茸毛多，鳞片3片；萼片绿色，有毛；花冠大小3.4cm×3.2cm，花瓣7枚，花瓣长1.9cm、宽2cm，花瓣微绿色，质地厚，雌雄蕊等高，子房有毛，花柱长1.2cm，柱头3裂，浅裂；果实呈球形，鲜果径2.4cm，果高1.8cm，鲜果皮厚0.8mm；种子球形，种子直径1.5cm，种皮棕褐色；一芽二叶，鲜叶干样约含水浸出物44.53%、茶多酚31.39%、氨基酸1.82%、咖啡碱5.05%、酚/氨17.2；耐寒性、耐旱性均强。手工制晒青茶。

利用和保护意见：山神庙大树茶叶片特大、叶脉多，在分类和遗传研究上有重要价值，可采收种子进行实生选种。采用短穗扦插法繁殖扩大数量。母株要合理采摘，原地保护。

6. JC2006-034 拉马冲大尖山苦茶

产地：江城县曲水乡拉珠村拉马冲大尖山，位于101°53.3′E，22°36.5′N，海拔1143m。

特征特性：栽培型茶树。乔木型，树姿直立，长势强，树高16m，树幅7m×6m，最大干围

1.27m，最低分枝高 1.6m，分枝稀，嫩枝有毛；叶芽绿色，茸毛中；特大叶，平均叶片长 22.7cm、宽 8.4cm，最大叶片长 27.8cm、宽 10cm，叶长椭圆形，叶色绿，叶身平，叶缘平，叶面微隆起，叶质中，叶尖渐尖，叶基楔形，叶脉 15 对，最多 17 对，叶缘细锯齿，叶背主脉茸毛少，鳞片 3 片；一芽二叶，鲜叶干样约含水浸出物 49.81%、茶多酚 38.82%、氨基酸 2.55%、咖啡碱 4.13%，酚/氨 15.2；耐寒性、耐旱性均强。手工制晒青茶。

利用和保护意见：据推测拉马冲大尖山苦茶树龄 700 多年。叶片特大，叶脉特多，在分类和遗传研究上有重要价值。水浸出物、茶多酚和咖啡碱含量都高，既可用于研制优质红茶、普洱茶和功能性茶，或用于茶叶深加工，也可作为杂交亲本用于育种，或采收种子进行实生选种。采用短穗扦插法繁殖扩大数量。母株要合理采摘，原地保护。

八、澜沧县

1. LC2006-001 老缅寨大绿茶

产地：澜沧县竹塘乡东主村老缅寨，位于 99°514′E，20°39.2′N，海拔 1630m。

特征特性：栽培型茶树。小乔木型，树姿半开张，长势强，树高 7.8m，树幅 7.4m×5.2m，基部干围 0.9m，最低分枝高 1.4m，分枝密，嫩枝有毛；叶芽紫绿色，茸毛中；大叶，平均叶片长 14.4cm、宽 5.9cm，最大叶片长 16.6cm、宽 7.1cm，叶椭圆形，叶色深绿，叶身平，叶缘平，叶面平，叶质中，叶尖渐尖，叶基楔形，叶脉 10 对，叶缘重锯齿，叶背主脉茸毛少，鳞片 3 片；萼片 5 片，绿色，无毛；花冠大小 3.5cm×34cm，花瓣 5 枚，花瓣长 1.6cm、宽 1.3cm，花瓣白色，质地薄，雌雄蕊等高，子房无毛，花柱长 0.9cm，柱头 3 裂，浅裂；果实呈球形，鲜果径 1.6cm，果高 1.4cm，鲜果皮厚 13mm；种子球形，种子直径 1.3cm，种皮褐色；一芽二叶，鲜叶干样约含水浸出物 41.75%、茶多酚 35.61%、氨基酸 2.06%、咖啡碱 4.97%，酚/氨 17.3；耐寒性、耐旱性均强。手工制晒青茶。

利用和保护意见：老缅寨大绿茶叶片特大、子房无毛，在分类和遗传研究上有重要价值。芽叶紫绿色，茶多酚和咖啡碱含量都高，既可用于研制优质红茶、普洱茶和功能性茶，或用于茶叶深加工，也可作为杂交亲本用于育种，或采收种子进行实生选种。采用短穗扦插法繁殖扩大数量。母株要合理采摘，原地保护。

2. LC2006-002 糯波大箐老茶树

产地：澜沧县安康乡糯波村大箐，位于 99°38.4′E，23°12.0′N，海拔 1900m。

特征特性：栽培型茶树。小乔木型，树姿开张，长势强，树高 7.8m，树幅 9.3m×9.1m，基部干围 2.47m，最低分枝高 0.4m，分枝密，嫩枝有毛；叶芽黄绿色，茸毛中；大叶，平均叶片长 13.3cm、宽 5.7cm，最大叶片长 18.2cm、宽 6.4cm，叶椭圆形，叶色深绿，叶身稍内折，叶缘平，叶面微隆起，叶质中，叶尖渐尖，叶基楔形，叶脉 11 对，叶缘细锯齿，叶背主脉茸毛少，鳞片 3

▲ 澜沧古茶树

片；萼片 5 片，绿色，无毛；花冠大小 4.2cm×3.9cm，花瓣 7 枚，花瓣长 1.8cm、宽 16cm，花瓣白色，质地薄，雌雄蕊等高，子房有毛，花柱长 1.3cm，柱头 3 裂，浅裂；果实呈三角状球形，鲜果径 3cm，果高 1.7cm，鲜果皮厚 1.9mm；种子球形，种子直径 1.5cm，种皮褐色；春茶一芽二叶，鲜叶干样约含水浸出物 43.99%、茶多酚 33.09%、氨基酸 16.5%、咖啡碱 4.74%，酚/氨 20.1；耐寒性、耐旱性均强。手工制晒青茶。

利用和保护意见：据推测糯波大箐茶树树龄 700 多年，合理采摘，就地利用。

3. LC2006-006 南洼大茶树

产地：澜沧县上允镇南洼村下河边，位于 99°50.4′E，20°59.1′N，海拔 1520m。

特征特性：栽培型茶树。小乔木型，树姿半开张，长势弱，树高 8.8m，树幅 8.5m×7.6m，基部干围 1.92m，最低分枝高 0.7m，分枝密，嫩枝有毛；叶芽紫红色，茸毛多；中叶，平均叶片长 12.1cm、宽 4.3cm，叶长椭圆形，叶色深绿，叶身稍内折，叶缘平，叶面微隆起，叶质中，叶尖钝尖，叶基楔形，叶脉 12 对，最多 15 对，叶缘细锯齿，叶背主脉茸毛多，鳞片 4 片；萼片 5 片，绿色，无毛；花冠大小 3.2cm×2.7cm，花瓣 7 枚，花瓣长 1.6cm、宽 1.2cm，花瓣白色，质地薄，雌蕊比雄蕊高，子房有毛，花柱长 0.6cm，柱头 3 裂，浅裂；果实呈三角状球形，鲜果径 2.8cm，果高 1.6cm，鲜果皮厚 2.5mm；种子球形，种子直径 1.6cm，种皮褐色；一芽二叶，鲜叶干样约含水浸出物 46.58%、茶多酚 36.99%、氨基酸 2.74%、咖啡碱 4.96%，酚/氨 13.5；耐寒性、耐旱性均强。手工制晒青茶。

利用和保护意见：南洼大茶树芽叶紫红色，茶多酚和咖啡碱含量都高，既可用于研制优质红茶、普洱茶和功能性茶，或用于茶叶深加工，也可作为杂交亲本用于育种，或采收种子进行实生选种。采用短穗扦插法繁殖扩大数量。母株要合理采摘，原地保护。

4. LC2006-008 芒大寨老茶

产地：澜沧县文东乡小寨芒大寨，位于 99°53.2′E，20°11.0′N，海拔 1970m。

特征特性：栽培型茶树。小乔木型，树姿直立，长势强，树高 9.7m，树幅 6.7m×6.5m，最大干围 1.5m，最低分枝高 0.6m，分枝密，嫩枝有毛；叶芽黄绿色，茸毛多；大叶，平均叶片长 12cm、宽 6.6cm，最大叶片长 14.5cm、宽 6.2cm，叶卵圆形，叶色深绿，叶身平，叶缘平，叶面微隆起，叶质中，叶尖钝尖，叶基楔形，叶脉 8 对，叶缘细锯齿，叶背主脉茸毛多，鳞片 3 片；萼片 5 片，绿色，无毛；花冠大小 3.7cm×3.7cm，花瓣 7 枚，花瓣长 1.7cm、宽 1.3cm，花瓣白色，质地薄，雌蕊比雄蕊高，子房有毛，花柱长 1.2cm，柱头 3 裂，浅裂；果实呈三角状球形，鲜果径 3.5cm，果高 1.7cm，鲜果皮厚 2.4mm；种子球形，种子直径 1.5cm，种皮褐色；一芽二叶，鲜叶干样约含水浸出物 43.37%、茶多酚 34.85%、氨基酸 1.97%、咖啡碱 3.92%，酚/氨 17.7；耐寒性、耐旱性均强。手工制晒青茶。

利用和保护意见：合理采摘，就地利用。

5. LC2006-009 小寨老茶

产地：澜沧县文东乡小寨村沈磊地，位于 99°53.4′E，23°10.2′N，海拔 1940m。

特征特性：栽培型茶树。小乔木型，树姿半开张，长势强，树高 5.8m，树幅 5.1m×4.5m，基部干围 1.29m，最低分枝高 0.2m，分枝密，嫩枝有毛；叶芽绿白色，茸毛多；特大叶，平均叶片长 15.1cm、宽 6.8cm，最大叶片长 16.5cm、宽 7.5cm，叶椭圆形，叶色深绿，叶身稍内折，叶缘平，叶面微隆起，叶质中，叶尖钝尖，叶基楔形，叶脉 11 对，最多 14 对，叶缘细锯齿，叶背主脉茸毛多，鳞片 4 片；萼片 5 片，绿色，无毛；花冠大小 3.6cm×3.3cm，花瓣 8 枚，花瓣长 1.5cm、宽 1.4cm，花瓣白色，质地薄，雌雄蕊等高，子房有毛，花柱长 1.3cm，柱头 3 裂，浅裂；果实呈三角状球形，鲜果径 3.2cm，果高 1.9cm，鲜果皮厚 24mm；种子球形，种子直径 1.7cm，种皮褐色；一芽二叶，鲜叶干样约含水浸出物 45.91%、茶多酚 31.27%、氨基酸 1.99%、咖啡碱 4.71%，酚/氨 15.6；耐寒性、耐旱性均强。手工制晒青茶。

利用和保护意见：小寨老茶在分类研究上具有重要价值。合理采摘，原地保护。

6. LC2006-015 富东大平掌大茶树

产地：澜沧县富东乡小坝村大平掌，位于 99°58.3′E，23°11.2′N，海拔 1730m。

特征特性：栽培型茶树。小乔木型，树姿开张，长势强，树高 4.8m，树幅 5.5m×4.3m，最大干围 0.9m，最低分枝高 0.3m，分枝密，嫩枝有毛；叶芽紫红色，茸毛多；大叶，平均叶片长 11.9cm、宽 4.9cm，叶椭圆形，叶色深绿，叶身稍内折，叶缘平，叶面微隆起，叶质中，叶尖渐尖，叶基楔形，叶脉 11 对，叶缘细锯齿，叶背主脉茸毛多，鳞片 3 片；萼片 5 片；花冠大小 4cm×3.9cm，花瓣 8 枚，花瓣长 1.8cm、宽 1.3cm，雌蕊比雄蕊低，子房有毛，花柱长 1.5cm，柱头 3 裂，深裂；鲜果径 2.9cm，果高 1.5cm，鲜果皮厚 2.6mm；种子球形，种子直径 1.7cm，种皮褐色；一芽二叶，鲜叶干样约含水浸出物 46.18%、茶多酚 29.21%、氨基酸 2.13%、咖啡碱 4.26%，酚/氨 13.7；耐寒性、耐旱性均强。手工制晒青茶。

利用和保护意见：合理采摘，就地利用。

7. LC2006-018 榨房老茶树

产地：澜沧县大山乡榨房村上老董董明春家地，位于 100°32.0′E，23°0.3′N，海拔 1860m。

特征特性：栽培型茶树。小乔木型，树姿半开张，长势强，树高 5.4m，树幅 5.3m×2.5m，基部干围 0.9m，最低分枝高 0.4m，分枝密，嫩枝有毛；叶芽紫红色，茸毛多；中叶，平均叶片长 9.1cm、宽 4.4cm，叶椭圆形，叶色深绿，叶身稍内折，叶缘平，叶面微隆起，叶质中，叶尖钝尖，叶基楔形，叶脉 9 对，叶缘细锯齿，叶背主脉茸毛多，鳞片 3 片；萼片 5 片，绿色，无毛；花冠大小 3.1cm×2.7cm，花瓣 8 枚，花瓣长 1.3cm、宽 1cm，花瓣白色，质地薄，雌雄蕊等高，子房有毛，花柱长 0.9cm，柱头 3 裂，浅裂；果实呈三角状球形，鲜果径 3.3cm，果高 1.9cm，鲜果皮厚 1.5mm；种子球形，种子直径 1.5cm，种皮褐色；一芽二叶，鲜叶干样约含水浸出物 47.76%、茶多

▲ 百年古茶树

酚34.99%、氨基酸1.51%、咖啡碱3.73%，酚/氨9.2；耐寒性、耐旱性均强。手工制晒青茶。

利用和保护意见：合理采摘，就地利用。

8. LC2006-026 大拉巴老茶

产地：澜沧县木戛乡拉巴村大拉巴四组，位于99°35.4′E，23°4.2′N，海拔1820m。

特征特性：栽培型茶树。小乔木型，树姿半开张，长势较强，树高4.9m，树幅4.4m×4.3m，最大干围1.03m，最低分枝高1.1m，分枝密，嫩枝有毛；叶芽紫红色，茸毛多；中叶，平均叶片长9.5cm、宽4cm，叶椭圆形，叶色深绿，叶身稍内折，叶缘平，叶面微隆起，叶质中，叶尖钝尖，叶基楔形，叶脉13对，最多14对，叶缘细锯齿，叶背主脉茸毛多，鳞片3片；萼片5片，绿色，无毛；花冠大小3.1cm×3cm，花瓣6枚，花瓣长1.2cm、宽1.1cm，花瓣白色，质地薄，雌蕊比雄蕊高，子房有毛，花柱长1.9cm，柱头3裂，裂位中；果实呈三角状球形，鲜果径2.5cm，果高1.5cm，鲜果皮厚1.3mm；种子球形，种子直径1.3cm，种皮褐色；一芽二叶，鲜叶干样约含水浸出物45.30%、茶多酚27.50%、氨基酸2.74%、咖啡碱4.33%，酚/氨10.0；耐寒性、耐旱性均强。手工制晒青茶。

利用和保护意见：合理采摘，就地利用。

9. LC2006-028 南方老茶树

产地：澜沧县木戛乡南方村代夫李扎朵娜丕家地，位于99°40.3′E，23°1′N，海拔1760m。

特征特性：栽培型茶树。小乔木型，树姿直立，长势较强，树高9.9m，树幅6.6m×5.8m，最大干围1.41m，最低分枝高1m，分枝密，嫩枝有毛；叶芽紫红色；大叶，平均叶片长12.5cm、宽5.2cm，最大叶片长14.8cm、宽5.7cm，叶椭圆形，叶色深绿，叶身稍内折，叶缘微波，叶面微隆起，叶质中，叶尖渐尖，叶基楔形，叶脉11对，叶缘细锯齿，叶背主脉茸毛多，鳞片4片；萼片5片，绿色，无毛；花冠大小3.5cm×2.6cm，花瓣5枚，花瓣长1.4cm、宽1.3cm，花瓣白色，质地薄，雌雄蕊等高，子房有毛，花柱长1.3cm，柱头4裂，浅裂；果实呈三角状球形，鲜果径2.5cm，果高1.9cm，鲜果皮厚2.4mm；种子球形，种子直径1.4cm，种皮褐色；一芽二叶，鲜叶干样约含水浸出物50.49%、茶多酚37.15%、氨基酸2.73%、咖啡碱5.33%，酚/氨13.6；耐寒性、耐旱性均强。手工制晒青茶。

利用和保护意见：南方老茶树水浸出物超过50%，且茶多酚、咖啡碱含量高，既可用于研制优质红茶、普洱茶和功能性茶，或用于茶叶深加工，也可作为杂交亲本用于育种，或采收种子进行实生选种。采用短穗扦插法繁殖扩大数量。母株要合理采摘，原地保护。

10. LC2006-031 邦奈老茶树

产地：澜沧县富邦乡邦奈村大寨三队，位于99°49.1′E，22°55.6′N，海拔1760m。

▲ 老树生新芽

第一章 茶树的分类

特征特性：栽培型茶树。小乔木型，树姿开张，长势较强，树高 5.6m，树幅 6.6m×6.5m，最大干围 1.95m，最低分枝高 0.6m，分枝密，嫩枝有毛；叶芽紫红色，茸毛多；中叶，平均叶片长 11.6cm、宽 4.5cm，叶长椭圆形，叶色深绿，叶身平，叶缘平，叶面微隆起，叶质中，叶尖渐尖，叶基楔形，叶脉 12 对，最多 14 对，叶缘细锯齿，叶背主脉茸毛多，鳞片 4 片；萼片 5 片，绿色，无毛；花冠大小 3.4cm×2.9cm，花瓣 7 枚，花瓣长 1.3cm、宽 1.2cm，花瓣白色，质地薄，雌雄蕊等高，子房有毛，花柱长 0.9cm，柱头 3 裂，浅裂；果实呈三角状球形，鲜果径 2.9cm，果高 2.3cm，鲜果皮厚 1.7mm；种子球形，种子直径 1.5cm，种皮褐色；一芽二叶，鲜叶干样约含水浸出物 48.38%、茶多酚 37.90%、氨基酸 2.59%、咖啡碱 5.23%、酚/氨 14.6；耐寒性、耐旱性均中。手工制晒青茶。

利用和保护意见：邦奈老茶树芽叶紫红色，茶多酚、咖啡碱含量都高，既可用于研制优质红茶、普洱茶和功能性茶，或用于茶叶深加工，也可作为杂交亲本用于育种，或采收种子进行实生选种。采用短穗扦插法繁殖扩大数量。母株要合理采摘，原地保护。

11. LC2006-033 莫乃老茶树

产地：澜沧县竹塘乡莫乃村小广扎社，位于 99°49.3′E，22°40.4′N，海拔 1520m。

特征特性：栽培型茶树。小乔木型，树姿开张，长势较强，树高 5.8m，树幅 7.6m×7.1m，基部干围 1.45m，最低分枝高 0.7m，分枝密，嫩枝有毛；叶芽绿白色，茸毛多；大叶，平均叶片长 12.7cm、宽 5.1cm，最大叶片长 16cm、宽 4.6cm，叶椭圆形，叶色深绿，叶身稍内折，叶缘微波，叶面微隆起，叶质中，叶尖渐尖，叶基楔形，叶脉 12 对，最多 14 对，叶缘细锯齿，叶背主脉茸毛多，鳞片 4 片；萼片 5 片，绿色，无毛；花冠大小 4.2cm×3.2cm，花瓣 6 枚，花瓣长 1.5cm、宽 1.3cm，花瓣白色，质地薄，雌雄蕊等高，子房有毛，花柱长 1cm，柱头 3 裂，浅裂；果实呈三角状球形，鲜果径 3.1cm，果高 1.6cm，鲜果皮厚 1.8mm；种子球形，种子直径 1.5cm，种皮褐色；一芽二叶，鲜叶干样约含水浸出物 43.88%、茶多酚 35.21%、氨基酸 1.42%、咖啡碱 4.49%、酚/氨 24.8；耐寒性、耐旱性均中。手工制晒青茶。

利用和保护意见：合理采摘，就地利用。

12. LC2006-035 茨竹河茶

产地：澜沧县竹塘乡茨竹河村达的一组，位于 99°43.4′E，22°46.5′N，海拔 2050m。

特征特性：栽培型茶树。小乔木型，树姿直立，长势较强，树高 10.4m，树幅 7.9m×7.4m，基部干围 1.2m，最低分枝高 0.7m，分枝密，嫩枝有毛；叶芽紫红色，茸毛多；大叶，平均叶片长 13.9cm、宽 5.4cm，最大叶片长 16.5cm、宽 5.3cm，叶长椭圆形，叶色深绿，叶身稍内折，叶缘平，叶面微隆起，叶质中，叶尖渐尖，叶基楔形，叶脉 14 对，最多 16 对，叶缘细锯齿，叶背主脉茸毛多，鳞片 4 片；萼片 5 片；花冠大小 4.9cm×4.4cm，花瓣 8 枚，花瓣白色，质地厚，雌雄蕊等高，子房有毛，花柱长 1.3cm，柱头 3 裂，裂位中；果实呈椭圆状球形，鲜果径 2.3cm，果高 2cm，鲜果皮厚 3.1mm；种子球形，种子直径 1.3cm，种皮褐色；一芽二叶，鲜叶干样约含水浸出物 49.26%、茶多酚 39.22%、氨基酸 1.31%、咖啡碱 4.38%，酚/氨 29.9；耐寒性、耐旱性均强。手工制晒青茶。

利用和保护意见：茨竹河茶叶脉特多，是研究遗传和分类的重要材料。芽叶紫红色，茶多酚、咖啡碱含量高，既可用于研制优质红茶、普洱茶和功能性茶，或用于茶叶深加工，也可作为杂交亲本用于育种，或采收种子进行实生选种。采用短穗扦插法繁殖扩大数量。母株要合理采摘，原地保护。

13. LC2006-049 龙塘古茶

产地：澜沧县南岭乡勐炳村龙塘，位于 99°55.2′E，22°49.4′N，海拔 1890m。

特征特性：栽培型茶树。小乔木型，树姿半开张，长势强，树高 7.6m，树幅 6.6m×6.5m，基部干围 1.35m，最低分枝高 1m，分枝密，嫩枝有毛；叶芽绿色，茸毛中；特大叶，平均叶片长 13.8cm、宽 6.4cm，最大叶片长 16.5cm、宽 7.2cm，叶椭圆形，叶色绿，叶身平，叶缘平，叶面平，叶质中，叶尖渐尖，叶基楔形，叶脉 11 对，叶缘少锯齿，叶背主脉茸毛少，鳞片 4 片；果实呈椭圆状球形，鲜果径 2.5cm，果高 1.9cm，鲜果皮厚 1.6mm；种子球形，种子大小 1.2cm×1.2cm，种皮褐色；春茶一芽二叶，鲜叶干样约含水浸出物 43.83%、茶多酚 30%、氨基酸 2.38%、咖啡碱 4.67%，酚/氨 12.6；耐寒性、耐旱性均强。手工制晒青茶。

▲ 雨后鲜叶

利用和保护意见：合理采摘，就地利用。

14. LC2006-055 芒洪古茶

产地：澜沧县惠民乡芒景村芒洪寨边，位于 100°0.5′E，22°8.4′N，海拔 1350m。

特征特性：栽培型茶树。小乔木型，树姿开张，长势较强，树高 5.7m，树幅 6m×5.2m，最大干围 1.23m，最低分枝高 1.2m，分枝密，嫩枝有毛；叶芽绿色，茸毛多；大叶，平均叶片长 12.3cm、宽 4.9cm，最大叶片长 15.8cm、宽 5.6cm，叶长椭圆形，叶色绿，叶身平，叶缘平，叶面平，叶质中，叶尖渐尖，叶基楔形，叶脉 10 对，叶缘细锯齿，叶背主脉茸毛多，鳞片 3 片；萼片 6 片，绿色，无毛；花冠大小 3.1cm×3cm，花瓣 6 枚，花瓣长 1.6cm、宽 1.1cm，花瓣白色，质地

薄，雌雄蕊等高，子房有毛，花柱长1.1cm，柱头3裂，浅裂；果实呈球形，鲜果径2.1cm，果高2cm，鲜果皮厚1.7mm；种子球形，种子大小1.5cm×1.4cm，种皮褐色；耐寒性、耐旱性均强。手工制晒青茶。

利用和保护意见：合理采摘，就地利用。

15. LC2006-062 南丙古茶

产地：澜沧县发展河乡发展河村南丙，位于100°9.1′E，22°21.1′N，海拔1470m。

特征特性：栽培型茶树。小乔木型，树姿半开张，长势较强，树高6.5m，树幅5.6m×5m，基部干围1.24m，最低分枝高0.3m，分枝密，嫩枝有毛；叶芽绿色，茸毛中；大叶，平均叶片长11.2cm、宽5.1cm，叶椭圆形，叶色绿，叶身平，叶缘平，叶面平，叶质柔软，叶尖渐尖，叶基楔形，叶脉11对，最多13对，叶缘细锯齿，叶背主脉茸毛少，鳞片2片；萼片5片，绿色，无毛；花冠大小3.1cm×3.1cm，花瓣6枚，花瓣长1.5cm、宽1.3cm，花瓣微绿色，花瓣质地薄，雌雄蕊等高，子房有毛，花柱长1.2cm，柱头3裂，浅裂；果实呈四方状球形，鲜果径2.2cm，果高1.9cm，鲜果皮厚1.5mm；种子球形，种子大小1.4cm×1.4cm，种皮褐色；一芽二叶，鲜叶干样约含水浸出物48.67%、茶多酚33.9%、氨基酸3.31%、咖啡碱5.79%，酚/氨10.2；耐寒性、耐旱性均强。手工制晒青茶。

利用和保护意见：合理采摘，就地利用。

九、西盟县

1. XM2006-004 帕科茶

产地：西盟县力所乡南亢村帕科村，位于99°27.2′E，22°41.4′N，海拔1640m。

特征特性：栽培型茶树。灌木型，树姿开张，长势强，树高1.0m，树幅1.1m×1.1m，分枝密，嫩枝无毛；叶芽黄绿色，茸毛中；中叶，平均叶片长10.4cm、宽4.2cm，叶椭圆形，叶色深绿，叶身平，叶缘微波，叶面微隆起，叶质中，叶尖渐尖，叶基楔形，叶脉12对，最多16对，叶缘细锯齿，叶背主脉茸毛少，鳞片3片；萼片5片，绿色，有毛；花冠大小3.5cm×3.3cm，花瓣8枚，花瓣长1.4cm、宽1.2cm，花瓣白色，质地薄，雌蕊比雄蕊低，子房有毛，花柱长1cm，柱头4裂，裂位中；果实呈三角状球形，鲜果径3.1cm，果高1.7cm，鲜果皮厚1.5mm；种子球形，种子直径1.5cm，种皮棕褐色；耐寒性、耐旱性均强。手工制晒青茶。

利用和保护意见：合理采摘，就地利用。

2. XM2006-013 班母大茶树

产地：西盟县勐梭镇班母村富母乃后山，位于99°39.2′E，22°37.3′N，海拔1400m。

特征特性：栽培型茶树。小乔木型，树姿半开张，长势较强，树高5.4m，树幅3m×3m，基部干围0.61m，最低分枝高0.3m，分枝密度中，嫩枝有毛；叶芽绿色，茸毛少；中叶，平均叶片长10.2cm、宽4.1cm，叶椭圆形，叶色深绿，叶身内折，叶缘微波，叶面隆起，叶质中，叶尖渐尖，叶基楔形，叶脉13对，最多14对，叶缘细锯齿，叶背主脉茸毛少，鳞片3片；萼片5片，绿色，有毛；花冠大小3.6cm×3.2cm，花瓣7枚，花瓣长1.8cm、宽1.4cm，花瓣白色，质地薄，雌蕊比雄蕊低，子房有毛，花柱长0.9cm，柱头3裂，裂位中；果实呈三角状球形，鲜果径2.6cm，果高1.9cm，鲜果皮厚2.2mm；种子球形，种子直径14cm，种皮棕褐色；耐寒性、耐旱性均强。手工制晒青茶。

利用和保护意见：合理采摘，就地利用。

▲ 雨后鲜叶

十、孟连县

1. ML2006-016 景吭紫芽茶

产地：孟连县娜允镇景吭村，位于99°39.0′E，22°20.7′N，海拔1072m。

特征特性：栽培型茶树。小乔木型，树姿半开张，长势强，树高2.2m，树幅2.5m×2m，基部干围0.6m，分枝密，嫩枝无毛；叶芽紫绿色，茸毛多；中叶，平均叶片长10.3cm、宽4.4cm，叶椭圆形，叶色绿，叶身内折，叶缘平，叶面微隆起，叶质硬，叶尖渐尖，叶基楔形，叶脉9对，叶缘细锯齿，叶背主脉茸毛多，鳞片2片；萼片5片，绿色，无毛；花冠大小2.2cm×2cm，花瓣5枚，花瓣长1.9cm、宽1.8cm，花瓣白色，质地薄，雌蕊比雄蕊低，子房有毛，花柱长1.3cm，柱头3裂，浅裂；果实呈三角状球形，鲜果径2.5cm，果高1.7cm，鲜果皮厚1.9mm；种子锥形或球形，种子直径1.3cm，种皮棕褐色，百粒籽鲜重166.7g；春茶一芽二叶，鲜叶干样约含水浸出物47.41%、茶多酚37.75%、氨基酸1.08%、咖啡碱5.07%、酚/氨35；耐寒性、耐旱性均强。手工制晒青茶。

利用和保护意见：景吭紫芽茶氨基酸含量低、咖啡碱含量高，可用于研制特种茶或进行茶叶深加工。合理采摘，原地保护。

2. ML2006-033 芒信紫芽茶

产地：孟连县芒信镇芒信村，位于99°32.4′E，22°11.4′N，海拔1370m。

特征特性：栽培型茶树。小乔木型，树姿开张，长势强，树高5.1m，树幅5.6m×4.1m，基部干围1.38m，分枝密，嫩枝有毛；叶芽紫绿色，茸毛多；特大叶，平均叶片长13.8cm、宽6.4cm，最大叶片长16.5cm、宽7.5cm，叶椭圆形，叶色绿，叶身平，叶缘平，叶面微隆起，叶质硬，叶尖渐尖，叶基楔形，叶脉11对，叶缘细锯齿，叶背主脉茸毛多，鳞片2片；萼片3片，绿色，无毛；花冠大小2.1cm×2cm，花瓣6枚，花瓣白色，质地中，雌雄蕊等高，子房有毛，花柱长1.2cm，柱头3裂，裂位中；果实呈球形或三角状球形，鲜果径1.6cm，果高1.4cm，鲜果皮厚0.8mm；种子球形，种子直径1.3cm，种皮棕褐色，百粒籽鲜重157.5g；秋茶一芽二叶，鲜叶干样约含水浸出物48.74%、茶多酚36.13%、氨基酸2.51%、咖啡碱4.16%、酚/氨14.4；耐寒性、耐旱性均强。手工制晒青茶。

利用和保护意见：合理采摘，就地利用。

3. ML2006-035 糯东大茶树

产地：孟连县公信乡糯东村，位于99°22.2′E，22°19.1′N，海拔1591m。

特征特性：栽培型茶树。小乔木型，树姿开张，长势弱，树高9.6m，树幅7m×6.8m，基部干围1.8m，最低分枝高0.1m，分枝密；叶芽绿色，茸毛多；大叶，平均叶片长12.7cm、宽5.2cm，最大叶片长15.6cm、宽6.5cm，叶椭圆形，叶色深绿，叶身平，叶缘平，叶面微隆起，叶质硬，叶尖渐尖，叶基楔形，叶脉11对，最多13对，叶缘细锯齿，叶背主脉茸毛多，鳞片2片；萼片5片，绿色，无毛；花冠大小2.4cm×2.2cm，花瓣5枚，花瓣白色，质地中，雌蕊比雄蕊高，子房有毛，花柱长1.4cm，柱头3裂，浅裂；果实呈球形或三角状球形，鲜果径2.2cm，果高1.6cm，鲜果皮厚1.5mm；种子球形或不规则形，种子直径1.1cm，种皮棕褐色，百粒籽鲜重156.9g；秋茶一芽二叶，鲜叶干样约含水浸出物48.32%、茶多酚36.13%、氨基酸2.64%、咖啡碱4.16%、酚/氨13.7；耐寒性、耐旱性均强，手工制晒青茶。

利用和保护意见：合理采摘，就地利用。

4. ML2006-048 东乃红芽茶

产地：孟连县勐马乡东乃村，位于99°21.7′E，22°7.0′N，海拔2449m。

特征特性：栽培型茶树。乔木型，树姿直立，长势较强，树高21m，树幅9.7m×9.4m，基部干围2.4m，最低分枝高0.6m，分枝密，嫩枝无毛；叶芽红色，无茸毛；大叶，平均叶片长12.9cm、宽4.9cm，叶长椭圆形，叶色绿，叶身平，叶缘平，叶面平，叶质柔软，叶尖渐尖，叶基楔形，叶脉12对，叶缘少锯齿，叶背主脉无茸毛，鳞片3片；萼片5片，绿色，无毛；花冠大小5.9cm×5.5cm，花瓣9枚，花瓣长2.9cm、宽2.7cm，花瓣白色，质地薄，雌蕊比雄蕊低，子房有毛，花柱长1.2cm，柱头3裂，裂位深；果实呈三角状或椭圆状球形，鲜果径3.1cm，果高1.9cm，鲜果皮厚2.7mm；种子球形，种子直径1.2cm，种皮棕褐色，百粒籽鲜重200g；耐寒性、耐旱性均强。手工制晒青茶。

利用和保护意见：据推测东乃红芽茶树龄800多年，是目前低纬度地区最高大的栽培型大茶树。芽叶红色，无毛，可用于研制功能性茶。按古树名木原地重点保护，合理采摘。

第七节　过渡型茶树

1. JD2006-005 花山大茶树

产地：景东县花山乡文岔村上村，位于101°113′E，24°14.8′N，海拔1860m。

特征特性：过渡型茶树。小乔木型，树姿半开张，长势强，树高11.5m，树幅8m×6m，基部干围3.3m，最低分枝高1.2m，分枝稀，嫩枝有毛；叶芽绿白色，茸毛特多；中叶，平均叶片长12.6cm、宽4.3cm，最大叶片长14.5cm、宽4.2cm，叶长椭圆形，叶色深绿，叶身稍内折，叶缘平，叶面微隆起，叶质中，叶尖渐尖，叶基楔形，叶脉7对，叶缘细锯齿，叶背主脉无茸毛，鳞片4片；萼片5片，绿色，有茸毛；花冠大小5cm×4.5cm，花瓣7枚，花瓣长2.1cm、宽1.9cm，花瓣白色，质地薄，雌蕊比雄蕊高，子房有毛，花柱长1.4cm，柱头3裂，浅裂；果实呈四方状球形，鲜果径2.1cm，果高1.6cm，鲜果皮厚1.9mm；种子球形，种子直径1.7cm，种皮棕褐色；一芽二叶，鲜叶干样约含水浸出物46.33%、茶多酚32.67%、氨基酸1.63%、咖啡碱4.16%，酚/氨20.0；耐寒性、耐旱性均强。手工或机制晒青和烘青茶。

利用和保护意见：花山大茶树是较高大的过渡型大茶树，据推测树龄有900多年。合理采摘，就地利用。

▲ 过渡型古茶树

2. JD2006-006 芦山白茶

产地：景东县花山乡庐山村外芦山，位于101°12.1′E，24°17.2′N，海拔2090m。

特征特性：过渡型茶树。小乔木型，树姿直立，长势强，树高8m，树幅4.7m×3.6m，基部干围1m，分枝密度中，嫩枝有毛；叶芽绿白色，茸毛特别多；大叶，平均叶片长12cm、宽4.9cm，最大叶片长14.1cm、宽5.4cm，叶椭圆形，叶色绿，叶身稍内折，叶缘微波，叶面微隆起，叶质硬，叶尖渐尖，叶基楔形，叶脉10对，叶缘细锯齿，叶背主脉茸毛多，鳞片4片；萼片4片，绿色，有茸毛；花冠大小4cm×3.8cm，花瓣8枚，花瓣长2.1cm、宽1.5cm，花瓣白色，质地厚，雌蕊比雄蕊低，子房有毛，花柱长0.9cm，柱头4裂，裂位中；果实呈四方状球形，鲜果径2.6cm，果高2.2cm，鲜果皮厚1.6mm；种子球形，种子直径1.6cm，种皮棕褐色；耐寒性、耐旱性均强。手工制晒青茶。

利用和保护意见：芦山白茶是较高大的过渡型大茶树。合理采摘，就地利用。

▲ 茶山上的村落

3. JD2006-010 营盘家茶

产地：景东县花山乡营盘村看牛场，位于101°4.6′E，24°18.1′N，海拔1310m。

特征特性：过渡型茶树。小乔木型，树姿开张，树高4.5m，树幅5.4m×3.6m，基部干围1.07m，最低分枝高0.5m，分枝密度中，嫩枝有毛；叶芽绿色，茸毛少；大叶，平均叶片长14.2cm、宽5.8cm，最大叶片长16.5cm、宽6.6cm，叶椭圆形，叶色深绿，叶身背卷，叶缘微波，叶面隆起，叶质硬，叶尖渐尖，叶基楔形，叶脉8对，叶缘细锯齿，叶背主脉茸毛少，鳞片4片；萼片5片，绿色，有毛；花冠大小3cm×3cm，花瓣5枚，花瓣长1.2cm、宽1cm，花瓣白色，质地中，雌蕊比雄蕊高，子房有毛；花柱长1.7cm，柱头3（4）裂，浅裂；果实呈三角状球形，鲜果径2.4cm，果高1.7cm，鲜果皮厚1.1mm；种子不规则形，种子直径1.6cm，种皮褐色；一芽二叶，鲜叶干样约含水浸出物44.46%、茶多酚32.78%、氨基酸2.11%、咖啡碱4.77%，酚/氨15.5；耐寒性、耐旱性均强。手工制晒青茶。

利用和保护意见：合理采摘，就地利用。

4. JD2006-026 灵官庙大茶树

产地：景东县大街乡气力村灵官庙小组，位于101°6.7′E，24°23.5′N，海拔1940m。

特征特性：过渡型茶树。乔木型，树姿直立，树高14.8m，树幅7.6m×6.6m，基部干围2.12m，最低分枝高1.5m，分枝密，嫩枝有毛；叶芽黄绿色，茸毛多；大叶，平均叶片长12cm、宽4.9cm，最大叶片长14.5cm、宽5.9cm，叶椭圆形，叶色绿，叶身背卷，叶缘平，叶面微隆起，叶质中，叶尖渐尖，叶基楔形，叶脉10对，叶缘细锯齿，叶背主脉茸毛少，鳞片2片；萼片5片，绿色，有茸毛；花冠大小4.4cm×4.3cm，花瓣10枚，花瓣长2.3cm、宽1.9cm，花瓣白色，质地中，雌蕊比雄蕊高，子房有毛，花柱长1.5cm，柱头3（4~5）裂，裂位浅；果实呈球形或三角状球形，鲜果径2.5cm，果高1.9cm，鲜果皮厚2.6mm；种子球形，种子大小1.7cm×1.6cm，种皮褐色；耐寒性、耐旱性均强。手工制晒青茶。

利用和保护意见：灵官庙大茶树是人工栽培的最高大的过渡型大茶树，据推测树龄有600多年，其特征特性对研究茶树的演化和分类有重要价值。目前，该树枝叶稀疏，根茎部裸露，有倒塌危险，需要砌坎培土保护，禁止采叶制茶。

5. JD2006-031 黄风箐茶

产地：景东县太忠乡麦地村黄风箐白为昌地，位于101°30′E，24°27.8′N，海拔2000m。

特征特性：过渡型茶树。小乔木型，树姿半开张，树高8m，树幅5m×4.5m，基部干围1.9m，最低分枝高0.7m，分枝密度中，嫩枝有毛；叶芽紫绿色，茸毛多；大叶，平均叶片长12.8cm、宽6.1cm，最大叶片长14.7cm、宽6.7cm，叶椭圆形，叶色深绿，叶身平，叶缘微波，叶面微隆起，叶质硬，叶尖钝尖，叶基近圆形，叶脉10对，叶缘重锯齿，叶背主脉茸毛少，鳞片3片；萼片5片，绿色，有茸毛；花冠大小3.3cm×2.8cm，花瓣10枚，花瓣长1.5cm、宽1cm，花瓣白色，质地中，雌蕊比雄蕊高，子房有毛，花柱长1.2cm，柱头4裂；果实呈三角状或四方状球形，鲜果径

2.9cm，果高 2cm，鲜果皮厚 1.6mm；种子球形或不规则形，种子大小 1.5cm×1.4cm，种皮褐色；一芽二叶，鲜叶干样约含水浸出物 46.09%、茶多酚 36.03%、氨基酸 3.48%、咖啡碱 4.61%、酚/氨 10.4；耐寒性、耐旱性均强。手工制晒青茶。

利用和保护意见：黄风箐茶芽叶紫绿色、茸毛多，几项生化成分含量均高，可用作研制优质普洱茶。在保护好母株的情况下，采用短穗扦插法繁殖扩大数量，也可用于育种。

6. JD2006-036 小看马茶

产地：景东县龙街乡垭口村小看马，位于 100°57.5′E，24°35.1′N，海拔 2110m。

特征特性：过渡型茶树。小乔木型，树姿半开张，树高 9.5m，树幅 7.3m×6.3m，基部干围 1.5m，最低分枝高 1.9m，分枝密度中，嫩枝有毛；叶芽绿白色，茸毛多；大叶，平均叶片长 14.1cm、宽 5.5cm，最大叶片长 15.9cm、宽 5.7cm，叶长椭圆形，叶色绿，叶身内折，叶缘微波，叶面微隆起，叶质中，叶尖渐尖，叶基楔形，叶脉 8 对，叶缘细锯齿，叶背主脉茸毛少，鳞片 3 片；萼片 5 片，绿色，有茸毛；花冠大小 2.5cm×2.1cm，花瓣 7 枚，花瓣长 1.5cm、宽 1.2cm，花瓣白色，质地中，雌蕊比雄蕊低，子房有毛，花柱长 1.1cm，柱头 4 裂，裂位中；果实呈三角状球形，鲜果径 3cm，果高 2cm，鲜果皮厚 2.2mm；种子球形，种子直径 1.4cm，种皮褐色；一芽二叶，鲜叶干样约含水浸出物 41.27%、茶多酚 28.80%、氨基酸 3.72%、咖啡碱 3.13%、酚/氨 7.7；耐寒性、耐旱性均强。手工制晒青茶。

利用和保护意见：小看马茶芽叶绿白色、茸毛多，氨基酸含量高，酚/氨较低，可用作研制名优绿茶。在保护好母株的情况下，采用短穗扦插法繁殖扩大数量，也可用于育种。

7. JD2006-037 谢家李丕申茶

产地：景东县龙街乡和哨村谢家李丕申地，位于 100°52′E，24°43.1′N，海拔 2100m。

特征特性：过渡型茶树。小乔木型，树姿直立，树高 11.9m，树幅 7.4m×6.1m，基部干围 1.9m，最低分枝高 0.4m，分枝密度中，嫩枝有毛；叶芽绿白色，毛多；特大叶，平均叶片长 13.9cm、宽 6.4cm，最大叶片长 16.9cm、宽 7cm，叶椭圆形，叶色黄绿，叶身背卷，叶缘微波，叶面微隆起，叶质中，叶尖钝尖，叶基楔形，叶脉 9 对，叶缘重锯齿，叶背主脉茸毛少，鳞片 3 片；萼片 5 片，绿色，有茸毛；花冠大小 4.8cm×4.6cm，花瓣 9 枚，花瓣长 1.9cm、宽 1.6cm，花瓣白色，质地中，雌蕊比雄蕊低，子房有毛，花柱长 1.5cm，柱头 3（4～5）裂，浅裂；果实呈球形或四方状球形，鲜果径 2cm，果高 1.8cm，鲜果皮厚 1.7mm；种子球形，种子直径 1.5cm，种皮棕褐色；一芽二叶，鲜叶干样约含水浸出物 40.92%、茶多酚 33.38%、氨基酸 1.96%、咖啡碱 4.18%、酚/氨 17.0；耐寒性、耐旱性均强。手工制晒青茶。

利用和保护意见：合理采摘，就地利用。

▲ 古茶树

8. JD2006-096 凤冠山白茶

产地：景东县景福乡岔河村凤冠山，位于100°40.4′E，24°20.6′N，海拔1860m。

特征特性：过渡型茶树。小乔木型，树姿半开张，长势强，树高6.5m，树幅5.2m×4.7m，基部干围1.68m，最低分枝高0.3m，分枝密，嫩枝有毛；叶芽黄绿色，茸毛多；中叶，平均叶片长11.1cm、宽4.9cm，最大叶片长14.4cm、宽4.4cm，叶椭圆形，叶色深绿，叶身稍内折，叶缘微波，叶面微隆起，叶质中，叶尖钝尖，叶基楔形，叶脉7对，叶缘细锯齿，叶背主脉茸毛多，鳞片3片；萼片5片，紫绿色，无茸毛；花冠大小3.3cm×2.8cm，花瓣9枚，花瓣长1.6cm、宽1.2cm，花瓣白色，质地中，雌蕊比雄蕊高，子房有毛，花柱长1.4cm，柱头3裂，裂位中；种子球形，种子大小1.7cm×1.6cm，种皮棕褐色；一芽二叶，鲜叶干样约含水浸出物44.17%、茶多酚29.93%、氨基酸1.50%、咖啡碱5.33%，酚/氨20；耐寒性中、耐旱性强。手工制晒青茶。

利用和保护意见：凤冠山白茶氨基酸含量特别低，咖啡碱含量特别高，作为特异资源可用于育种。在保护好母株的情况下，采用短穗扦插法繁殖扩大数量。合理采摘，原地保护。

9. JD2006-097 凤冠山红茶

产地：景东县景福乡岔河村凤冠山，位于100°40.4′E，24°20.6′N，海拔1880m。

特征特性：过渡型茶树。小乔木型，树姿半开张，长势较强，树高6m，树幅5m×4.3m，基部干围1.16m，最低分枝高0.4m，分枝密，嫩枝有毛；叶芽黄绿色，茸毛多；中叶，平均叶片长11cm、宽5cm，最大叶片长15.5cm、宽5.4cm，叶椭圆形，叶色绿，叶身稍内折，叶缘微波，叶面微隆起，叶质中，叶尖渐尖，叶基楔形，叶脉7对，叶缘细锯齿，叶背主脉茸毛多，鳞片4片；萼片5片，紫绿色，无毛；花冠大小4.7cm×4.2cm，花瓣11枚，花瓣长2.1cm、宽1.5cm，花瓣白色，质地中，雌雄蕊等高，子房有毛，花柱长1.1cm，柱头3（4）裂，裂位中；果实呈椭圆状或三角状球形，鲜果径2.1cm，果高2.2cm，鲜果皮厚1.9mm；种子球形，种子大小1.7cm×1.7cm，种皮棕褐色；耐寒性中、耐旱性强。手工制晒青茶。

利用和保护意见：凤冠山红茶花冠大，花瓣多达11枚，柱头有3（4）裂，对研究茶树分类和普洱茶的变异有重要价值。合理采摘，原地保护。

10. JD2006-107 箐门口坝茶

产地：景东县林街乡秀岩头村箐门口组，位于100°37.5′E，24°29.3′N，海拔1874m。

特征特性：过渡型茶树。小乔木型，树姿半开张，长势强，树高11m，树幅7.2m×4.5m，基部干围1.59m，分枝密，嫩枝有毛；叶芽绿色，茸毛多；大叶，平均叶片长13.7cm、宽5.7cm，最大叶片长15cm、宽6.6cm，叶椭圆形，叶色绿，叶身稍内折，叶缘波，叶面微隆起，叶质中，叶尖渐尖，叶基楔形，叶脉11对，最多12对，叶缘细锯齿，叶背主脉茸毛多，鳞片3片；萼片6片，紫绿色，有茸毛；花冠大小3.1cm×3cm，花瓣8枚，花瓣长1.7cm、宽1.4cm，花瓣微绿色，质地中，雌蕊比雄蕊低，子房有毛，花柱长1.2cm，柱头3（4）裂，裂位深；果实呈扁球形，鲜果径2.3cm，果高1.7cm，鲜果皮厚1.2mm；种子球形，种子大小1.6cm×1.6cm，种皮棕褐色；耐寒性中、耐旱性强。手工制晒青茶。

利用和保护意见：合理采摘，就地利用。

11. JD2006-115 清河大茶树

产地：景东县林街乡清河村南骂组，位于100°36.7′E，24°31.2′N，海拔1870m。

特征特性：过渡型茶树。小乔木型，树姿半开张，长势较强，树高7.8m，树幅4.8m×4m，基部干围1.7m，最低分枝高0.5m，分枝密度中，嫩枝有毛；叶芽绿色，茸毛少；大叶，平均叶片长12.9cm、宽5.8cm，最大叶片长16.8cm、宽7.4cm，叶椭圆形，叶色绿，叶身稍内折，叶缘微波，叶面微隆起，叶质中，叶尖渐尖，叶基楔形，叶脉9对，叶缘细锯齿，叶背主脉茸毛少，鳞片3片；萼片5片，绿色，无茸毛；花冠大小5.1cm×4.4cm，花瓣7枚，花瓣长2.3cm、宽2cm，花瓣微绿色，质地薄，雌雄蕊等高，子房无毛，花柱长1.3cm，柱头4裂，浅裂；果实呈椭圆状或三角状球形，鲜果径3.3cm，果高2.2cm，鲜果皮厚2.3mm；种子球形，种子大小1.8cm×1.6cm，种皮褐色；耐寒性中、耐旱性强。手工制晒青茶。

利用和保护意见：在分类研究上有重要价值。原地重点保护，禁止采叶制茶。

▲ 茶树与伴生物

12. ZY2006-013 河头大茶树

产地：镇沅县振太乡文帕村河头社小凹子，位于 100°43.5′E，23°52.5′N，海拔 2082m。

特征特性：过渡型茶树。小乔木型，树姿半开张，长势弱，树高 9.5m，树幅 7.8m×7.5m，最大干围 2.8m，最低分枝高 1m，分枝密，嫩枝有毛；叶芽紫红色，茸毛中；大叶，平均叶片长 12.9cm、宽 5.4cm，最大叶片长 16.5cm、宽 6cm，叶椭圆形，叶色黄绿，叶身内折，叶缘微波，叶面微隆起，叶质中，叶尖渐尖，叶基近圆形，叶脉 10 对，叶缘细锯齿，叶背主脉茸毛少，鳞片 3 片；萼片 5 片，色绿，无毛；花冠大小 4.9cm×4.7cm，花瓣 8 枚，花瓣长 2.1cm、宽 1.8cm，花瓣白色，质地薄，雌蕊比雄蕊高，子房有毛，花柱长 1.2cm，柱头 3（4）裂，裂位浅；果实呈三角状球形，鲜果径 3cm，果高 2.3cm，鲜果皮厚 3.6mm；种子球形，种子大小 1.8cm×1.5cm，种皮褐色，百粒籽鲜重 216g；耐寒性、耐旱性均中。手工制晒青茶。

利用和保护意见：河头大茶树在分类研究上有重要价值。原地重点保护，禁止采叶制茶。

13. LC2006-003 佛房老茶树

产地：澜沧县安康乡南栅村佛房寨，位于 99°42.3′E，23°9.1′N，海拔 1890m。

特征特性：过渡型茶树。小乔木型，树姿直立，长势较强，树高11m，树幅6.1m×5.5m，基部干围2.16m，最低分枝高0.3m，分枝密，嫩枝有毛；叶芽绿白色，茸毛多；大叶，平均叶片长12.6cm、宽5cm，最大叶片长14.2cm、宽6.5cm，叶椭圆形，叶色深绿，叶身内折，叶缘平，叶面微隆起，叶质中，叶尖渐尖，叶基楔形，叶脉12对，叶缘细锯齿，叶背主脉茸毛多，鳞片3片；萼片5片，绿色，无毛；花冠大小3.5cm×3.1cm，花瓣9枚，花瓣长1.5cm、宽1.4cm，花瓣白色，质地薄，雌雄蕊等高，子房有毛，花柱长1.3cm，柱头4裂，裂位中；果实呈三角状球形，鲜果径3.3cm，果高1.7cm，鲜果皮厚2.5mm；种子球形，种子直径1.6cm，种皮褐色；耐寒性、耐旱性均强。手工制晒青茶。

利用和保护意见：佛房老茶树在分类研究上有重要价值。合理采摘，原地保护。

14. LC2006-013 岔路大茶树

产地：澜沧县富东乡邦崴村梁子三组，位于99°56.3′E，23°7.4′N，海拔2030m。

特征特性：过渡型茶树。小乔木型，树姿半开张，长势强，树高9.4m，树幅6.5m×4.7m，基部干围1.55m，最低分枝高0.8m，分枝密，嫩枝有毛；叶芽紫红色，茸毛多；中叶，平均叶片长10.6cm、宽4.8cm，叶椭圆形，叶色深绿，叶身稍内折，叶缘平，叶面微隆起，叶质中，叶尖渐尖，叶基楔形，叶脉10对，叶缘细锯齿，叶背主脉茸毛多，鳞片3片；萼片5片，绿色，无毛；花冠大小4.9cm×4.1cm，花瓣7枚，花瓣长1.9cm、宽1.4cm，花瓣白色，质地薄，雌雄蕊等高，子房有毛，花柱长1.5cm，柱头4裂，浅裂；鲜果径3.9cm，果高2cm，鲜果皮厚1.9mm；种子球形，种子直径1.8cm，种皮褐色；春茶一芽二叶，鲜叶干样约含水浸出物43.11%、茶多酚26.94%、氨基酸1.98%、咖啡碱4.84%，酚／氨13.6；耐寒性、耐旱性均强。手工制晒青茶。

利用和保护意见：岔路大茶树在分类研究上有重要价值。合理采摘，原地保护。

15. LC2006-023 邦崴大茶树

产地：澜沧县富东乡邦崴村新寨，位于99°56.1′E，23°7.3′N，海拔1900m。

特征特性：过渡型茶树。小乔木型，树姿直立，长势强，树高11.8m，树幅9m×8.2m，根茎处干围3.58m，最低分枝高0.7m，分枝密，嫩枝有毛；叶芽黄绿色，茸毛多；大叶，平均叶片长12.6cm、宽5.1cm，叶椭圆形，叶深绿色，叶身平，叶缘平，叶面微隆起，叶质中，叶尖渐尖，叶基楔形，叶脉12对，叶缘细锯齿，叶背主脉茸毛多，鳞片4片；萼片5片，绿色，无毛；花冠大小5cm×4.7cm，花瓣11枚，花瓣长1.8cm、宽1.5cm，花瓣白色，质地薄，雌蕊比雄蕊高，子房有毛，花柱长1.8cm，柱头5裂，浅裂；果实呈三角状球形，鲜果径3.8cm，果高1.5cm，鲜果皮厚2.4mm；种子球形，种子直径1.7cm，种皮褐色；耐寒性、耐旱性均强。手工制晒青茶。

利用和保护意见：邦崴大茶树是著名的过渡型茶树，茶树长势强，在研究茶树演化和分类上具有重要价值。在树周围已设置了围栏设施，应以保护为主，适量采摘春茶。不宜作为旅游点开放，避免游人攀枝摘叶（花果），损伤茶树。

第八节　野生茶树居群

野生茶树居群是指自然繁衍的茶树相对集中在一个地域，占据一定的空间，在林相构成中形成一定的群居优势（但还构成不了群落），由组成单位发挥功能作用。经过普查，基本查清了普洱市野生茶树居群的分布范围和面积，主要在景东、镇沅、景谷、宁洱、澜沧、西盟等县内。在分布上具有带状和块状的特点，如无量山、哀牢山居群基本上呈带状分布，多在海拔2100～2700m的原始森林保护区内；呈块状分布的则在海拔886～1780m的常绿阔叶林间，少数在针阔混交林中。普洱市共有野生茶树居群78633hm²，比较集中成片的有19个居群（70531hm²），其中最大的无量山居群有16534hm²，最小的墨江芦山居群有473hm²。

一、无量山居群

▲ 人工种植茶园

无量山居群主要分布在景东县的锦屏镇、文龙镇、安定镇、漫湾镇、林街乡、景福镇、大朝山东镇，以及镇沅县的勐大镇白水村后山，即在海拔1600～2800m的无量山东西坡，位于

100°30′~100°50′E，24°13′~24°44′N，北起安定镇、漫湾镇，南至勐大镇，呈一狭带状，居群面积约16534hm²。该居群是普洱市老茶区之一，也是景东、镇沅的茶叶主产区。境内山高谷深，重峦叠嶂，地形复杂，气候垂直变化明显，雨量充沛，土壤肥沃。居群植被为山地常绿阔叶林，土壤主要为红壤、黄棕壤、棕壤。考察的样株俗称"大山茶""山茶""野茶""红格子茶"等，分类上属于大理茶，代表植株为景东县的秧草塘大山茶。

二、哀牢山居群

哀牢山居群主要分布在景东县的花山镇、大街镇、太忠镇、龙街乡，镇沅县的九甲镇、者东镇、和平镇，位于101°7′~101°27′E，24°3′~24°25′N，北起大街镇，南至者东镇。沿哀牢山主峰西坡呈带状分布，是哀牢山国家自然保护区的一部分，海拔1800~2450m，植被为山地常绿阔叶林，土壤为红壤、黄棕壤。那里雨量充足，土壤肥沃，居群面积约8164hm²，生长着目前发现的世界上最高大的千家寨大茶树（位于镇沅县九甲镇和平村）和石婆婆野茶，在形态特征上与东邻的双柏县鄂嘉大黑茶和新平县的者竜峨毛茶相似。它们对研究茶树的起源、演化和物种分布具有重要价值。

三、镇沅无量山支系居群

镇沅无量山支系居群主要分布在镇沅县的恩乐镇、勐大镇、按板镇、田坝乡，海拔1700~2150m的无量山支系山坡中上部，位于100°50′~101°3′E，23°45′~24°9′N，北至勐大镇平地村，南至田坝乡民主村。那里的植被为常绿阔叶林和针阔混交林，土壤为红壤和黄棕壤，居群面积约6657hm²，呈零星带状分布。居群中较为典型的有恩乐镇平掌村老茶塘野生茶树林，密度较大，最密处400m²内有144株，使茶树成了构群树种中的优势树种。样株在分类上属于大理茶，代表植株为老茶塘野茶。当地俗称的"镇沅野山茶"是山茶属植物滇南毛蕊山茶。

四、牛角尖山居群

牛角尖山居群主要分布在墨江县联珠镇与元江县、新平县交界处的哀牢山中上部，位于101°36′~101°38′E，23°38′~23°42′N，海拔1630~2278m，地势平缓，土壤为红壤和黄棕壤。野生茶树多分布在牛角尖山大草原边缘的灌木林中，居群面积约1727hm²，呈块状分布，密度较大。代表植株为牛角尖山野茶，分类上属于大理茶。

五、羊神庙大山居群

羊神庙大山居群主要分布在墨江县鱼塘乡、通关镇交界，海拔1500~2223m的羊神庙大山原始森林中，位于101°25′~101°27′E，23°8′~23°13′N。植被为常绿阔叶林，土壤为红壤、黄棕壤。居群面积约800hm²，呈块状分布。代表植株为羊神庙野生茶。

六、芦山居群

芦山居群主要分布在墨江县雅邑乡芦山村阿八丫口、大鱼塘箐、山星街边，位于101°40′~101°43′E，23°10′~23°12′N，海拔1700~2010m。植被为常绿阔叶林，土壤为红壤、黄棕壤。居群面积约473hm²，呈块状分布。代表植株为芦山野生紫芽茶，分类上属于大理茶。当地群众采制成晒青毛茶饮用。

七、苏家山曼竜山居群

苏家山曼竜山居群主要分布在景谷县益智乡、正兴镇、威远镇交界，海拔1400~2590m的大陆山，位于100°42′~100°46′E，23°19′~23°21′N。植被为常绿阔叶林，土壤为红壤、黄棕壤、棕壤。居群面积约967hm²，呈块状分布。以正兴镇黄草坝村的大水缸大绿茶1号和益智乡益智村的曼竜山野茶为代表，分类上属于大理茶。益智乡益智村的野生油茶是山茶属植物云南连蕊茶。

八、宁洱、景谷无量山支系居群

宁洱、景谷无量山支系居群主要分布在宁洱县的德安乡、把边乡、磨黑镇，以及宁洱镇后山与景谷县正兴镇以东部分，位于100°59′~101°6′E，23°10′~23°35′N，北至正兴镇和梅子乡，南至磨黑镇，呈带状分布。居群分布面积约8087hm²，是普洱市第三大野生茶树居群。茶树多在海拔1800~2400m的常绿阔叶林原始森林中，土壤主要为红壤、黄棕壤。大茶树较多，以宁洱县的困鹿山野生大茶树、干坝子大山茶、罗东山野生大茶树、丙龙山大叶茶为代表，分类上属于大理茶。该区是普洱茶主产地之一，当地群众多采制成晒青毛茶作为普洱茶原料。

九、板山居群

▲ 板山古茶树

板山居群主要分布在宁洱县的普义乡、勐先乡，海拔 1500～2290m 的板山上，位于 101°20′～101°27′E，22°52′～22°56′N，居群面积约 775hm^2，呈月牙形分布。植被为常绿阔叶林，土壤为红壤、黄棕壤。当地群众加工成晒青毛茶作为普洱茶原料。

十、大石房后山居群

大石房后山居群主要分布在宁洱县的黎明乡大石房后山和江城县康平乡交界地区，位于 101°21′～101°24′E，22°43′～22°48′N，海拔 1500～2100m。主要植被为常绿阔叶林，土壤为红壤和黄棕壤。居群面积约 788hm^2，呈 S 形带状分布。代表植株为岔河野茶，分类上属于大理茶。当地群众制晒青茶。

十一、大尖山居群

大尖山居群主要分布在江城县曲水乡大尖山，位于 101°53′E，22°36′N，海拔 1000～1200m。土壤为赤红壤，雨量充沛，土壤肥沃，气候温暖，植被为常绿阔叶林。居群分布面积约 625hm^2，呈块状分布。代表植株为芭蕉林箐苦茶，分类上属于德宏茶。

十二、帕岭、马打死、大空树、蚌潭居群

帕岭、马打死、大空树、蚌潭居群主要分布在澜沧县酒井乡、勐朗镇、发展河乡、糯扎渡乡的帕岭黑山、马打死梁子、大空树大山、蚌潭后山海拔 1550～2300m 的常绿阔叶林中，位于 100°5′～100°8′E，22°23′～22°28′N。土壤为红壤、黄棕壤。居群面积约 4488hm^2，呈块状分布。代表植株有发展河乡发展河村营盘草坝野茶，勐朗镇看马山村看马山野茶，分类上属于大理茶。

十三、大黑山居群

大黑山居群主要分布在澜沧县竹塘乡大黑山与西盟县交界处，位于 99°40′～99°44′E，22°46′～22°54′N，海拔 1700～2400m。植被为常绿阔叶林，土壤为红壤、黄棕壤、棕壤。居群面积约 2103hm^2，呈块状分布。代表植株为竹塘乡战马坡村的战马坡野茶，分类上属于大理茶；竹塘乡茨竹河村的茨竹河茶，分类上属于普洱茶，是混生在大理茶中间的栽培型茶树，这对研究普洱茶与大理茶的亲缘关系，以及它们自然杂交后代的利用都很有价值。

十四、龙潭居群

龙潭居群主要分布在西盟县力所乡、勐梭镇，位于 99°31′～99°40′E，22°33′～22°40′N，海拔 1000～1500m。植被为常绿阔叶林，土壤为赤红壤、红壤。那里热量充足，雨水充沛，居群面积约 5705hm^2，呈块状分布。代表植株为力所乡南亢村野茶和勐梭镇王莫村野茶，分类上属于大理茶。

十五、翁嘎科居群

翁嘎科居群主要分布在西盟县翁嘎科乡，位于99°28′~99°33′E，22°28′~22°33′N，海拔800~1500m。植被为常绿阔叶林和部分灌木次生林，土壤为赤红壤，雨水充沛。居群面积约2652hm^2，呈块状分布。代表植株为翁嘎科乡班岳村野茶，海拔886m，这是目前普洱市大理茶生长的最低海拔高度。

十六、佛殿山城子水库居群

佛殿山城子水库居群主要分布在西盟县老县城与缅甸交界处，位于99°26′~99°28′E，22°42′~22°48′N，海拔2000~2100m，是西盟海拔最高的野生茶居群。植被为常绿阔叶林原始森林，土壤为红壤、黄棕壤，土层较薄。居群面积约2144hm^2，呈块状分布。代表植株有勐卡镇马散村大黑山腊大理茶、城子水库滇南离蕊茶。当地群众均采摘这两种茶制晒青茶。滇南离蕊茶不是茶组植物，"虽有清香，但无茶味"，不宜被当作茶饮用。

十七、拉斯陇居群

拉斯陇居群主要分布在西盟县新厂、中课乡一带的拉斯陇山，位于99°29′~99°38′E，22°51′~22°54′N，海拔1700~2060m。植被为常绿阔叶林，但多为次生林，土壤为红壤。那里气候温和，雨量充沛，居群面积约1370hm^2，呈块状分布，茶树分布较稀。代表植株为中课乡嘎娄村的野茶，分类上属于大理茶。当地佤族人制晒青茶。

十八、野牛山居群

野牛山居群主要分布在西盟县力所乡后山的中上部，位于99°22′~99°27′E，22°38′~22°42′N，海拔1500~1900m。植被为常绿阔叶林，土壤为红壤，土质肥沃。居群面积约1028hm^2，分布集中。当地佤族人制晒青茶。

十九、腊福大黑山居群

腊福大黑山居群主要分布在孟连县勐马镇腊福大黑山，南与缅甸接壤，位于99°18′~99°25′E，22°6′~22°10′N，海拔1600~2550m。那里热量充足，雨水充沛。植被为常绿阔叶林，土壤为红壤和黄棕壤。居群面积约5444hm^2，呈块状分布。代表植株为勐马镇腊福村腊福大茶树，分类上属于大理茶。

第九节 古茶山

▲ 景迈山

古茶山又称"古茶园",一般指栽培年限在百年以上的茶园,多为群体品种,茶树呈零星状态、无蓬面和树势较衰老等特点。经过普查,基本查清了普洱市古茶山的分布范围和面积,主要在景东、镇沅、景谷、墨江、宁洱、江城、澜沧等历史上的茶叶主产区,呈块状或点状分布,茶树种植在海拔 828~2490m 的耕作区,多是粮茶间作。普洱市共有古茶山 12123hm^2,比较大的有 25 个,其中最大的景谷县文山古茶山有 1112hm^2,最小的宁洱县困鹿山古茶山有 77hm^2。

一、老仓福德古茶山

老仓福德古茶山主要分布在无量山东坡景东县安定乡的迤仓、中仓、外仓、河底、民福村和文龙乡的邦崴、邦迈、义昌村等,是彝族聚居区,海拔 1600~2100m。植被为山地常绿阔叶林和针阔混交林,常年平均气温 11.6℃~14.6℃,降水量 1280~1390mm。土壤为红壤和黄棕壤,夹有未风化的沙砾,沙性较重。古茶山面积约 463hm^2,呈块状分布,茶树为有性群体品种。茶园多

在村寨边，部分茶园是茶粮间作。代表植株有文龙乡邦迈村的山茶和安定乡迤仓村的勐库茶，分类上属于普洱茶。由于主要是勐库种（早年从双江勐库引进），自然条件优越，制成的普洱茶、红茶品质优，历来是普洱茶产地。种植密度稀，茶园管理较粗放，单产较低。

二、金鼎古茶山

金鼎古茶山主要分布在无量山西坡景东县林街乡的岩头、龙洞、箐头、丁帕、清河村，以及景福乡的金鸡林、公平、岔河、勐令村等，是彝族、汉族混居区，海拔1800～2000m。植被为山地常绿阔叶林，由于海拔高，常年平均气温10.6℃～14.6℃，降水量1292～1413mm。土壤为红壤和黄棕壤，土壤沙性较重。古茶山面积约320hm^2，呈零星块状分布，茶树为有性群体品种，部分茶园是茶粮间作。代表植株有景福乡金鸡林村金鸡林茶和林街乡岩头村大芦山茶，分类上属于普洱茶。本区是无量山古茶区之一，主要制普洱茶，品质优良。茶树密度稀，茶园管理较粗放，树势中等。

三、漫湾古茶山

漫湾古茶山主要分布在无量山西坡景东县漫湾镇的漫湾、安召、温竹村等，是彝族、汉族混居区，海拔1700～2300m。植被为山地常绿阔叶林和针阔混交林，常年平均气温13.6℃～14.6℃，降水量1291～1307mm。土壤为红壤和黄棕壤，夹有未风化的沙砾。古茶山面积约205hm^2，呈零星块状分布，茶树为有性群体品种，部分茶园是茶粮间作。代表植株有安召村家茶和温竹村茶，分类上属于普洱茶。本区同样是老茶区之一，主要生产晒青茶。茶树密度稀，茶园管理较粗放，树势中等。

四、御笔古茶山

御笔古茶山主要分布在无量山东坡景东县文井镇的山心村、丙必村、清凉村，以及锦屏镇的山冲村、黄草岭等，居民主要是彝族和汉族，海拔1700～2000m。植被为山地常绿阔叶林和针阔混交林，常年平均气温13.6℃，降水量1300mm。土壤为红壤，沙性较重。古茶山面积约279hm^2，呈块状分布，茶树为有性群体品种，茶园多在村寨边。代表植株有文井镇山心村茶和锦屏镇山冲村生态茶，分类上属普洱茶。主要生产晒青茶和烘青绿茶。茶园管理一般，树势较强。

五、哀牢山西坡古茶山

哀牢山西坡古茶山主要分布在哀牢山西坡中上部景东县龙街乡的东山村、和哨村，大街乡的大街村、气力村、三营村，以及花山乡的文岗村、营盘村、撒罗村、文岔村、芦山村等，居民主要为汉族和彝族，海拔1300～2100m。植被为山地常绿阔叶林和针阔混交林，由于海拔垂直高差大，常年平均气温12.6℃～17.6℃，年降水量1180～1320mm。土壤有赤红壤、红壤和黄棕壤。古茶山面积约457hm^2，呈块状和零星状分布，茶树为有性群体品种。茶园多在村寨边，与粮田混杂,有部分茶园粮茶间作。代表植株有花山乡芦山村大石房野茶,分类上属大理茶;龙街乡栘柅树村荃麻林大茶树,分类上属于普洱茶。这次普查发现茶园中混杂有大理茶,大理茶是早先种植的大山茶,因品质不及家茶而很少采制。本区是哀牢山古茶区之一,境内有茶马古道、拴马石桩、风雨桥等多处遗迹。茶树多零星种植,管理较好,树势较强,主要生产晒青茶。

六、振太古茶山

振太古茶山主要分布在无量山西坡镇沅县振太乡的山街、抬头、界牌、兴隆、塘房、沙河、文帕、长安、小寨、黄梨等地,是彝族、汉族混居区,海拔1377~1857m。植被为山地常绿阔叶林和针阔混交林,常年平均气温16℃~18.4℃,年降水量865~1270mm。土壤有赤红壤、红壤和紫色土。古茶山面积约883hm^2,呈零星块状分布,茶树为有性群体品种。汉族种茶已有250多年,茶园多在村寨边与粮田混杂,有部分粮茶间作。代表植株有山街村大茶树(又名"振太大茶树"和"小寨村大叶茶"),分类上属于普洱茶。本区是古茶区之一,主要生产晒青茶。茶园管理中等,树势强弱不一。

七、老乌山古茶山

老乌山古茶山主要分布在镇沅县按板镇的文立村、罗家村、那布村,以及振太乡的部分村,是彝族聚居区,海拔2057~2240m。植被为山地常绿阔叶林,常年平均气温14.1℃~15.2℃,年降水量1390~1502mm。土壤为红壤、黄棕壤。古茶山面积约417hm^2,呈块状分布,茶树为有性群体品种。彝族种茶已有500多年,茶园多在村寨边,与粮田混杂。代表植株有按板镇文立村的文立大茶树,分类上属于普洱茶。本区海拔高,茶叶品质优良,主要生产晒青茶。茶园管理中等,树势强。

八、田坝古茶山

田坝古茶山主要分布在镇沅县田坝乡的民强村、瓦桥村和按板镇的联盟村,是哈尼族和彝族的混居区,海拔1770~1816m。植被为山地常绿阔叶林和针阔混交林,常年平均气温16.5℃,年降水量1180~1215mm。土壤为红壤和紫色土。古茶山面积约200hm^2,呈块状分布,茶树为有性群体品种。茶园多在村寨边,与粮田混杂,代表植株有民强村的大叶茶,分类上属于普洱茶。茶叶品质优良,主要生产晒青茶。茶园管理中等,树势较强。

九、勐大古茶山

勐大古茶山主要分布在镇沅县勐大镇的大井、文况、文蒙、文开、文卜村等,是彝族、汉族的混居区,海拔1428~1910m。植被为山地常绿阔叶林和针阔混交林,常年平均气温15.8℃~18.1℃,年降水量920~1910mm。土壤为赤红壤和红壤。古茶山面积约252hm^2,呈块状零星分布,茶树为有性群体品种。茶园多在村寨边,与粮田混杂。代表植株有文况村砍盆箐茶,分类上属于普洱茶。茶叶品质优良，主要生产晒青茶。茶园管理差，树势弱。

十、马邓古茶山

马邓古茶山主要分布在镇沅县者东乡的麦地村、马邓村，是彝族、汉族混居区，海拔1760～1810m。植被为山地常绿阔叶林和针阔混交林，常年平均气温16.2℃，年降水量1118～1205mm。土壤为赤红壤、红壤。古茶山面积约117hm²，呈块状分布，茶树为有性群体品种。代表植株有麦地村大绿茶和马邓村老马邓茶，分类上属于普洱茶。本区主要生产烘青和晒青茶，马邓茶是镇沅县传统名茶。茶园管理中等，树势较强。

▲ 茶山植被

十一、文山古茶山

文山古茶山主要分布在景谷县景谷乡的文山村、景谷村、文召村、云盘村、文联村、团山村、文东村，居民主要是汉族，海拔1610～2010m。植被为山地常绿阔叶林和针阔混交林，常年平均气温20.3℃，年降水量1296mm。土壤为红壤和黄棕壤。古茶山面积约1112hm²，呈块状分布，茶树为有性群体品种。代表植株有文山村勐库茶和云盘村红橄榄茶（细格茶），分类上均属于普洱茶。本区主要生产晒青茶。茶园管理中等，树势较强。

十二、秧塔古茶山

秧塔古茶山主要分布在景谷县民乐镇的大村、白象村、桃子村、民乐村，居民主要是汉族，海拔1110～1780m。植被为山地常绿阔叶林和针阔混交林，常年平均气温18.7℃，年降水量1530mm。土壤为赤红壤和红壤。古茶山面积约114hm²，呈块状分布，茶树为有性群体品种。代表植株有大村的秧塔大白茶和白象村大叶子茶，分类上均属于普洱茶。茶叶品质优良，主要生产晒青茶。茶园管理中等，树势较强。

十三、南板黄草坝古茶山

南板黄草坝古茶山主要分布在景谷县凤山乡的平田村、顺南村、南板村，居民主要是汉族，海拔1710~2350m。植被为山地常绿阔叶林和针阔混交林，常年平均气温18.7℃，年降水量1530mm。土壤为红壤和黄棕壤。古茶山面积约458hm^2，呈块状分布，茶树为有性群体品种。代表植株有平田村的细红茶，分类上属于普洱茶。在顺南村零星有大理茶分布。茶叶品质优良，主要生产晒青茶。茶园管理中等，树势较强。

十四、联合龙塘古茶山

联合龙塘古茶山主要分布在景谷县威远镇的龙塘村、联合村，居民主要是彝族，海拔1510~1760m。植被为山地常绿阔叶林和针阔混交林，常年平均气温20.1℃，年降水量1341.8mm。土壤为红壤和紫色土。古茶山面积约335hm^2，呈块状分布，茶树为有性群体品种。代表植株有龙塘村本地大叶茶和联合村本地大叶茶，分类上属于普洱茶。茶叶品质优良，主要生产晒青茶。茶园管理中等，树势强（龙塘村大李培地长势弱）。

十五、团结古茶山

团结古茶山主要分布在景谷县永平镇的团结村，海拔1090m，居民主要是汉族。植被主要是针阔混交林，常年平均气温20℃，年降水量1410mm。土壤为赤红壤。古茶山面积约198hm^2，呈状块分布，茶树为有性群体品种。汉族种茶已有120多年，代表植株有团结村刚榨茶，分类上属于白毛茶。本区主要生产晒青茶。茶园管理中等，树势较强。

十六、须立贡茶古茶山

须立贡茶古茶山主要分布在墨江县联珠镇的菜园村、班中村、碧胜村、勇溪村，居民主要是哈尼族，海拔1400~1460m。植被为山地常绿阔叶林和针阔混交林，常年平均气温16.9℃~18℃，年降水量1322.7~1435mm。土壤为赤红壤、红壤。古茶山面积约643hm^2，呈块状分布，茶树为有性群体品种。代表植株有菜园村大叶绿茶和碧胜村须立贡茶，分类上属于普洱茶。菜园村茶园管理好，树势强，但碧胜村由于树龄高，管理差，长势弱。本区是墨江县著名历史名茶须立贡茶的主产地，联珠镇又是茶马古道的著名驿站，主要生产烘青和晒青茶，品质优良。

十七、龙坝古茶山

龙坝古茶山主要分布在墨江县通关镇龙坝乡的竜宾村、勐里村、大七多村、竜场村、打洞

村、石头村、曼婆村等，居民主要是哈尼族，海拔 1300～1700m。植被为山地常绿阔叶林和针阔混交林，常年平均气温 15℃～17.9℃，年降水量 1350mm。土壤为红壤和黄红壤。古茶山面积约 287hm^2，呈块状和零星状分布，茶树为有性群体品种。本区主要生产烘青和晒青茶，品质优。茶园管理一般，树势中等。

十八、通关古茶山

通关古茶山主要分布在墨江县通关镇的永平村、新武村、景坝村、毕库村等，通关镇是茶马古道普洱至昆明一线的必经之地，居民主要是哈尼族，也有部分汉族杂居，海拔 1520～1820m。植被为山地常绿阔叶林和针阔混交林，常年平均气温 14.9℃～16.8℃，年降水量 1391mm。土壤为红壤和黄棕壤。古茶山面积约 287hm^2，呈块状分布，茶树为有性群体品种。代表植株有永平村大叶绿茶和新武村大叶绿茶，学名待定。主要生产烘青和晒青茶，品质优良。茶园管理一般，树势中等。

十九、坝溜古茶山

坝溜古茶山主要分布在墨江县坝溜乡的老朱村、联珠村、老彭村、骂尼村，是哈尼族和汉族混居区，海拔 1630～1885m。植被为山地常绿阔叶林和针阔混交林，常年平均气温 11.9℃～16.4℃，年降水量 2197mm。土壤为红壤。古茶山面积约 247hm^2，呈零星状和块状分布，茶树为有性群体品种。代表植株有老朱寨玛玉茶和联珠村羊八寨玛玉茶，分类上均属于普洱茶。主要生产晒青茶和烘青茶，品质优。茶树密度稀，茶园管理中等，树势强。

二十、迷帝贡茶古茶山

迷帝贡茶古茶山主要分布在墨江县新抚乡的界牌村、新塘村、班包村、那宪村，是汉族和哈尼族混居区，海拔 1300～1940m。植被为山地常绿阔叶林和针阔混交林，常年平均气温 14.2℃～18.3℃，年降水量 1293mm。土壤为红壤和黄棕壤。古茶山面积约 195hm^2，呈零星状和块状分布，茶树为有性群体品种。代表植株有界牌村迷帝茶场的迷帝贡茶，分类上属于普洱茶。迷帝贡茶是墨江县历史名茶之一，主要生产晒青茶和烘青茶，品质优。茶园管理一般，树势中等。

二十一、景星豪门古茶山

景星豪门古茶山主要分布在墨江县景星乡的新华村、景星村、正龙村，居民主要是汉族和哈尼族，海拔 1530～1990m。植被为山地常绿阔叶林和针阔混交林，常年平均气温 14.2℃～16.9℃，年降水量 1360mm。土壤为红壤、黄棕壤和紫色土。古茶山面积约 283hm^2，呈块状和零星状分布，茶树为有性群体品种。代表植株有新华村大团叶绿芽茶和景星村中叶茶，分类上属于普洱茶。本区主要生产晒青茶和烘青茶。茶园管理一般，树势较强。

二十二、困鹿山古茶山

困鹿山古茶山主要分布在宁洱县宁洱镇的宽宏村、西萨村、谦岗村，居民主要是哈尼族和汉族，海拔 1090～1640m。植被为山地常绿阔叶林和针阔混交林，常年平均气温 16.5℃～19℃，年降水量 1700mm。土壤为赤红壤、红壤。古茶山面积约 77hm^2，呈块状分布，茶树为有性群体品种。宽宏村哈尼族种茶已有 400 多年，西萨村种茶有 160 多年，茶园多在村寨边，粮茶间作。代表植株有宽宏村困鹿山大叶茶和西萨村大叶茶，分类上均属于普洱茶。当地俗称的"细叶茶"为白毛茶。困鹿山作为清朝时期的贡茶产地茶园，茶叶品质优良，主要生产晒青茶。茶园管理较好，树势较强。

▲ 困鹿山古茶园

二十三、国庆古茶山

国庆古茶山主要分布在江城县国庆乡的洛捷村、么等村、田房村、嘎勒村等，居民主要是彝族，在嘎勒村有拉祜族居住，海拔 1100～1350m。植被为南亚热带季风常绿阔叶林，常年平均气温 19.2℃，年降水量 2360mm，湿热多雨为其主要气候特征。土壤为赤红壤。古茶山面积约 387hm^2，呈块状分布，茶树为有性群体品种。田房村彝族种茶已有 200 多年，茶园多在村寨边，部分茶园粮茶间作。代表植株有洛捷村普家村老树茶和田房村田房大树茶，分类上均属于普洱茶。国庆古茶山是江城县主要产茶区，茶叶品质优良，主要生产晒青茶。茶园管理参差不一，树势强弱不一。

二十四、文东古茶山

文东古茶山主要分布在澜沧县文东乡的小寨村、帕赛村、水塘村、栘㭴树村，其中小寨村、水塘村、栘㭴树村的居民主要是佤族，帕赛村的居民是汉族，海拔 1740～1970m。植被为山地常绿阔叶林，常年平均气温14.5℃～16℃，年降水量1200mm。土壤为红壤和黄棕壤。古茶山面积约96hm²，呈块状分布，茶树为有性群体品种。小寨村佤族种茶已有500多年，帕赛村汉族种茶也有450年，茶树散生，多粮茶间作。代表植株有小寨村老茶树和帕赛村老茶树，分类上均属于普洱茶。茶叶品质优良，主要生产晒青茶。茶园管理较好，树势强。

二十五、景迈古茶山

景迈古茶山是云南省著名的古茶山之一，也是澜沧县主要产茶区，主要分布在该县惠民乡的芒景村、景迈村等，有布朗族、傣族、哈尼族居住，海拔1100～1570m。植被为山地常绿阔叶林，常年平均气温16.5℃～19℃，年降水量1400～1450mm。土壤为赤红壤和红壤。古茶山面积约1095hm²，呈块状分布，茶树为有性群体品种，茶园集中成片。代表植株有芒景村芒洪古茶和景迈村古茶，分类上均属于普洱茶。茶叶品质优，主要生产晒青茶。茶园管理中等，树势强弱不一。

2012年11月，普洱景迈山古茶林成功入选《中国世界文化遗产预备名单》；2013年5月，普洱景迈山古茶林被国务院公布为第七批全国重点文物保护单位；2021年2月2日，普洱市政府主要负责人在普洱市两会上做政府工作报告中提出，景迈山古茶林文化景观已被国务院批准为中国2022年正式申报世界文化遗产项目；2022年，第45届世界遗产委员会会议（世界遗产大会）延期到2023年9月举办，"普洱景迈山古茶林文化景观"作为中国提名"世界遗产名录"的唯一项目接受审议。

▲ 景迈古茶山

第十节　普洱景迈山古茶林文化景观被列入世界遗产

当地时间 2023 年 9 月 17 日 15 时 34 分（北京时间 20 时 34 分），在沙特阿拉伯首都利雅得举行的第 45 届世界遗产大会上，随着大会主席的落槌，中国提交的"普洱景迈山古茶林文化景观"（Cultural Landscape of Old Tea Forests of the Jingmai Mountain in Pu'er）项目经世界遗产委员会审议被获准列入世界文化遗产名录，成为中国第 57 项世界遗产。

普洱景迈山古茶林文化景观历经 13 年申遗，成为云南省第 6 项世界遗产，填补了全球茶叶世界文化遗产的空白。景迈山古茶林的核心价值首先在其千年万亩古茶林，有着"茶叶天然林下种植方式的起源地"和"人类茶文化历史自然博物馆"的美誉。它为研究茶树起源、演化、人工驯化与传播，以及厘清茶树物种起源与早期驯化栽培之间关系提供了真实而强有力的证据。

▼ 景迈山古茶林入口

中国文物学会会长、故宫博物院原院长单霁翔表示,中国茶文化源远流长,有着极其深厚的底蕴,景迈山古茶林因其"古"和"林"而独树一帜。相较于世界上其他著名的梯田式、农庄式台地茶园,景迈山古茶林不仅历史更悠久,其传统的林下种植方式和利用森林生态系统稳定性的维护方式更具有鲜明的特色。

普洱景迈山古茶林文化景观位于中国云南省普洱市澜沧拉祜族自治县惠民镇,是一处由古茶林、茶园、森林和传统村寨构成且不断演进的文化景观。布朗族和傣族在这里的土地利用和实践可追溯至10世纪。世居民族在长期探索实践的基础上形成了智慧的林下茶种植技术并传承至今,是原始森林农业和人类茶种植模式的典范。普洱景迈山古茶林文化景观体现了人地和谐的朴素生态伦理和智慧,对当今世界可持续发展具有启示意义。

▲ 普洱市天下普洱茶国有限公司(普洱市人民政府直属公司)选用景迈山1800年古茶树原料制作的景迈春香系列茶

一、普洱景迈山古茶林文化景观

普洱景迈山古茶林文化景观遗产区面积7167.89公顷,缓冲区11927.85公顷,遗产要素包括5片古茶林、3片分隔防护林和9个传统村落。

云南普洱景迈山的大叶种茶是耐阴、喜温、喜湿的作物,当光强达到80%左右时,茶树达到最佳生长状态与最大产量。景迈山先民逐渐了解了茶树的生长习性,模拟并利用森林生态环境,在天然林中砍除部分乔灌木,保留一定的遮阴乔木,然后栽种茶树,养护茶园。这种古老而特殊的林下种植技术使古茶林呈现出明显的乔木层—灌木层(茶树主要分布层)—草本层的"上—中—下"立体群落结构。

独特的林间和林下种植方式，使景迈山古茶林具有与天然林十分相似的、丰富的生物多样性。古茶林的物种数、丰富度指数、多样性指数和均匀度指数与天然林极为相似，且明显高于相对单调的现代茶园。

在景迈山古茶林文化景观申遗"四中心"展厅，生物多样性得到了完整呈现：篦齿苏铁、翠柏、红椿、金荞麦等14种我国重点保护野生植物与茶树共生，野生动物更是不计其数。

一方面，良好的植物、动物多样性使物种间形成相互制约的关系，可有效抑制病虫害发生；另一方面，上层乔木的落叶为茶树的生长提供了丰富的有机养料，有效地维持了古茶林生态系统的稳定性。

二、和谐的古村落

传统村落具有十分悠久的历史。布朗族先民在7世纪的唐代便从今中国瑞丽和缅甸佤邦一带迁徙至此，而后傣族先民也由今中国瑞丽地区远道而来。他们在景迈山定居，以种茶为生，相互交流，和谐共处，共同建设着美丽的茶山家园。

申报遗产区包含北部白象山脉的景迈村和南部芒景山脉的芒景村两个行政村。前者包括芒埂、勐本、景迈大寨、糯岗等4个傣族村寨，后者则包括翁基、芒景上寨、芒景下寨、芒洪、翁洼等5个布朗族村寨。各类建筑中，传统建筑比例高达40%以上。

三、丰富的茶文化

普洱景迈山地区少数民族在漫长的历史生活中，与茶相伴、以茶为生，形成了林茶互生、人地共荣的独特人文景观，并衍生出种茶、采茶、食茶、制茶、饮茶、品茶等极为丰富的茶文化，具有鲜明的地域特色和浓厚的民族特色。

茶文化在景迈山的传统饮食、民俗风情、民居装饰、婚丧嫁娶、宗教崇拜中被体现得淋漓尽致，并深刻影响着世居民族的价值观念和生产生活。

四、突出的遗产价值

回望普洱景迈山古茶林文化景观申遗之路，走过了整整13个年头。2010年，普洱景迈山古茶林文化景观申遗工作全面启动。该项目于2013年被列入预备名录，2021年为中国提交的申报项目，2022年完成国际古迹遗址理事会（ICOMOS）现场考察，获得咨询机构"推荐列入"，具有符合OUV价值标准（ⅲ）（ⅴ）的潜质。

标准（ⅲ）：普洱景迈山古茶林文化景观是林下种植茶树传统的突出见证。这一种植传统使不同的土地利用形式在空间分布上实现了互补，为支撑古茶林的种植和为居住在这一有机演进文化景观的社群提供了生态系统和微气候。千年来，布朗族和傣族通过实践"部落—政府—宗教""三位一体"的社会治理体系，维系了这些传统。这一治理体系构建在茶祖信仰基础上，保护了自然

走进云南茶树王国

▲ 景迈山森林植被

资源，并保存了古茶林。传统实践活动认真考虑山地气候、地形特征和本地动植物群落等条件，体现了保护文化与生物多样性的重要性。

▲ 普洱茶协会监制非遗人家

▲ 世界非物质文化遗产景迈山申遗成功首制纪念：世遗茶山（生茶）

▲ 世界非物质文化遗产景迈山申遗成功首制纪念：非遗人家（熟茶）

▲ 世界非物质文化遗产景迈山申遗成功（普洱茶协会监制，景迈村出品）纪念茶：世遗茶山

标准（ⅴ）：普洱景迈山古茶林文化景观是在结合水平和垂直土地利用方式基础上的可持续土地利用系统的杰出典范。这一土地利用系统能在景迈山的山地环境下对自然资源进行互补利用，是体现布朗族和傣族与易受现代化、城市开发和气候变化负面影响的挑战性环境互动的杰出典范。传统村寨的选址和格局，以及民居的风格都体现了布朗族和傣族的文化与传统。

华中师范大学特聘教授范建华及其博士生邓子璇在《景迈山古茶林文化景观的价值意蕴与申遗意义》一文中提到，景迈山从过去到现在一直处于有机演进的历程中，其历史和文化没有中断，主体民族没有发生更替，古茶林的位置及茶树品种也未曾改变，茶产业和传统民居建筑发展、原住族群茶树资源利用的每个历史阶段在此都有完整的物质文化与非物质文化例证。正是这些真实生动的人文印记和得天独厚的地理优势，造就了景迈山多元化的文化遗产价值。价值辨识是文化景观遗产认定的核心要义，景迈山古茶林文化景观符合 OUV 价值标准（ⅲ）和（ⅴ）。在漫长的历史长河中，景迈山的景观内容不断发生动态演化，景观价值也在不断延续和沉积。全面、准确地厘清普洱景迈山古茶林文化景观的遗产价值，既是深层次诠释该遗产所具备的普遍价值的有效方式，也是申遗成功后实现遗产长效、有序保护和可持续发展的现实所需。

2019年11月普洱市人民政府主办"助力普洱景迈山茶林文化景观申遗暨普洱茶健康中国对话会"

2023年10月28日由普洱市人民政府主办"北京·景迈之约'普洱景迈山古茶林文化景观'申遗成功文化推介"会

第二章 茶的起源与历史发展

Chapter 2

第一节　走进茶的国度——中国茶的起源

一、茶的起源与发展

"神农尝百草，日遇七十二毒，得茶而解之"，这是关于中国茶出现最早的记载。如今，茶已经成为人们生活中必不可少的饮品，无论是"柴米油盐酱醋茶"还是"琴棋书画诗酒茶"，几乎每个中国人都对茶有独特的热爱和审美。

中国是茶的故乡，也是茶文化的发源地。茶的发现和利用在中国已有4700多年的历史，且长盛不衰，传遍全球。茶是中华民族的举国之饮，发于神农氏，闻于鲁周公，兴于唐朝，盛于宋朝，普及于明清时期。中国茶文化糅合佛、儒、道诸派思想而独成一体，是中国文化中的一朵奇葩！同时，茶已成为全世界最大众化、最受欢迎、最有益于身心健康的绿色饮料。茶融天地人于一体，提倡"天下茶人是一家"。

汉族人饮茶注重一个"品"字，只要来了客人，沏茶、敬茶的礼仪就必不可少。当有客来访时，可征求客人意见，选用最合适的口味和最佳茶具待客。在以茶敬客时，对茶叶进行适当拼配也是必要的。主人在陪伴客人饮茶时，要注意客人杯、壶中的茶水残留量。一般用茶杯泡的茶，如已喝去一半，就要添加开水，随喝随添，使茶水浓度基本保持一致，水温适宜。在饮茶时，可适当佐以茶食、糖果、菜肴等，达到调节口味和点睛之效。

那么，我国究竟从何时开始饮茶？大体上开始于汉，盛行于唐。唐以前，陆羽所著《茶经》卷下《六茶之饮》谓："茶之为饮，发乎神农氏，闻于鲁周公，齐有晏婴、汉有扬雄、司马相如，吴有韦曜，晋有刘琨、张载、远祖纳、谢安、左思之徒，皆饮焉。"神农《食经》有云，"茶茗久服，有力悦志"（刘源长《茶史》卷一），然而《食经》为伪书，尚不足为据。《尔雅》有"苦荼"之句，仍不足为饮茶起始之证。

世界很多地方的饮茶习惯都是从中国流传过去的，我国茶的历史发展大致可分为以下几个重要节点。

一是神农时期。唐陆羽《茶经》："茶之为饮，发乎神农氏。"在中国的文化史上，往往把一切与农业、植物相关的事物起源归结于神农氏，如此神农成为农之神、茶之祖。

二是西周时期。晋常璩《华阳国志·巴志》："周武王伐纣，实得巴蜀之师……茶蜜……皆纳贡之。"这一记载表明，早在武王伐纣时，巴国就已经以茶与其他珍贵产品纳贡于周武王了，其中还记载，那时已经有了人工栽培的茶园。

三是秦汉时期。西汉王褒《僮约》中有"烹荼尽具""武阳买荼"，经考证该"荼"即指茶。长沙马王堆汉墓中发现的陪葬清册中有"？一笥"和"？一笥"竹简文和木刻文，经查证"？"即"槚"的异体字，说明当时湖南地区饮茶范围颇广。而今，我们仍饮用着与祖先如姜太公相同的古老饮料，确实是令人心潮澎湃的事情。

四是宋元时期。茶区继续扩大，种茶、制茶、点茶技艺精进。宋代茶文化发达，出现一批茶学著作，如蔡襄的《茶录》、宋子安的《东溪试茶录》、黄儒的《品茶要录》，特别是宋徽宗赵佶所著的《大观茶论》等。宋元之际，刘松年的《卢仝烹茶图》、赵孟頫的《斗茶图》等更是中国茶文化的艺术珍品。

在古代史料中，有关茶的名称有很多，但"茶"终是正名。"茶"字在中唐之前一般被写作"荼"字。"荼"字有一字多义的性质，表示茶叶只是其中一项。随着茶叶生产的发展，饮茶的普及程度越来越高，"荼"字的使用频率也越来越高，民间的书写者为了将茶的意义表达得更清楚、更直观，便把"荼"字减去一画，成了我们现在看到的"茶"字。

"茶"字从"荼"字简化的萌芽，始于汉代。古汉印中，有些"荼"字已被减去一画，有"茶"字之形了。不仅字形，茶的读音也在西汉确立，如湖南省的茶陵，西汉时曾是刘欣的领地，俗称"荼王城"，是当时长沙国13个属县之一，称为"荼陵县"。在《汉书·地理志》中，关于荼陵的"荼"字，颜师古注为"音弋奢反，又音丈加反"。这个反切注音，就是现在茶字的读音。从这个现象来看，荼字读音的确立要早于字形的确立。在史料中，有关茶的名称很多，到了中唐时，茶的音、形、义已趋于统一，后来又因陆羽的《茶经》广为流传，茶的字形进一步确立，直至今天。

在中国古代文献中，很早便有关于食茶的记载，而且随产地不同而有不同的名称。早在西汉时期，中国的茶便传到了国外，汉武帝时曾派使者出使印度支那半岛，所带的物品中除黄金、锦帛外，还有茶叶。南北朝时期，齐武帝永明年间，中国茶叶随出口的丝绸、瓷器传到了土耳其。唐顺宗永贞元年（公元805年），日本最澄禅师回国，将中国的茶籽带回日本。尔后，茶叶从中国不断传往世界各地，许多国家开始种茶，并且有了饮茶的习惯。

但是，有人找到证据指出，不仅中国是饮茶习惯的发源地，其他一些地方也是饮茶的发源地，如亚洲的印度、非洲。1823年，一个英国少校在印度发现了野生的阿萨姆邦大茶树，从而认定茶的发源地在印度，或至少印度也是发源地。中国也有野生大茶树的记载，主要集中在西南地区，记载中包含了甘肃、湖南的个别地区（茶树是一种很古老的双子叶植物，与人们的生活密切相关）。

在国内，关于人工栽培茶树最早的文字记载始于西汉的蒙山茶，在《四川通志》中有记载。而关于茶的起源的历史则有着很大的地域之分。《晏子春秋·内篇杂下》谓，"晏子相齐，衣十升之布，食脱粟之食，五卵、茗菜耳矣"，以为饮茶始于春秋时代，然《晏子春秋》非齐晏婴所作，所以难以成立。且万蔚亭辑《困学纪闻集证》云："（槐按）今本《晏子春秋·内篇杂下》炙三弋五卵苔菜，考《御览》卷八百六十七引作茗菜，载入茗事中……"虽作茗，但既言茗菜，恐非茗饮之茗，故茗饮之事不见于经。世又以诗之"谁为荼苦"为饮茶之证，不知此茶乃"苦菜"之"荼"，而非"苦茶"之茶，不能张冠李戴。春秋战国恐无饮茶之风，故《周礼·天官·家宰第一》言浆人供王之六饮：一曰水，二曰浆，三曰醴，四曰凉，五曰医，六曰酉。尚未见饮茶。

自汉以后，饮茶之记载时有所闻，三国时吴孙皓每饮群臣酒，率以七升为限，韦曜不过两升，或为裁减，或赐茶茗以当酒（《三国志·吴志·韦曜传》）。以时茶茗，恐已为招待宾客之用，不然宴会中，何以有茶？晋张华尝谓"饮真茶，令人少眠"（张华《博物志》），表示晋亦有饮茶之风，所以茶茗之起由来已久。唐裴汶《茶述》谓："茶起于东晋，盛于今朝（唐朝）。"故误。《洛阳伽蓝记》谓饮茶始南朝梁武帝天监年间，尤误。所谓饮茶之风，开始于汉魏可，盛行于汉魏则不可，因南北朝时此风尚未普遍，何论于汉魏？关此《茶史杂录》引逸事两则如下。

齐王萧初入魏，不食羊肉酥浆，常饭鲜鱼羹，渴饮茗汁，京师士子，见萧一饮一斗，号为漏卮，后与高祖会食羊肉酪粥，高祖怪问之，对曰，羊是陆畜之宗，鱼是水族之长，所好不同，并各称珍，唯茗不中，与酪作奴。高祖大笑，因号茗饮为酪奴，他日彭成王掘献谓萧曰："卿明日顾我为卿设茶莒之餐（鱼）亦有酪奴。"

萧正德归降时，元义欲为设茗，先问卿于水厄多少，正德不晓其意，答曰：下官生于水乡，立身以来，未遭阳侯之难。坐客大笑。

而饮茶风气之兴，始于唐代。唐代民众喝茶成癖。东坡诗云："周诗记苦荼，茗饮出这世。"乃以今之茶为荼。自唐以来，茶以清头目，上下好之，庶民日饮数碗，确成风矣。

中国饮茶起源于神农的说法因民间传说而衍生出不同的观点。有人认为，茶是神农在野外以釜煮水时，刚好有几片叶子落进釜中，煮好的水汤色微黄，入口甘甜生津止渴、提神醒脑，神农以过去尝百草的经验判断它是一种新药而被发现。这是有关中国饮茶起源最普遍的说法。另有说法则是从语音上加以解释，说神农有个透明的肚子，由外观可见食物在胃肠中蠕动的情形。当他尝茶时，发现茶在肚内到处流动，"查"来"查"去，把肠胃洗得干干净净，因此神农称这种

▲ 杨洋老师展示泡茶流程

植物为"查",再转成"茶"字。

后世有很多经典茶诗流传,广为诵读,同时可以证明人们对于信仰的追求。

咏茶叶

王心鉴

千挑万选白云间,铜锅焙炒柴火煎。

泥壶醇香增诗趣,瓷瓯碧翠泯忧欢。

老聃悟道养雅志,元亮清谈祛俗喧。

不经涅槃渡心劫,怎保本源一片鲜。

茶朵芬

蔡常志

黑白红绿青黄普,谁摘茶叶凌空舞,雨后复斜阳,茶山阵阵苍,清明采茶急,茶香满山飘,装点此商城,今朝更好看。

走笔谢孟谏议寄新茶(节选)(又称《七碗茶诗》)

卢仝

一碗喉吻润,二碗破孤闷。三碗搜枯肠,唯有文字五千卷。四碗发轻汗,平生不平事,尽向毛孔散。五碗肌骨清,六碗通仙灵。七碗吃不得也,唯觉两腋习习清风生。蓬莱山,在何处?玉川子,乘此清风欲归去。

从这些经典茶诗中不难看出,人们对于茶文化的追求经久不衰。茶之所以能够流传至今,是因为它的历史源远流长。在原始社会后期,茶叶成为用于交换的物品。至武王伐纣时,茶叶已作为贡品。到战国时期,茶叶饮用已有一定规模。先秦《诗经》中有茶的记载。到汉朝,茶叶成为佛教"坐禅"的专用滋补品。魏晋南北朝时期,已有饮茶之风。隋朝时期,全民普遍饮茶。唐朝时期,茶业昌盛,茶叶成为"人家不可一日无",出现茶馆、茶宴、茶会,提倡客来敬茶。宋朝时期,流行斗茶、贡茶和赐茶等。清朝时期,曲艺进入茶馆,茶叶对外贸易发展。

茶文化是伴随商品经济的出现和城市文化的形成而孕育的。历史上的茶文化注重文化意识形态,以雅为主,着重表现诗词书画、品茗歌舞。茶文化在形成和发展过程中,融入了儒家、道家和释家的哲学色泽,并演变为各民族的礼俗,成为优秀传统文化的组成部分和独具特色的文化模式。

同时,茶文化的精神文明属性为其注入了新的活力。我国物质文明建设和精神文明建设的发展,赋予了茶文化新的内涵,在新时期,茶文化内涵及其表现形式不断扩大、延伸、创新和发展。新时期茶文化融入现代科学技术、现代新媒体和市场经济精髓,使茶文化的价值功能更加显著,对现代化社会的作用进一步增强。茶的价值使茶文化的核心意识进一步确立,国际交往日益频繁。

新时期茶文化传播形式呈现出大型化、现代化、社会化和国际化发展趋势，其内涵迅速膨胀，影响作用日益扩大，为世人瞩目。

一方水土养育一方茶，名茶、名山、名水、名人、名胜……孕育出各具地域特色的茶文化。中国幅员辽阔，茶类繁多，饮茶习俗各异，加之各地的历史、文化、生活及经济差异，形成各具特色的茶文化。自1994年起，上海已连续举办4届国际茶文化节，彰显了都市茶文化的特点与魅力。

时至今日，西方国家对茶的痴迷也达到了一定程度，古老的中国传统茶文化同各国的历史、文化、经济及人文相结合，演变成英国茶文化、日本茶文化、韩国茶文化、俄罗斯茶文化及摩洛哥茶文化等。日本的煎茶道、中国台湾地区的泡茶道都来源于中国广东潮州的工夫茶。在英国，饮茶成为人们生活的一部分，是英国人表现绅士风度的一种礼仪，也是英国皇室生活中必不可少的环节和重大活动中必需的程序。日本茶道虽源于日本本土但受到中国的影响，具有浓郁的日本民族风情，并形成独特的茶道体系、流派和礼仪。茶人不分国界、种族和信仰，茶文化可以把全球茶人联合起来，切磋技艺、学术交流和经贸洽谈。

那么，人们是怎么养成饮茶习惯的呢？

"祭品说"认为，茶与其他植物最早是作为祭品，后来有人尝食才发现食而无害，便"由祭品而菜食，而药用"，最终成为饮料。

"药物说"认为，茶"最初是作为药被引入人类社会的"。《神农百草经》中写道："神农尝百草，日遇七十二毒，得茶而解之。"

"食物说"认为，"古者民茹草饮水""民以食为天"，食在先符合人类社会的进化规律。

"同步说"认为，"最初利用茶的方式方法，可能是作为口嚼的食料，也可能作为烤煮的食物，同时也逐渐为药料饮用"。这几种方式的比较和积累最终发展成为"饮茶"，而"饮茶"是最好的方式。

二、茶与历史名人

"茶圣"陆羽

提到茶的历史，就不得不说茶的历史名人，如果没有他们的贡献，茶文化难以流传至今。

"茶圣"陆羽（约733—约804年），字鸿渐，唐朝复州竟陵（今湖北天门）人，一名疾，又字季疵，号"竟陵子""桑苎翁""东冈子"，又号"茶山御史"，唐代茶学家。陆羽生性诙谐，与女诗人李季兰、诗僧皎然交厚。陆羽一生嗜茶，精于茶道。唐朝上元初年（760年），陆羽隐居苕溪（今浙江湖州），撰《茶经》3卷，对茶的性状、品质、产地、种植、采制、烹饮、器具等皆有论述。《茶经》是世界上第一部茶叶专著。陆羽以《茶经》闻名于世，对中国茶业和世界茶业发展做出了卓越贡献，被誉为"茶仙"，奏为"茶圣"，祀为"茶神"。他亦工于诗，但传世者不多。

《全唐文》存文 5 篇,《全唐诗》存诗 2 首。

据《新唐书》和《唐才子传》记载,陆羽因其相貌丑陋成为弃儿,被遗弃于唐开元二十一年(733 年),不知其父母为何人,后被龙盖寺住持智积禅师在竟陵西门外西湖之滨拾得并收养。陆羽以《易》自占,得《渐》卦:"鸿渐于陆,其羽可用为仪,吉。"其意为鸿雁飞于天上,四方皆是通途,两羽翩翩而动,动作整齐有序,可供效法,为吉兆。按此卦义,当时还没有姓名的陆羽自定姓为"陆",取名"羽",又以"鸿渐"为字。这仿佛喻示着:本为凡贱,实为天骄;来自父母,竟如天降。陆羽在黄卷青灯、钟声梵音中学文识字,习诵佛经,还学会煮茶等事务。虽身处佛门净土,日闻"梵音",但陆羽不愿皈依佛法,削发为僧。

12 岁时,陆羽到一个戏班子里学演戏,做了优伶。他虽其貌不扬,又有些口吃,但幽默机智,演丑角极为成功,后来编写了 3 卷笑话书《谑谈》。

天宝五载(746 年),竟陵太守李齐物在一次州人聚饮中,看到了陆羽出众的表演,十分欣赏他的才华和抱负,当即赠以诗书,并修书推荐他到隐居于火门山的邹夫子那里学习。

天宝十一载(752 年),礼部郎中崔国辅被贬为竟陵司马。是年,陆羽揖别邹夫子下山。崔国辅与陆羽相识,两人常一起出游,品茶鉴水,谈诗论文。

天宝十五载(756 年),陆羽为考察茶事,出游巴山峡川。行前,崔国辅以白驴、乌犁牛及文槐书函相赠。一路之上,陆羽逢山驻马采茶,遇泉下鞍品水,目不暇接,口不暇访,笔不暇录,锦囊满获。

乾元元年(758 年),陆羽来到升州(今江苏南京),寄居栖霞寺,钻研茶事。次年,陆羽旅居丹阳。

上元元年(760 年),陆羽从栖霞山麓来到苕溪(今浙江吴兴),隐居山间,闭门著述《茶经》。其间,陆羽常身披纱巾短褐,脚着蘑鞋,独行野中,深入农家,采茶觅泉,评茶品水,或诵经吟诗,杖击林木,手弄流水,迟疑徘徊,每每至日黑兴尽,方号泣而归,时人称谓"楚狂接舆"。

贞元三年(787 年),怀素与陆羽相识并相交。陆羽写的《僧怀素传》对研究怀素晚年创作的"天下第一小草"——《小草千字文》纸本真迹、探索怀素"二王"(王羲之、王献之)笔法的传承渊源具有重大意义,也是中国书法史上研究怀素的宝贵资料。

唐中期,陆羽随诚州难民北上,遍历长江中下游和淮河流域各地,考察收集了大量一手茶叶产制资料,并积累了丰富的品泉鉴水经验,撰下《水品》一篇,可惜今已失传。同代文人张又新曾在《煎茶水记》里,详细开列出一张陆羽品评过的江河井泉及雪水等共 20 品的水单。

唐时曾出任衢州刺史的赵磷,其外祖与陆羽交契至深。赵磷在《因话录》里说:"陆羽性嗜茶,始创煎茶法。至今鬻茶之家,陶其像置于锡器之间,云宜茶足利。"

陆羽所著《茶经》共 3 卷(上、中、下)10 章 7000 余字。十章目次为:一之源、二之具、三之造、四之器、五之煮、六之饮、七之事、八之出、九之略、十之图。一之源,概述中国茶的主要产地及土壤、气候等生长环境和茶的性能、功用。二之具，讲当时制作、加工茶叶的工具如采茶篮、蒸茶灶、焙茶棚等。三之造，讲茶的种类和采制方法。四之器，讲煮茶、饮茶的器皿即造茶二十四事，如风炉、茶釜、纸囊、木碾、茶碗等。五之煮，讲烹茶的方法和各地水质的品第。陆羽认为水有"三沸"：一沸、三沸之水不可取，二沸之水最佳，即当壶边缘水珠像珠玉在泉池中跳动时取用。六之饮，讲饮茶的方法、茶品鉴赏。七之事，讲古今有关茶的故事、产地和药效等。八之出，详细记载了当时的产茶盛地，分布归纳为山南（荆州之南）、淮南、浙西、剑南、浙东、黔中、江南、岭南等8区，并品评其高下，记载了全国40余州产茶情形，对于自己不甚明了的11个州的产茶之地也如实注出。九之略，是讲饮茶器具何种情况应十分完备，何种情况省略何种，野外采薪煮茶，火炉、交床等不必讲究，临泉汲水可省去若干盛水之具，但在正式茶宴上，"城邑之中，王公之门"，"二十四器缺一则茶废矣"。十之图，陆羽主张把以上各项内容用绢素绘成画幅，张陈于座隅，茶人喝着茶、看着图，品茶之味、明茶之理，神爽目悦，这与端来一瓢一碗，几口灌下的意境自然大不相同。

在《茶经》中，陆羽除全面叙述茶区分布，茶叶的生长、种植、采摘、制造、品鉴外，还首次发现许多名茶，如浙江长城（今浙江长兴）的顾渚紫笋茶，经陆羽评为上品，后列为贡茶；义兴郡（今江苏宜兴）的阳羡茶，则是陆羽直接推举入贡的。

陆羽的《茶经》是唐代和唐以前有关茶叶的科学知识和实践经验的系统总结；是陆羽躬身实践，笃行不倦，取得茶叶生产和制作的第一手资料后，又遍稽群书，广采博收茶家采制经验的结晶；是古代茶人勤奋读书、刻苦学习、潜心求索、百折不挠精神的体现。以茶待客、以茶代酒，"清茶一杯也醉人"是中华民族珍惜劳动成果、勤奋节俭的真实反映。

在陆羽之前，茶写作"荼"，有着药的属性。中华民族的始祖神农氏终生都在寻找对人有用的植物，神农尝百草而成《神农本草》，里面记载的植物更多的具有功能性质，体现了古人对自然的简单认识：哪些草木是苦的，哪些热、哪些凉，哪些能充饥、哪些能医病……神农氏"日遇七十二毒，得荼而解之"。很显然，在这里"荼"是类似灵芝草之类的药物。

《尔雅》中，槚是荼的分类，特指味道比较苦的荼，是感官层面上的直接体验，古人观念，草木是一体的，而不是现代植物学意义上的乔灌木之称。《诗经》上说，"有女如荼"，说的是颜色。当时的人并不日常饮茶，除非真的生病。

陆羽所列的其他几个字——"蔎"（shè）、"茗"、"荈"（chuǎn），也只是对荼的进一步分类，赋予时令上的区别。也就是说，在荼时代，荼只是一种可用的药草而已，这点不会因为它在不同地方与不同季节的称呼而发生改变。

而"茶"不一样，《茶经》开篇就把茶作为主体，陆羽用史家为人作传的口吻描述道："茶者，南方之嘉木也。"自此开始了对茶的全面拟人化定义，陆羽以不容置疑的语气对茶做了评判，涉及茶的出生地（血统）、形状（容颜）、称谓（姓名）、生长环境（成长教育）、习性（性格、品质）等方面，而茶与人的关系，就像茶因为生长环境而有所区别一样，需要区别看待。茶不仅从药物属性中脱离出来，也从其他类植物中脱离出来。一旦喝了茶，醍醐、甘露之类的上古绝妙饮品就要让步，成为茶的附庸。

▲《茶经》

在7000字的《茶经》里，陆羽继承神农衣钵，凡茶都亲历其境，"亲揖而比""亲灸啜饮""嚼味嗅香"，尽显虔诚姿态。此后，古人的喝茶便被定格在陆羽的论述里。

陆羽外出研究茶叶的时间很多，遍游了江苏的苏州、无锡、南京、丹阳、宜兴和浙江的长兴、杭州、绍兴嵊州等地，后又到了江西上饶。对茶叶采制、饮用和茶事进行了深入研究和实践，因而积累了丰富的茶事知识。更重要的是，在湖州时，陆羽得到了颜真卿的支持和皎然的帮助，如此才有大量文献可以参考，《茶经》才能写成。

李季卿宣慰江南时，召嗜好茶叶的陆羽煮茶或根据陆羽对宜兴贡茶的推荐"……野人陆羽以为荼香甘冠于他境，或荐于上。栖筠（常州刺史李栖筠）从之，始进万两"，认为陆羽已成为茶事权威。有人说，如果没有《茶经》的出世，陆羽很难成为社会权威。但这样推断是不够全面的，因为陆羽凭借擅长煮茶、品茶名闻各地也可成为权威人士。

据《茶叶全书》记载："陆羽晚年处境甚佳，为唐皇所器重。以后为了寻求生活的玄奥，至七七五年成为一隐士，五年后即出《茶经》一书，八〇四年逝世。"陆羽过江后的10年间大都居无定所，周游各处，过着流浪的生活。

据上饶《地方志》记载，陆羽寓信城（现上饶）北三里，自号东冈子，性嗜茶，环居多植茶，因号茶山御史，茶山寺在城北隅，一名广教寺，有陆羽泉。又据府志记述："府城北茶山寺唐陆羽曾寓其地，即山种茶，有泉品为天下第四泉。其水似井傍山，色白味甘，是为乳泉，土色赤，又名胭脂井，长汀黎士宏改为陆羽泉。"

江西婺源茶校刘隆祥、婺源茶厂王钟音和原上饶农业局等考证，认为陆羽在761年以后由苕溪（今浙江吴兴）迁移到上饶来建寺定居种茶，按照茶树生长后采收加工所需时间推算，应当在5年以上。然而，认为《茶经》是在上饶时期茶山寺完成的，仅凭这一根据是不足的。

765年以后，陆羽长期居住在吴兴杼山妙喜寺，与僧皎然成为忘年之交，并为湖州刺史颜真卿所器重，推荐给朝廷，任太常寺太祝，这是很合情理的。颜鲁公还为陆羽在吴兴杼山修筑一座"三癸亭"。《名胜志》载："三癸亭，在杼山，鲁公为陆鸿渐建。"其时为唐大历八年（773年）癸丑岁十月癸卯朔二十一日癸亥落成。

陆羽被尊为"茶圣"或茶叶专家，基本上是他逝世以后的事情。陆羽生前虽然以嗜茶、精茶和《茶经》一书闻名或已有"茶仙"的戏称，但在时人中，他不是以茶人而是以文人出现和受到推崇的。这是因为其时茶叶虽在《茶经》问世以后形成一门独立的学问，但实属初创，其影响和地位无法与古老的文学相比。另外，《茶经》一书，撰于陆羽在文坛上崭露头角之后，即陆羽在茶学上的造诣是在他成为著名的文人达士以后才显露出来的，所以是第二位的成就。

陆羽不但在撰写《茶经》以前就以文人著名，而且在《茶经》风誉全国以后，以至在陆羽的后期或晚年，他还是以文人称著于世。如权德舆所记，他从信州（今江西上饶）移居洪州（今南昌）时，"凡所至之邦，必千骑郊劳，五浆先辣"。后来，由南昌赴湖南时，陆羽"不惮征路遥，定缘宾礼重。新知折柳赠，旧侣乘篮送"。所到之处，每离一地，都得到群众和友朋的隆重迎送。如权德舆所说，社会上之所以对陆羽有这样的礼遇，不是因为他在茶学上的贡献，而是因为他"词艺卓异，为当时闻人"，是文学上的地位使然。

所以，从上面的种种情况来看，陆羽在生前和死后是两种完全不同的形象。如果说他死后在文学方面的成就"为《茶经》所掩"，成为茶业的偶像的话，那么在生前，其在茶学方面的成就则是为文学所掩。

陆羽生前和高僧名士为友，在文坛上是活跃且有地位的，但他可能受当时社会上某些名士"不名一行，不滞一方"的思想影响，对文学和茶叶的态度一样，喜好却不偏一。所以，反映在学问上，他不是囿于一业，而是涉猎很广，博学多能。陆羽不但是一位茶叶专家，而且是一个"跨界王者"，因为他还是一位著名的诗人、小学专家、书法家、演员、剧作家、史学家、传记作家、旅游家和地理学家。如果我们笼统地称陆羽是一位历史学家或者茶学家，除去他编著过《江表四姓谱》《南北人物志》《吴兴历官记》《吴兴刺史记》等一些史学著作外，他还是一位考古或文物鉴赏家。

陆羽在流寓浙西期间，曾为湖州、无锡、苏州和杭州编写了《吴兴记》《吴兴图经》《慧山记》《虎丘山记》《灵隐天竺二寺记》《武林山记》等多种地志和山志，说明他对方志也是很感兴趣和极有研究的。

陆羽多才多艺，除著有《茶经》外，其他著述颇丰。据《文苑英华·陆文学自传》载："自禄山乱中原，为《四悲诗》，刘展窥江淮，作《天之未明赋》，皆见感激当时，行哭涕泗。著《君臣契》三卷，《源解》三十卷，《江表四姓谱》八卷，《南北人物志》十卷，《吴兴历官记》三卷……

《占梦》上、中、下三卷。"又据《咸淳临安志》载，陆羽寓居钱塘（今浙江杭州）时作有《天竺灵隐二寺记》和《武林山记》。可惜这些著述传世甚少。《全唐诗》中收录的陆羽作品有诗2首，句3条、联句15首。

有一个典故能证明陆羽是不慕荣华的。据说唐代竟陵积公和尚善于品茶，他不但能鉴别所喝的是什么茶，还能分辨沏茶用的水，并且能判断谁是煮茶人。这种品茶本领，一传十、十传百，人们便把积公和尚看成"茶仙"下凡。这消息也传到了唐代宗皇帝耳中。唐代宗喜好饮茶，也是个品茶行家，所以宫中录用了一些善于品茶的人。唐代宗听到这个传闻后半信半疑，就下旨召来了积公和尚，决定当面试茶。

积公和尚一到宫中，唐代宗即命宫中煎茶能手沏一碗上等茶汤，赐予积公品尝。积公谢恩后接茶在手，轻轻喝了一口，就放下茶碗，再没喝第二口。皇上问何故，积公和尚起身摸摸长须笑答："我所饮之茶，都是弟子陆羽亲手所煎。饮惯他煎的茶，再饮别人煎的茶，就感到淡泊如水了。"唐代宗听罢，问陆羽在何处。积公和尚答道："陆羽酷爱自然，遍游海内名山大川，品评天下名茶美泉，如今在何处贫僧也难知晓。"

于是，朝中百官连忙派人四处寻找陆羽。没几天，终于在江南舒州（今安徽安庆境内）的山上找到陆羽，立即把他召进宫去。唐代宗见陆羽虽说话结巴，其貌不扬，但出言不凡，知识渊博，已有几分欢喜，于是说明缘由，命他煎茶献艺。陆羽欣然同意，取出自己清明前采制的好茶，用泉水烹煎后，献给唐代宗。唐代宗接过茶碗，轻轻揭开碗盖，一阵清香迎面扑来，精神为之一爽，再看碗中茶叶淡绿清澈，品尝之下香醇回甘，连连点头称赞好茶。接着，唐代宗让陆羽再煎一碗，由宫女送给在御书房的积公和尚品尝。积公和尚端起茶来喝了一口，连叫好茶，接着一饮而尽。积公和尚放下茶碗，兴冲冲地走出书房，大声喊道："鸿渐（陆羽的字）在哪里？"唐代宗吃了一惊："积公怎么知道陆羽来了？"积公和尚哈哈大笑道："我刚才品的茶，只有渐儿才能煎得出来，喝了这茶，当然就知道是渐儿来了。"唐代宗十分佩服积公和尚的品茶之功和陆羽的茶技之精，就留陆羽在宫中供职，培养宫中茶师。但陆羽不羡荣华富贵，不久又回到苕溪，专心撰写《茶经》去了。

对于陆羽的《茶经》何时开始撰写、何时成书，没有明确的文字可稽。一般认为，《茶经》完成于780年，如果陆羽出生于729年，那么《茶经》完成之年，陆羽正是51岁；如果他出生于733年，则《茶经》完成之年是47岁。根据《茶经》的丰富内容和凝练的文字来看，应非青年时期所能胜任的。有人认为，《茶经》成书于764年，根据陆羽传"上元初，更隐苕溪，闭门著书"可知，上元年号只有两年，上元初当指760年，如果说这一年开始动笔撰写，未必在当年就可以完成。《茶经》"四之器"所说的煮茶风炉，在炉脚上铸有古文"圣唐灭胡明年铸"七字。灭胡是指唐王朝平定安禄山史思明叛乱的年份，即763年，到第二年也就是764年。因此，可推断《茶经》成书时间是764年以后，并根据李季卿"宣慰江南"时，召请常伯熊煮茶，对常伯熊很是欣赏，又有人推荐陆羽。请陆羽来后，李季卿不以礼相待，使陆羽气恼，"更著《毁茶论》"。论证

《茶经》在767年（大历二年）到768年已在社会上流传开了。实际上，陆羽居住苕溪之后，住处时常变动，他又时常外出，并非闭门著书（应以对著为是）。这可从僧皎然、皇甫冉和李冶等的赠诗中看出。

无论如何，陆羽对后世的贡献是不可磨灭的，为了纪念这位伟大的"茶圣"，后人在湖北省天门市市区北官池畔修建了陆羽亭，和文学泉相邻。初为清乾隆三十三年（1768年）天门知县马士伟所建，后毁于兵燹。乾隆四十七年（1782年），安襄郧兵备使陈大文专程来访陆羽遗迹，并修亭、立碑、兴建涵碧堂。到清末民初时期，战乱不已，亭、堂均毁于一旦。1956年5月，经周恩来总理过问，由天门县人民委员会拨专款重建陆羽亭。1961年6月，经天门县文物普查后，公布该亭为全县重点文物保护单位。

陆羽故园位于湖北天门中心城区的陆羽出生地西湖，建于1995年，以"茶圣"陆羽命名，以原西湖为依托，以陆羽在竟陵的生活轨迹为经，以陆羽纷繁多彩的纪念名胜为纬，打造了一个陆羽文化群落，供天门市百姓和中外游客参观和休息娱乐。占地面积约45hm^2，其中有2/3的面积为水面，约30hm^2。

陆羽故园以门侧建筑群、陆羽纪念馆和原《天门县志》记载的西湖十景为主，除已建成的古雁桥、西塔寺、新开三舍、陆羽茶楼、涵碧堂外，桑苎芦、鸿门楼、东冈草堂、鸳鸯池、陆子亭等景点还将陆续修建于湖滨或湖中岛滨，建成以江南水乡民居青瓦粉墙的地方色彩为主调的、以陆羽故园为基地的名胜古迹保护区。

"茶仙"苏轼

北宋苏轼不仅是一位伟大的文学家，也是一位熟谙茶道的高手，他一生与茶结下了不解之缘，能从茶中品出生活的真味、世间的真情、人生的真谛。

茶，最基本的功能是什么？当然是消暑解渴。

苏轼在元丰元年（1078年）上任徐州知州。正赶上当地大旱，苏轼行色匆匆，口干舌燥，最渴盼有一杯清茶解渴。他写了一首《浣溪沙》，下阕云："酒困路长惟欲睡，日高人渴漫思茶。敲门试问野人家。"意思是由于路途遥远，又喝了一些酒，困乏交加，昏昏欲睡，此时艳阳高照，更觉口渴难耐，若有一杯清甜的茶水解渴多好啊！苏轼就近敲开了老乡的家门，问可否讨一碗茶喝。在这里，茶成了诗人最基本的生活需求。

苏轼爱茶，常常以茶待客，写过不少茶帖。《啜茶帖》也称《致道源帖》，是苏轼于元丰三年（1080年）写给好友道源的一张便条，邀请他来喝茶聊天。原文写道："道源无事，只今可能枉顾啜茶否？有少事须至面白，孟坚必已好安也！轼上，恕草草。"此帖邀道源"枉顾啜茶"，除了共啜有趣外，尚"有少事须至面白"。因为有事相商，故只请道源，未请孟坚，称"孟坚必已好安也"，且让他休息吧。

苏轼还给海南的朋友赵梦得写茶帖，邀请他一起喝茶。《致赵梦得一札》云："旧藏龙焙，请来共尝。盖饮非其人，茶有语；闭门独啜，心有愧。"有上好名茶，非请赵梦得会饮不可，可谓相知也。这是苏轼的饮茶之道：只有配饮佳茗之人才可以分享，否则佳茗也会有意见。他也不会独自享用，因为他觉得如此佳茗不与知己好友共饮，心中会惭愧不已。

苏轼邀其得意门生姜唐佐喝茶，也写过类似的茶帖："今日雨霁，尤可喜。食已，当取天庆观乳泉泼建茶之精者，念非君莫与共之。"有好茶好心情，自然要请知己好友一起分享。因而，他在《望江南·超然台作》中感慨道："休对故人思故国，且将新火试新茶。诗酒趁年华。"意思是不要在老朋友面前思念故乡了，姑且燃起薪火，烹煮春日里刚采的新茶，忘却尘世间一切烦恼吧，对酒当歌，不负眼下这大好春光！

茶具有君子之品格、佳人之妙质、高人之风度，兼悟禅之韵味。苏轼在《次韵曹辅寄壑源试焙新芽》一诗中，将茶的质地、品格、风味表达得淋漓尽致：

> 仙山灵草湿行云，洗遍香肌粉未匀。
> 明月来投玉川子，清风吹破武林春。
> 要知冰雪心肠好，不是膏油首面新。
> 戏作小诗君一笑，从来佳茗似佳人。

诗中的明月、冰雪都是指茶；玉川子，唐代诗人、"茶仙"卢仝的别号，此处指诗人自己。"仙山灵草湿行云"，是说茶色鲜嫩清新；"洗遍香肌粉未匀"，是指其天生丽质；"清风吹破武林春"，是说其清香可人；"要知冰雪心肠好"，是指其本质高雅；"不是膏油首面新"，是说其朴实无华；其中最负盛名的便是"从来佳茗似佳人"，将佳茗的鲜嫩清新与佳人的天生丽质、蕙质兰心联系在一起，比喻贴切、生动，给人丰富的想象和美妙的感受。后人将苏轼另一首诗中的"欲把西湖比西子"，与"从来佳茗似佳人"辑成一联，陈列到茶馆中，成为一副名联。

煎茶更是颇有学问，来不得半点马虎。苏轼深谙此道，自有其独特妙法。他在《汲江煎茶》中说：

> 活水还须活火烹，自临钓石取深清。
> 大瓢贮月归春瓮，小杓分江入夜瓶。
> 雪乳已翻煎处脚，松风忽作泻时声。
> 枯肠未易禁三碗，坐听荒城长短更。

该诗描写细腻生动，从汲水、舀水、煮茶、斟茶、喝茶到听更，全部过程仔仔细细、绘影绘声。关键之处是，苏轼认为好茶还需好水配，"活水还须活火烹"，水要好水、活水，清澈的江水；火要旺火、猛火，炽热地燃烧。

他还写了一首《试院煎茶》，其中对烹茶用水的温度做了形象的描述，"蟹眼已过鱼眼生，飕飕欲作松风鸣"，以沸水的气泡形态和声音判断水的沸腾程度。苏东坡对烹茶用具也很讲究，他认为"铜腥铁涩不宜泉，爱此苍然深且宽"，而最好的茶具是"石铫"。据说苏轼在宜兴时，还亲自设计了一种提梁式紫砂壶，后人为了纪念他，把这种壶式命名为"东坡壶"。

茶除了解渴生津外，还可以固齿疗病，延年益寿，对此苏轼深有体会。他在《仇池笔记》中介绍了一种以茶护齿的妙法："除烦去腻，不可缺茶，然暗中损人不少。吾有一法，每食已，以浓茶漱口，烦腻既出而脾胃不知。肉在齿间，消缩脱去，不烦挑刺，而齿性便若缘此坚密。率皆用中下茶，其上者亦不常有，数日一啜不为害也。此大有理。"记述得十分详细。

苏轼在杭州任通判时，一天因病告假，遍游佛寺，一日之内饮浓茶数碗，不觉病已痊愈，便在禅师粉壁上题了一首七绝《游诸佛舍，一日饮酽茶七盏，戏书勤师壁》：

示病维摩元不病，在家灵运已忘家。

何须魏帝一丸药，且尽卢仝七碗茶。

意思是说，高僧生病了把禅房搬空，独自睡在床上，南北朝时的谢灵运是俗世之人，却到处遨游。世上哪有什么魏文帝所求的长生不老药？我生病了只需要像"茶仙"卢仝那样，饮尽七盏茶即可痊愈。

为此，他还在《试院煎茶》中感慨道："我今贫病长苦饥，分无玉碗捧蛾眉。且学公家作茗饮，砖炉石铫行相随。不用撑肠拄腹文字五千卷，但愿一瓯常及睡足日高时。"意思是说，不需要有什么满腹经纶，我只要有一瓯好茶（瓯就是当时的茶杯之称），就能一觉睡到日上三竿！

苏轼说，人生如逆旅，我也是行人。其实，人生真的只是一场旅行，你我都只是过客，应豁达如苏轼。他说，此心安处是吾乡。在海南的这段时间，上至官员，下至农夫，很多人成为他的追随者。据说甚至有些"粉丝"不辞辛苦，千里迢迢来到海南，只为了能跟着他学习。而苏轼也渐渐喜欢上海南，他在诗中说，"我本儋耳氏，寄生西蜀州"。苏轼从不言内心的悲伤，不是说自己被贬至偏远的荒岛，而是风趣地说自己本来就是儋州人氏，先前只不过寄生在西蜀。他已经把这里当作自己的第二故乡，对故乡的深沉思念，化成一杯杯佳茗，在茶香中慢慢品味，枕着波涛入眠。

"茶仙"卢仝与《七碗茶诗》

卢仝（约795—835年），唐代诗人，"初唐四杰"卢照邻之孙，出生于河南济源，祖籍范阳（今河北涿州）。早年隐居少室山茶仙泉，后迁居洛阳，自号"玉川子"，破屋数间，图书满架，终日苦读，邻僧赠米，博览经史，工诗精文，不愿仕进，被尊称为"茶仙"。卢仝的性格"高古介僻，所见不凡近"，狷介类孟郊，雄豪之气近韩愈，韩孟诗派重要代表人物。835年11月，死于甘露之变。

卢仝生于济源，葬于济源，隐居在嵩山少室山茶仙泉，但卢仝故里之名鲜为人知，这大概与卢仝惨死有关。835年，长安发生甘露之变，卢仝受到牵连。他的好友贾岛曾在《哭卢仝》一诗里写道："长安有交友，托孤遽弃移。"也就是说，卢仝临刑前，长安的好友去送别，卢仝委托友人照顾自己的孩子。据卢仝的第47代嫡系子孙卢和平讲，卢氏后人将卢仝的尸骨偷运回济源安葬，后担心受到牵连，在安葬卢仝之后，举家南迁。此后几百年间，卢仝就在故乡销声匿迹了。卢和平老人拿出祖传的《卢氏族谱》显示，南迁之后，卢姓一族分为两支：一支定居于江南，另一支则在明代辗转返回济源定居。

据《卢氏族谱》记载："先祖卢公讳伯通,山西洪洞城十里铺人。明洪武初年,怀府洧县,田园荒芜,人烟绝迹三十二年流离者悉归故土,我先祖伯通思祖宗,怀望故乡。遂携四子:大公、二公、三公、四公和弟伯元,回归故里济邑玉川乡武山头村。初迁时,二代祖有难色,先祖告之曰:吾本济人唐贤仝号玉川裔也。子侄欣然从来,立整建庙。"

由唐至明,几经变迁,济源人渐渐忘记了这位"茶仙",卢仝墓也被淹没在诸多平民墓冢间。乡村百姓,除了卢氏后人,谁都不曾想到,济源曾是一代茶道大师的出生和葬身之地。直到清代,卢仝故里之名才再次被人们记起。在思礼村村头有一块石碑,上书"卢仝故里"四个大字,石碑两侧有两行小字——"贤才工诗与日月同辉,德泽润野使荟草争妍"。这块石碑立于清代末期,为当时的广东道监察御史刘迈园所题。

据《济源县志》记载,刘迈园毕生以品茗为乐。有一年,刘迈园回故乡济源探亲,想拜谒卢仝墓。当他询问当地士绅和卢氏后人卢仝墓冢在何处时,回答说墓冢已经被平了,碑文等也找不到踪影。刘迈园大怒:"世人尚还尊敬先贤卢仝,你们是后裔,竟不尊敬先祖,真乃大不敬也,不懂事理。"于是,刘迈园挥笔写下"卢仝故里"四个字,便离开了。当地士绅将刘迈园的墨宝刻成石碑立于村头,并重新为卢仝修墓刻碑。此后,"卢仝故里"之名始从历史烟云中走出来。

《七碗茶诗》:

一碗喉吻润,二碗破孤闷。

三碗搜枯肠,唯有文字五千卷。

四碗发轻汗,平生不平事,尽向毛孔散。

五碗肌骨清,六碗通仙灵。

七碗吃不得也,唯觉两腋习习清风生。

蓬莱山,在何处?

玉川子,乘此清风欲归去。

译文:

第一碗茶,嘴唇与喉咙既解渴又滋润。

第二碗茶,破开了内心的孤寂与愁闷。

第三碗茶,令人心情激荡、搜肠刮肚,挥笔欲写文字五千卷。

第四碗茶,开始发汗,内心的不甘不顺都随着汗液从毛孔中散去。

第五碗茶,筋骨洗涤清澈,令人神清气爽。

第六碗茶,心境清明通灵,融入自然,感知万物。

第七碗茶,吃不得也!两腋会生清风令人羽化登仙。

人间仙境蓬莱山,在什么地方?

我玉川子,乘上清风准备向仙境飞去。

此诗言品茶之真味，臻于极致，达至美之极境，堪称千古第一茶诗。其结合历史文化中的神仙理想描绘，千余年来素为爱茶人与文人雅士追捧，更阐述了茶道妙境之极致，当为史上第一。此诗从第一碗茶到第七碗茶，碗碗相连，愈进愈美，以极为精辟的文字表达出飘飘欲仙的感觉，甚至到了"吃不得也"的程度。这首诗写得挥洒自如、层层推进、恰到好处、炽热唯美，从构思、语言、意境到内心，在约2000年的茶诗历史中，堪称达到了极致完美的巅峰之境。

卢仝隐居于少室山时，好友孟谏议（孟简，为常州刺史）寄来300片阳羡贡茶，年轻的卢仝兴奋得手舞足蹈，极为欣喜。卢仝汲取山泉，即刻煎茶，连饮七碗！茶味之美妙，令卢仝沉醉，飘飘欲仙。此时，卢仝心情澎湃，无法自已，挥笔写就《走笔谢孟谏议寄新茶》一诗。他在诗中对孟简表达了真诚的谢意。没想到，这封感谢信，却成了千古第一茶诗。

《走笔谢孟谏议寄新茶》本为表达谢意的回信。内容主要分为四部分：一是表达谢意，二是谈茶的珍贵，三是谈品茶的美妙，四是悯农之情与心怀家国。千余年传诵之后，世人摘其精彩之句而另称为《七碗茶诗》，《七碗茶诗》即《走笔谢孟谏议寄新茶》之节选。

"茶怪"郑板桥

郑板桥（1693—1766年），名燮，号板桥，世人称其诗、书、画三绝。曾在山东为官十几载，政声甚佳，后归隐林泉，以卖画为生，为著名的"扬州八怪"之一。郑板桥嗜茶，也是品茶行家，一生中作过许多茶诗、茶文。

因为郑板桥生活布衣化，所以不是非名茶不饮。他有诗道："头纲八饼建溪茶，万里山东道路赊，此是蔡丁天上贡，何期分赐野人家。""最爱晚凉佳客至，一壶新茗泡松萝。"可见他既喝当时非常名贵的贡茶建溪茶，也喝老百姓日常饮用的松萝茶。郑板桥还有这样的诗句："扫来竹叶烹茶叶，劈碎松根煮菜根"，"白菜青盐粘子饭，瓦壶天水菊花茶"，形象地描写出他在家乡粗茶淡饭的清贫生活，这也正是他人生观的写照。

郑板桥一生以书画为生，文房四宝是一日不可或缺的东西。他在笔墨生计中，喜欢有茶相伴，所以他把"文房四宝"与茶一起融进诗词文章，如"墨兰数枝宣德纸，苦茗一杯成化窑"（用宣德年间生产的纸来画墨竹，用成化年间烧制的杯子沏茶），表现了作者爱墨喜茶的心情。在《题画》一文中他写道："茅屋一间，新篁数竿，雪白纸窗，微浸绿色。此时独坐其中，一盏雨前茶，一方端砚石，一张宣州纸，几笔折枝花，朋友来至，风声竹响，愈喧愈静。"表现出他对这种"书画清茶相伴"生活的喜爱。郑板桥还曾在茶壶上题过一首讽刺诗："嘴尖肚大耳偏高，才免饥寒便自豪；量小不堪容大物，两三寸水起波涛。"以茶壶喻人，将那些势利小人的嘴脸刻画得入木三分。

郑板桥不仅喜茶、嗜茶，还写过不少绝佳的茶诗、茶文，其婚姻也与饮茶有关。清雍正十三年（1735年），郑板桥43岁，生活穷困落魄，在扬州城里卖画为生。早春的一天，郑板桥到扬州城外寻幽访古，路过一个竹篱茅舍的农家，他见院里杏花盛开，不由得动了赏花之兴，叩门而入，流连徘徊于花下。院主是一个和善的老婆婆，见客人气度不俗，就热情地捧出一杯茶，请郑板桥到茅草亭里小坐。没想到正是这杯茶，引出了一段旖旎动人的浪漫姻缘。

话说郑板桥喝茶期间，看到亭子的墙上贴着一首词，居然是自己所写的。他不由得有几分得意，问老婆婆道："认识这个人吗？"老婆婆回答："知道其名，但没见过这个人。"郑板桥笑着说："我就是郑板桥啊。"老婆婆听后喜上眉梢，立刻起身向屋中喊道："女儿快起来，郑板桥先生在这儿呢。"不一会儿，一个清秀少女艳妆而出，见了郑板桥立刻拜礼说："早就听说先生的大名，妾非常爱慕你的诗词。听说你写过《道情》十首，能请先生为妾书写副字吗？"说着取来笺纸笔砚，亲手磨墨，向郑板桥索字。郑板桥慨然答应，即题《西江月》赠给她。"微雨晓风初歇，纱窗旭日才温。绣帏香梦半朦胧，窗外鹦哥未醒。蟹眼茶声静悄，虾须帘影轻明。梅花老去杏花匀，夜夜胭脂怯冷。"老婆婆和女儿看后，相视一笑，她们读懂了郑板桥在这首词中透露出的对索字少女的艳羡之情。当老婆婆得知郑板桥丧偶时，便说她的这个小女儿名饶五娘，刚17岁，平时非常羡慕郑板桥的才华，这次偶遇可算天作之合，希望能够和郑板桥订下终身。郑板桥说："我现在还是一介寒士，明年是丙辰年（乾隆元年，1736年）朝廷开科取士，如果我能够考中进士，后年一定回扬州娶她，不知道你们能不能等我？"老婆婆和饶五娘喜不自禁，立即满口答应。郑板桥即以所题的词作为订婚凭证。

果然功夫不负有心人，乾隆元年（1736年）的会试中，郑板桥一举中了进士。由于要打点有关事务，他逗留在京师一年。其间，饶家母女生活愈益贫困，花钿服饰变卖殆尽，连祖上留下来的5亩地都被变卖糊口，生活已是难以为继。当地有个富商，艳羡饶家小姐的才貌，提出用700金购饶五娘为妾，饶母动心。但饶五娘坚持道："我们已经和郑先生有了婚约，背约是不义的事，我相信郑板桥不会负我，不出一年一定会回来娶我。"这时，恰巧江西商人程羽宸到了扬州，他也很佩服郑板桥的才华，又偶然听说郑板桥和饶五娘的婚约之事。程羽宸爱才心切，就代郑板桥拿出500两白银作为聘金送至饶家，帮助饶氏母女渡过了难关。

乾隆二年（1737年），郑板桥终于依约回到扬州。他为程羽宸素昧平生却慷慨相助的义举感动，更为素昧平生却以身相许、不弃信义的饶五娘所感动，不久就与比他小26岁的饶五娘喜结良缘。多年之后，郑板桥在济南写下《行书扬州杂记卷》，详细记述了他与饶五娘这段姻缘的来龙去脉。他在山东潍县时写了一首诗："溢江江口是奴家，郎若闲时来吃茶。黄土筑墙茅盖屋，门前一树紫荆花。"也是写的这段因茶而起的天赐奇缘。

郑板桥卒于乾隆三十年末（1766年），在"人生七十古来稀"的古代，活到73岁"高寿"，有人认为和他喜欢喝茶有关。郑板桥一生作过许多茶联、茶诗。"白菜青盐粘子饭，瓦壶天水菊花茶。"将粗茶淡饭的清贫生活写得生动，也正是他人生观的写照。此外，郑板桥向往的生活也可从茶诗中窥出端倪，比如《题画》："茅屋一间，新篁数竿，雪白纸窗，微浸绿色。此时独坐其中，一盏雨前茶，一方端砚石，一张宣州纸，几笔折枝花，朋友来至，风声竹响，愈喧愈静。"又如"不风不雨正清和，翠竹亭亭好节柯。最爱晚凉佳客至，一壶新茗泡松萝。"对郑板桥而言，这种"寒夜客来""书画相伴"的生活已是人生至乐。

"茶皇"乾隆

乾隆退位当太上皇时，有大臣进言"国不可一日无君"，乾隆回复他说，"君不可一日无茶"。这既展现了乾隆的幽默机智，也反映出乾隆对茶的喜爱。乾隆爱写诗，他留下的诗稿数量达4万多首。其中，以茶为主题的诗有不少，比较有名的是"龙井茶之诗"。

历史记载，乾隆曾6次南巡杭州，其中有4次去过杭州的西湖茶区。

第一次是乾隆十六年（1751年）。乾隆来到天竺，观看炒茶过程后，写下了《观采茶作歌》一诗，节选如下：

火前嫩，火后老，惟有骑火品最好。

西湖龙井旧擅名，适来试一观其道。

第二次在乾隆二十二年（1757年）。乾隆在云栖又写下一首《观采茶作歌》，其中部分内容是：

云栖取近跋山路，都非吏备清跸处。

无事回避出采茶，相将男妇实劳劬。

第三次是乾隆二十七年（1762年）。乾隆到了龙井，游览了当地名胜，还品尝了使用泉水烹煎的龙井茶。这次他写下两首诗，分别是《初游龙井志怀三十韵》和《坐龙井上烹茶偶成》，后者全诗如下：

龙井新茶龙井泉，一家风味称烹煎。

寸芽生自烂石上，时节焙成谷雨前。

何必凤团夸御茗，聊因雀舌润心莲。

呼之欲出辨才在，笑我依然文字禅。

第四次是乾隆三十年（1765年）。由于乾隆对三年前品尝过的龙井茶难以忘怀，所以他再次游览了龙井，并写下了《再游龙井》一诗：

清跸重听龙井泉，明将归辔启华旃。

问山得路宜晴后，汲水烹茶正雨前。

入目光景真迅尔，向人花木似依然。

斯诚佳矣予无梦，天姥那希李谪仙。

除了上述关于杭州的"龙井茶之诗"外，乾隆还为北京、江苏、福建等地的好茶留下御笔，这足以表现出乾隆对茶的喜爱。乾隆曾经给一些流传至今的名茶赐名，耳熟能详的如铁观音。据说乾隆六年（1741年），礼部侍郎方苞获赠茶叶，由于这种茶叶味道很好，方苞便把它献给了乾隆，乾隆饮后也对它大加赞赏。这种茶叶外形乌润坚实，沉重如铁，外形和口味兼具，因而乾隆赐名为"铁观音"，比喻其清新雅韵。除此之外，传说碧螺春也是由乾隆赐名，但有些清代书籍记载是由康熙赐名，如王应奎的《柳南随笔》，陈康祺的《郎潜纪闻》《清朝野史大观》等。

"君作茶歌如作史，不独品茶兼品士。"品茶堪称一种艺术层面的享受，与酒文化不同，茶文化讲究平心静气、洗涤身心，因而为许多风雅之士喜爱。自诩为"十全老人"、爱好吟诗写诗的乾隆，自然也属于风雅之列。

乾隆对泡茶用的水非常讲究，不但品茶，还别出心裁地评水。乾隆用银斗测水，把天下奇水一一注入量斗，以轻者为佳，重者为次，居然轻而易举地评定了座次，并赐北京的玉泉为"天下第一泉"、镇江的冷泉为"天下第二泉"、无锡的惠泉为"天下第三泉"。杂质越少、水质越纯的水越轻，这样看来，乾隆还有一定的科学思维。乾隆有一首《荷露煮茗》，诗序中写道："水以轻为贵，尝制银斗，玉泉水重一两，唯塞上伊逊水尚可相埒（相等之义）……轻于玉泉者唯雪水及荷露。"

乾隆除了对西湖龙井赞赏有加外，还对云南普洱十分推崇。生长于云南的大叶种茶，香气高端持久，滋味浓厚，经久耐泡，乾隆品尝后称赞不已，留下了"圆如三秋皓月，香于九畹芝兰"的盛誉。普洱茶同时期蔚然于京城，深受皇室与贵族的珍宠。

不仅如此，乾隆更是根据自己的饮茶体验，将梅花、佛手和松仁用雪水烹煎，配制了一种"三清茶"。其含义是为官要像梅花那样品格芳洁，像佛手那样清正无邪，像松树那样不畏风霜。这种"三清茶"寄予了乾隆对自己和臣僚的勉励和希望。其实要说清朝人爱喝茶，还要从雍正说起。

雍正可以说是皇帝中的"劳模"，在位13年里，写了1000多万字的政务批谕，平均每天的睡眠时间不足4小时。云贵总督鄂尔泰得知雍正每日批文到深夜，神疲力乏，特进贡云南普洱茶。雍正喝完觉得口感非常不错，工作中有普洱相伴，一杯提神解乏（茶叶中含有咖啡碱），妙哉！

雍正七年（1729年），鄂尔泰在普洱设府、思茅设州，管理当地的茶叶种植与买卖，他还推行"岁进上用茶芽制"，意思就是选取最好的普洱茶进贡北京，以博皇帝的欢心。后来，普洱茶逐渐成为清宫的贡品。

在清代，贡茶并不局限于以某一地区为中心，凡佳品皆可进。普洱茶于康熙五十五年（1716年）进入宫廷，雍正七年（1729年）被纳为皇家贡品，乾隆九年（1744年）被正式列入《贡茶案册》，明确规定了地方每年向朝廷上贡用茗的定例。后来，普洱茶成了风靡一时的必备饮品。

嘉庆在抄和珅家的时候，除了抄出大量的金银财宝外，还记载着查得"普洱茶三百八十八团又五桶，茶膏一百九十匣"。当这份清单送到嘉庆手里时，嘉庆下旨将其他财物收归国有，唯独在普洱茶上画了一个圈，也就是说这茶归朕了！

另外，你知道嘉庆多能喝普洱茶吗？根据档案记载"嘉庆二十五年二月初一日起至七月二十五日止，皇帝每日用普洱茶三两，一月用五斤十二两。""五斤十二两"是什么概念？爱喝茶的人一年也就喝五六斤吧！

道光在清朝史上是最节俭的皇帝，为了发扬勤俭节约的精神，他刚继位就取消了许多节日宴席。另外，道光还穿着打补丁的龙袍上朝。然而，就是这么朴素的道光，在普洱茶上可一点都不

"节约"。那罕的普洱很好喝，倚邦的普洱也特别好喝，为此，道光亲手写下了"瑞贡天朝"四字，将茶叶比为瑞草，其意为称赞当地臣民将最好的茶叶、祥瑞之物进贡给了朝廷。

到了清朝后期，根据档案记载，光绪每天喝1两5钱普洱茶，一个月喝2斤13两，一年喝33斤12两，并且不包括一年漱口用的11两。清朝先祖本是中国东北地区的游牧民族，以肉食为主。普洱茶正具有消食、解腻的特性，云南普洱茶进入清宫，经过同各地贡茶比较，茶味和茶性都不同于小叶种茶，深得帝王家青睐，视为罕见名茶。

第二节　中国茶独特的制作工艺

中国制茶历史悠久，自发现野生茶树起，从生煮羹饮到饼茶散茶，从绿茶到多茶类，从手工操作到机械化制茶，其间经历了复杂的变革。各种茶类的品质特征形成，除了茶树品种和鲜叶原料的影响外，加工条件和制造方法也是重要的决定因素。

一、从生煮羹饮到晒干收藏

茶之为用最早从咀嚼茶树的鲜叶开始，发展到生煮羹饮。生煮者，类似现代的煮菜汤。如今，云南基诺族仍有吃"凉拌茶"的习俗，鲜茶叶揉碎放入碗中，加入少许黄果叶、大蒜、辣椒和盐等做配料，再加入泉水拌匀。茶作羹饮，有《晋书》记"吴人采茶煮之，曰茗粥"，甚至到了唐代仍有吃茗粥的习惯。

三国时，魏朝已出现了茶叶的简单加工，采来的鲜茶叶做成饼，晒干或烘干，这是制茶工艺的萌芽。

二、从蒸青造型到龙团凤饼

初步加工的饼茶仍有很浓的青草味，经反复实践，发明了蒸青制茶，即将茶的鲜叶蒸后碎制，饼茶穿孔，贯串烘干，去其青气。但仍有苦涩味，于是又通过洗涤鲜叶，蒸青压榨，去汁制饼，使茶叶苦涩味大大降低。

自唐至宋，贡茶兴起，成立了贡茶院，即制茶厂，组织官员研究制茶技术，从而促使茶叶生产不断改革。

唐代蒸青做饼已经逐渐完善，陆羽《茶经·之造》记述："晴，采之，蒸之，捣之，拍之，焙之，穿之，封之，茶之干矣。"即此时完整的蒸青茶饼制作工序为：蒸茶、解块、捣茶、装模、拍压、出模、列茶晾干、穿孔、烘焙、成穿、封茶。

宋代制茶技术发展很快，新品不断涌现。北宋年间，团片状的龙凤团茶盛行。宋代《宣和北苑贡茶录》记述"宋太平兴国初，特置龙凤模，遣使即北苑造团茶，以别庶饮，龙凤茶盖始于此"。据宋代赵汝砺《北苑别录》记述，龙凤团茶的制造工艺有六道工序：蒸茶、榨茶、研茶、造茶、过黄、烘茶。茶芽采回后，先浸泡水中，挑选匀整芽叶进行蒸青，蒸后冷水清洗，然后小榨去水，大榨去茶汁，去汁后置瓦盆内兑水研细，再入龙凤模压饼、烘干。制作龙凤团茶的工序中，冷水快冲可保持绿色，提高了茶叶质量，而水浸和榨汁的做法由于夺走了茶的真味，使茶香损失极大，且整个制作过程耗时费工，这些均加速了蒸青散茶的出现。

三、从团饼茶到散叶茶

在蒸青团茶的生产过程中，为了改善苦味难除、香味不正的缺点，逐渐采取蒸后不揉不压，直接烘干的做法，将蒸青团茶改造为蒸青散茶，保持茶的香味，同时出现了对散茶的鉴赏方法和品质要求。

这种改革始于宋代。《宋史·食货志》载："茶有两类，曰片茶，曰散茶。""片茶"即饼茶。元代王桢在《农书·卷十·百谷谱》中对当时制蒸青散茶工序有详细记载，"采讫，一甑微蒸，生熟得所。蒸已，用筐箔薄摊，乘湿揉之，入焙，匀布火，烘令干，勿使焦"。

由宋至元，饼茶、龙凤团茶和散茶并存；到了明代，由于明太祖朱元璋于1391年下诏，废龙凤团茶兴散茶，使蒸青散茶大为盛行。

第三节　普洱茶文化与"世界茶源"

普洱茶是我国十大名茶之一，原产于滇西南，是以其集散地普洱府命名的，元朝时被称为"普茶"，到明朝万历年间才定名为"普洱茶"。经历千年的岁月流转，普洱茶积淀了无与伦比的文化宝藏。从三国时的"武侯遗种"到《红楼梦》中的"女儿茶"，几经沧桑轮回，历经风风雨雨，目睹人间百态，遗留下悠久的历史文化。

普洱茶是以地理标志保护范围内的云南大叶种晒青茶为原料，并在地理标志保护范围内采用特定的加工工艺制成，具有独特品质特征的茶叶。按其加工工艺及品质特征，普洱茶分为普洱生茶和普洱熟茶两种类型。

据考证，银生城的茶是云南大叶茶种，也就是普洱茶种，所以银生城产的茶叶，应该是普洱

茶的祖宗。因此，清朝阮福在《普洱茶记》中说："普洱古属银生府。则西蕃之用普洱，已自唐时。"宋李石在《续博物志》一书也记载了："茶出银生诸山，采无时，杂菽姜烹而饮之。"

元朝有一地名叫"步日部"，由于后来写成汉字，就成了"普耳"（当时"耳"无三点水）。"普洱"一词首见于此，从此得以正名写入历史。没有固定名称的云南茶叶，也被叫作"普茶"并逐渐成为西藏、新疆等地区市场买卖的必需商品。"普茶"一词从此名震国内外，直到明朝末年，才改叫"普洱茶"。

近几十年来，茶学和植物学研究相结合，从树种及地质变迁、气候变化等不同角度出发，对茶树原产地做了更加深入细致的分析和论证，进一步证明了中国西南地区是茶树原产地。简单地讲，主要论据有以下三个方面。

第一，从茶树的自然分布来看，人们发现的山茶科植物共有23属380余种，而中国就有15属260余种，且大部分分布在云南、贵州和四川一带。已发现的山茶属有100多种，仅云贵高原就有60多种，其中以茶树种占最重要的地位。从植物学的角度来看，许多属的起源中心在某个地区集中，即表明该地区是这一植物区系的发源中心。山茶科、山茶属植物在中国西南地区的高度集中，说明了中国西南地区就是山茶属植物的发源中心，当属茶的发源地。

第二，从地质变迁来看，西南地区群山起伏，河谷纵横交错，地形变化多端，以至于形成许多小地貌区和小气候区，在低纬度和海拔高低悬殊的情况下，气候差异大，使原来生长在这里的茶树慢慢分置在热带、亚热带和温带不同的气候中，从而使茶树种内变异，发展成了热带型和亚热带型的大叶种与中叶种茶树，以及温带的中叶种及小叶种茶树。植物学家认为，某种物种变异最多的地方就是该物种起源的中心地。中国西南三省是中国茶树变异最多、资源最丰富的地方，当是茶树起源的中心地。

第三，从茶树的进化类型来看，茶树在其系统发育的历史长河中，总是趋于不断进化。因此，凡是原始型茶树比较集中的地区，当属茶树的原产地。中国西南三省及其毗邻地区的野生大茶树，具有原始茶树的形态特征和生化特性，证明了中国西南地区是茶树原产地的中心地带。

思茅地区和西双版纳州是普洱茶的故乡，在这片广袤的土地上，生长着具有历史价值和科学价值的野生型古茶树、过渡型古茶树、栽培型古茶树及万亩古茶林，它们是世界茶树原产地的"活化石"、活标本、活物证。

一、普洱茶文化

普洱茶闻名中外，主要产地在中国云南省思茅地区（现为普洱市，下同），西双版纳州思普区（西双版纳州在唐南诏时为银生节度辖地），人称"普洱茶乡"。普洱茶文化是中国茶文化的重要组成部分。存在于地球早第三纪渐新世的3540万年前的植物群中的茶树始祖宽叶木兰（新种）化石的唯一产地在思茅地区景谷盆地，中华木兰化石产地在思茅地区的景谷、景东、澜沧，世界上存活最久的（2700年）野生型古茶树"活化石"在镇沅千家寨，另一棵野生型古茶树"活化石"

（1700年）在勐海巴达；地球上唯一存活的千年过渡型古茶树"活化石"在澜沧邦崴；千年万亩栽培型古茶树在澜沧景迈；800年栽培型古茶树在勐海南糯山，直到1994年底才枯死。"世界茶源""五世同堂"的结论已定。

茶树演化发展的5个重要"老祖宗"物证均在普洱市。2013年5月25日，国际茶叶委员会授予牌匾，由黄桂枢撰写提供审批资料。唐代《蛮书》云"茶出银生城界诸山"，明代《滇略》云"士庶所用，皆普茶也，蒸而成团"，清代呈送皇城的普洱贡茶也于此加工。普洱茶畅销海内外经久不衰，深受人们喜爱。普洱茶种植历史悠久，文化内涵丰富。

1. 普洱茶乡的历史民族渊源

普洱茶属云南大叶种，种植大叶种茶的思茅地区、西双版纳州思普区是"普洱茶乡"。两地州自古以来辖区就是连在一起的，商周时，称"彻里"地；唐代以前未设治，属西汉的哀牢地；汉晋时，属永昌郡；唐南诏时，属银生节度辖地；宋大理时，属威楚府辖区；元代时，属开南路、元江路、彻里军民总管府辖地；明代时，属景东府、镇沅府、威远州、孟连长官司、元江府恭顺州、车里宣慰司辖地；清代时，属普洱府、景东直隶厅、镇沅直隶厅、镇边直隶厅辖区，在清代道光、光绪年间分别修纂的两部《普洱府志》中，两地州的历史、地理、社会、物产等均被记述在一起；民国时期，两地州同属普洱道、殖边督办公署、行政督察专员公署管辖，泛称"思普区"；1949年以后，统属普洱专区；1954年以后，称思茅及其指导下的西双版纳傣族自治区为思茅专区；1973年，西双版纳傣族自治区正式从思茅地区划出，分设为思茅地区、西双版纳傣族自治州。

普洱茶从最初的茶树驯化，到后来的种植、采摘、加工、制作、成形、包装、定名、进贡、贸易及畅销海内外，包含着思茅地区、西双版纳州从古至今各族人民的辛勤劳动和创造。"普洱茶"的美名及原产地域名称，同归两地州茶乡共享。

当今两地州的行政区划界线是被人为划分的，古代普洱茶区域先民的生产生活并无今日行政区划的界线。在保山高黎贡山海拔2210m的自然保护区内，有一株高达18.8m，基部干直径1.53m的千年野生古茶树；在德昂寨遗址山坡上，有一株高9m，基部干围3.8m的人工栽培古茶树及其群落。今属临沧地区的缅宁县及双江县东部，民国三年（1914年）曾属普洱道管辖，以及地处澜沧江沿岸与思茅地区相邻的临沧地区的临沧、双江及凤庆等县均是产茶区。在凤庆县马街区华丰乡香竹箐，至今存活着一株千年栽培型"古茶树王"，树高9.3m，胸径1.6m。

从古至今，思茅地区和西双版纳州民族同宗、茶树同源，是山水相连的同一个普洱茶文化区。谈及普洱茶史与茶树原产地，不能以行政区划分割茶叶产地区域的整体性，而是既要引述历史，又要博采当今，以实物资料阐述才较为客观全面。澜沧邦崴千年过渡型古茶树生长的邦崴村及其周边地区，在进行思茅地区文物普查时发现过石斧、石矛、石环，文化类型与临近的双江忙糯新石器文化遗址出土的器型相同，都属云南忙怀类型。考古学家认为，忙怀文化"与古代百濮先民有较多的关系"。1993年，黄桂枢提出澜沧邦崴过渡型古茶树是思普区布朗族先民濮人早期驯化试验时培育的茶树遗物"活化石"的观点，得到了国际学术界的赞同。1975年，在勐海县布朗山老曼城附近山地上，群众挖出一柄磨光的石斧，也是布朗族先民濮人使用过新石器的证明。澜沧县芒景寨布朗族头人苏里亚家中至今留着一件祖传的新石器时代石斧，与邦崴周围发现的新石器同类型，均属古代濮人的生产工具。勐海南糯山有800年树龄的栽培型"茶树王"，是蒲满人（布朗族）种植的。在1000多年前的唐南诏时期，濮人就在南糯山种植茶树了，而现在南糯山种茶的哈尼族僾尼人，就是从思茅地区墨江县迁徙来的，已在此定居种茶56代了。以上事实说明，思茅地区、西双版纳州的布朗族、哈尼族是同源同宗的，在古代生产生活在同一个产茶区域，而最先种茶的就是布朗族先民濮人，保存至今的澜沧邦崴过渡型古茶树及澜沧、勐海栽培型古茶树等就是物证。

木兰是被子植物的代表，茶树起源于第三纪宽叶木兰，已为学术界所公认。著名的景谷宽叶木兰（新种）化石，于1978年正式由中国科学院北京植物研究所和南京地质古生物研究所发表文献描述为发现于思茅地区景谷盆地芒线，时代被定为"渐新世"，是第三纪"晚"渐新世植物群遗迹，距今约3540万年。因为是以宽叶木兰（新种）为主体的植物群化石，所以在地质古生物学上被称为"景谷植物群"，并仅见于景谷盆地，也是我国少见的渐新世植物群。之后，云南省地矿局区域地质调查所又在景谷芒线重测了该剖面，并于1982年将其命名为"三号沟组"，地层厚度大于1592m，时代修改为"早"渐新世。

古木兰是被子植物之源，在分类学上是山茶目、山茶科、茶属及茶种的老祖宗。我国地质古生物学家何昌祥教授研究指出，景谷植物群中发现的化石共有19科25属36种。我国的木兰化石只有两个种：一是宽叶木兰（新种），只产于云南思普地区的景谷，其时代为第三纪晚渐新世；二是中华木兰，产于云南思茅地区的景谷县、澜沧县、景东县，以及临沧地区（今临沧市，下同）的沧源县、临沧县（今临翔区，下同），保山地区的腾冲县（今腾冲市，下同）和德宏州的梁河县，共7个县。

中华木兰较宽叶木兰晚，时代为晚第三纪中新世。发现于景谷盆地芒线的宽叶木兰（新种）茶树始祖化石叶形大，呈倒卵形，长6.4~11.0cm、宽3.4~5.0cm，顶端缺失，但从叶形轮廓来看为钝圆形。基部楔形收缩状，叶缘全缘，中脉粗壮而直，侧脉6~7对，近对生或互生，以50°~60°从中脉生出，向前弧曲；近边缘处的三次脉向外分出，并与外侧的侧脉末端连接，形成环结脉序；其他三次脉垂直于侧脉，彼此平行，形成长方形网格。何昌祥教授从古木兰与现代茶叶片真叶形态特征、宽叶木兰的发生与发展，以及与野生大茶树群落的生态环境和生物地理分布区系特征方面进行分析对比后认为，二者极其相似，又同属热带—南亚热带雨林、季雨林气候的喜酸山地植物，表明其间的确存在不可忽视的近缘和遗传关系。因而，他认为生长在云南西南部的野生大茶树，有可能由本地区第三纪宽叶木兰经中华木兰进化而来。同时，在未遭受第四纪更新世多期毁灭性冰川活动袭击的环境下，茶树得以生存和发展，云南思茅地区景谷芒线埋藏最早的宽叶木兰化石的出土，为印证茶树的最原始产地在滇西南地区提供了古植物依据。云南东部、东北部地区师宗、昭通、大关等地虽有野生大茶树，但尚未发现第三纪木兰化石的任何迹象，故上述地区和滇川黔交界的云贵高原，包括大理感通寺等地的野生大茶树，都是第四纪冰川后期由滇西南地区向四周自然迁徙、辐射和靠其他媒介传播的结果。

何昌祥教授研究指出，云南省西南部是唯一最晚结束海相沉积的区域，大约以澜沧江断裂为界，其东为扬子地块属欧亚大陆，其西为保山临沧地块属冈瓦纳大陆，二者拼合于中三叠纪末期。云南省西南部几经由冈瓦纳大陆分离出的微板块拼合、碰撞和俯冲，伴随抬升、褶皱和断裂活动频繁，形成滇西南区数量众多、星罗棋布、大小不等的中小型高原山间盆地和高山峡谷。进入渐新世晚期，由于气候自干燥向暖湿转化，被子植物开始大量兴起和迅速繁殖，宽叶木兰终于在景谷盆地周围突变新生，并伴生有数十个科属和大量新种子植物化石出现。到了中新世中期，气候变得更有利于被子植物的栖息繁衍，比较原始的宽叶木兰很快向高一级的中华木兰演化，并传遍哀牢山以西、北回归线附近地带，形成中华木兰产地多而集中的中心地段。由此再向四周辐射：向东传至浙江嵊县（今嵊州市，下同）、河南南阳、山东山旺；向南则海南岛和东南亚也有关于中华木兰化石的报道。值得一提的是，通过对沧源芒回一带宽叶木兰与中华木兰共生现象进行分析，古木兰植物向西和西北方向的迁徙路径更为清楚，有由梁河经盈江越过缅甸密支那盆地进入印度阿萨姆地区之势。何昌祥教授由此推论，印度阿萨姆地区和中国云南、贵州、四川交界地，既不具备第三纪木兰植物地理区系条件，又缺乏古木兰自身演化体系，因此上述地区是茶树的原产地之说，均不成立。

时代较晚的中新世中华木兰化石产地主要分布在哀牢山山脉以西，横断山脉倾伏地段以南22.5°～25°N的景谷、景东、澜沧、临沧、沧源、梁河、腾冲7个县（市），几乎为北回归线平分，并横跨澜沧江、怒江和伊洛瓦底江三大水系。其分布特点：一是化石产出海拔位置较高，在913～1400m；二是分布集中，除上述7个县（市）外，云南各地均未见木兰化石踪迹；三是木兰化石分布范围正好与野生大茶树分布带重叠。地质古生物学把滇西南地区近北回归线，有高原、盆地和山地，以木兰为主体的常绿乔木型植物群为代表的"三位一体"的生态环境和古地理环境的综合效应，称为"第三纪木兰植物群地理分布区系"。与现代对比，除因人类对原始植被的破坏引起的气温、降水量等有较小变化外，与第三纪基本保持平衡。同时，第四纪更新世的多次冰川活动尚未波及本区，许多在第三纪发展起来的植物树种一直遗传至今，并得以继续发展，新生树种不断出现。专家推论，茶树是在这个特殊的第三纪木兰植物地理区系中，由宽叶木兰经中华木兰演化的结果。因而，地质古生物学术界认为，茶树的原产地在我国云南西南部，而且是独一无二的茶树原产地。

由此，我国出土茶树始祖宽叶木兰（新种）化石的唯一地点在思茅地区景谷盆地芒线；发现中华木兰化石的地点在思茅地区的景谷县煤厂、景东县田心、澜沧县勐滨等处；世界上至今存活、树龄最老的野生型古茶树，在镇沅千家寨和勐海巴达；万亩野生型茶树群落，在哀牢山与景东县相连的镇沅九甲千家寨；古老的黄草坝、顺南、大黑龙塘、大中山、大绿山野生型大茶树在景谷县；帕令黑山野生型大茶树在澜沧县；地球上唯一存活的千年过渡型古茶树"活化石"在澜沧县邦崴；布朗族先民种下的千年万亩栽培型古茶林在澜沧县景迈、勐海南糯山；花山大茶树在景东县花山。这些可称为"茶之源"的地方均在思普地区，属于"第三纪木兰植物群地理分布区系"区域。思普地区具有茶树原产地三要素：一是有茶树的原始型生理特征，二是有古木兰和茶树的垂直演化系统，三是属第三纪木兰植物群地理分布区系。学术界认为，茶树原产地应是三要素的总和且缺一不可，这些条件思普地区均已具备。学术界还认为，茶树的原产地必定有原始型野生大茶树；反之，有原始型野生大茶树的地方因无古木兰和茶树的垂直演化系统，不一定就是茶树的原产地。因后者是受植物自然迁徙规律和其他传播媒介影响支配形成的，故可以说，思普地区是茶树的摇篮，这里有第三纪景谷宽叶木兰（新种）茶树始祖化石，有景谷、景东、澜沧中华木兰化石，有镇沅、勐海、景谷、澜沧野生型、过渡型、栽培型古茶树"活化石"物证。茶树起源在哪里？古人没有见过的，古书没有记载或记载失误的，通过科学考察和研究，我们自20世纪末起来论述补正它，这可以说是对普洱茶文化"寻根问祖"的记载了。2013年5月25日，国际茶叶委员会将"世界茶源"牌授予普洱市，便可以说明这一切。

2. 野生型古茶树

在西双版纳州，有勐海巴达野生古茶树；在思茅地区，野生古茶树资源极其丰富，主要分布在无量山、哀牢山和澜沧江两岸，生长在海拔1830～2600m处。据不完全统计，全地区野生茶树分布在7个县的29处，多为散生，均生长在原始森林中。主要地点在镇沅的千家寨，景谷的困庄大地、大水缸、大黑龙塘，景东的石大门、平掌、驴打泥塘、李家村、花石岩梁子，孟连的腊福黑山，澜沧的老挝黑山、东回帕令黑山，普洱的困鹿山，墨江的苍蒲塘。茶树树形为高大乔木，树姿分枝0.6～10.1m，树高4.35～45m，树幅2.7～16.35m，基部干径0.3～1.43m，树龄550～2700年。从芽别来看，其芽梢色泽分为绿色、红绿色（绿芽或紫芽）两种。据7个老叶茶样化验分析，水浸出物含量35%～39.88%，茶多酚含量22.21%～36.11%，氨基酸含量2.23%～3.56%，儿茶素含量5.1%～7.99%，咖啡碱含量2.19%～3.58%。今选两地州几处野生大茶树予以分述。

（1）勐海巴达野生型古茶树

勐海巴达野生型古茶树生长在勐海县巴达区贺松乡寨子后的黑山热带大森林的缓坡上，海拔1500m。1961年10月，当地哈尼族僾尼人发现这株大茶树，驻勐海的云南省农科院茶叶研究所派人前往调查，其30m的高度使研究人员惊疑。1962年2月下旬，该所张顺高与刘献荣去复查，两次调查结果证实这是一株野生型大茶树，当时被称为"茶树之王"。此地土壤为黄壤，土层深厚，腐殖质含量丰富，结构良好。由于植被以阔叶大树为主，混生有茂盛的藤本植物和高大的蕨类，因此生态环境林冠密集，光照不够充足。勐海巴达野生型古茶树为直立大乔木，分枝部位较高，枝群较少。原树高32.12m，后因大风折顶还剩14.7m，根径圈围29m，主干直径1m。按叶片分类属中叶型，叶形椭圆，叶色绿而有光泽，叶长11cm、宽6～7cm，平均7～8对叶脉，锯齿28对，叶缘缺浅，叶间距平均3cm左右，枝干灰白，生长势强。由于林中阴湿，下部叶片有白藻。经云南省茶科所分析，老叶样品干物中咖啡碱含量1.14%，水浸出物含量21.27%，水溶性茶多酚含量6.09%。从外形特征和内含成分来看，这株茶树被认定为野生型古茶树，估计树龄已达1700年。经新闻媒体报道后，它一度震惊了茶坛。黄桂枢曾分别于1994年初、2000年秋两次上山考察。野生大茶树通常是在一定自然条件下经过长期演化和自然选择生存下来的一个类群，不同于早先人工栽培后丢荒的"荒野茶"（在人类懂得栽培利用之前，茶树都是野生的）。野生型古茶树的存在证明了中国是世界茶叶的发源地，思普区是茶树原产地的中心地带。

（2）镇沅千家寨野生型古茶树

镇沅千家寨野生型古茶树，属野生型大茶树群落，生长在原始森林中，海拔2450m。1985年4月下旬，镇沅县九甲区和平乡大石房村村民李自荣父子上山采摘野茶时，发现现在所称的"2号古茶树"。他们报县农牧局、农技站后，经时任农牧局局长李德智、农技站站长邱雕才、技术员杨钊等于同年6月3—9日实地考察验收，此片树林被认定为野生型大茶树群落，面积1万余亩，树龄最长的一株约2600年。1993年4月，在"中国普洱茶国际学术研讨会暨中国古茶树遗产保护研讨会"上，何仕华、黄桂枢等在论文中再次提到千家寨野生型古茶树，并通过会后出版的论文集向国内外传播了这一信息。1995年，中央电视台《中国报道》栏目在《今日云南》节目中对古茶树做了报道。1996年11月12—17日，思茅地委，思茅地区行署，镇沅县委、县政府，思茅地区茶学会在云南省茶学会的支持下，邀请了中国农业科学院茶叶研究所、中国科学院西双版纳热带植物园、云南农业大学茶叶系、云南省农业科学院茶叶研究所、思茅地区行署对外经济贸易局、云南省思茅茶树良种场、思茅地区文物管理所、云南茶机总厂等9个单位的专家教授10人，在镇沅县委、县政府的安排下徒步进山，对千家寨野生型茶树自然群落和古茶树进行了历时7天的考察论证，对之前的工作和报道做了确认。

千家寨野生型古茶树生长在今镇沅彝族哈尼族拉祜族自治县九甲乡和平村千家寨原始森林中，这里东接新平县、北接双柏县、西连景东县，为4县接壤地带，属哀牢山国家级自然保护区。这里的野生型茶树群落有8个，分布在海拔2200～2500m处，总面积280hm^2。"1号大茶树"在上坝平地边坡脚，海拔2450m；"2号大茶树"在小吊水头狭谷中，海拔2280m，都属中亚热带向北亚热带过渡的气候区，植被为中山湿性阔叶林。除林冠面外，大小树枝、叶片均挂满苔藓，土壤为山地森林黄壤，土质肥沃。根据对周围1000m^{2}样方的调查，高25m以上的植物有9种9株，其中茶树1株，占11.1%；10～25m的植物有10种22株，其中茶树4株，占18.1%；2～10m的木本植物有11种96株，其中茶树17株，占17.7%；另有高大藤本6株，样方内共有壳斗科、木兰科、山茶科、桦木科等植物127株，其中茶树22株，占17.3%。原始森林中有茶树群落280hm^2，直径在30cm以上的茶树随处可见，即使看到1m以上乃至34m的其他大树也不足为奇，树冠覆盖85%以上。根据分析，茶树为该样方的优势建群树种。专家组认定，千家寨原始野生型茶树森林，是迄今为止发现的世界上规模最大的原生野茶自然群落，可以被称为"超大面积原始野生茶树自然群落"。从古茶树的植物学特征、生态适应性、生化特性等方面来看，专家组经过考察论证，肯定千家寨上坝1号古茶树为乔木树形，树姿直立，分枝较稀，树高25.6m，树幅22m×20m，最低分枝高3.6m，第二分枝高7.3m，基部干径12m，胸径0.89m，生长正常。叶片大小平均14cm×5.8cm，叶形椭圆，叶尖渐尖，叶面平，叶色深绿有光泽，叶缘和叶身平，叶厚、革质，叶脉9～11对，叶背、主脉、叶柄均无毛，叶柄微紫色，鳞片有少量脊毛，嫩枝无毛。花冠大，直径平均5.7cm×5.6cm，花瓣白色，有14（12～15）枚，无毛；柱头5裂，裂位1/3～1/2，花柱中下部有少许茸毛；子房茸毛特多；萼片5枚，大小为0.5cm×0.7cm，绿色，外有中毛；花梗无毛，长1.1cm。

千家寨小吊水头"2号古茶树"为乔木树型，树姿直立，分枝较稀，树高19.5m，树幅16.5m×18m，最低分枝高10m，基部干径1.02m，胸径0.86m，生长正常。叶片大小平均12.8cm×5.9cm，叶形椭圆，叶尖渐尖，叶面微隆，叶色深绿有光泽，叶缘和叶身平，叶厚、革质，叶脉9～10对，叶背、主脉、叶柄均无毛。花冠大，直径平均6.6cm×6.5cm，花瓣白色，有11（10～12）枚，无毛；柱头4裂，裂位4/5，花柱中下部有少许茸毛；子房茸毛特多；萼片5枚，绿色，外有中毛，大小为0.5cm×0.5cm；花梗长1.0cm。

两株大茶树的抗逆性强。茶树所在地海拔高，11月至翌年3月虽均有霜雪，但茶树不发生冻害，具有较强的生态适应性。从化学特征与可食性来看，经云南省茶科所分析，千家寨野生型古茶树的水浸出物含量为39.88%，茶多酚含量为22.27%，氨基酸含量为1.42%，儿茶素含量为5.456%，咖啡碱含量为3.58%。

20世纪70年代以前，山上的野茶曾被利用，大石房的村民每年进山采摘，作为边销紧压茶包心原料。村民说，此茶若不经发酵，吃多了肚子会疼，经过发酵后与家茶一样，综合千家寨"1号古茶树"和"2号古茶树"的树形、叶片及繁殖器官的形态特征，它们的植物学性状相同，属较原始的野生型茶树，根据勐海南糯山大茶树已知的树龄（800年）和已有的生理生态研究资料，结合千家寨野生型古茶树的地理纬度、海拔高度与光温、水温等资源条件进行类推测算，上坝"1号古茶树"的树龄为2700年，小吊水头"2号古茶树"的树龄为2500年，是目前发现的世界上最古老的野生型大茶树。以上测算结果对论证茶树原产地、茶树遗传多样性、群落多样性、生态系统多样性等方面的研究和种植资源的利用都具有重要意义，关于镇沅千家寨野生古茶树的研究记录，有张顺高、张芳赐、何仕华、李运烈、李光涛、杨柳霞及黄桂枢7人合写的发表在《云南茶叶》1997年第1、第2期合刊上的论文，黄桂枢、何仕华发表在《农业考古》1997年第2期上的文章，黄桂枢发表在台湾《紫玉金砂》1998年总第54期上的文章。镇沅千家寨野生型古茶树作为在世的茶树"老祖宗"，于2001年4月10日由出席"第三届中国普洱茶国际学术研讨会"的全体代表（63人），在"1号古茶树"旁竖立了"世界茶王举世无双"纪念碑。上海大世界基尼斯总部派人到镇沅颁发了"镇沅千家寨野生古茶树——基尼斯之最"牌匾和证书。由此可以看出，镇沅千家寨野生型古茶树闻名海内外。

（3）澜沧帕令黑山野生型大茶树

帕令黑山在澜沧拉祜族自治县发展河乡与酒井乡之间的看马山交界地带，海拔2360m，气候潮湿阴冷，相对湿度大，植被生长完好，这里生长着成片的野生茶树。1997年1月，澜沧县王文贵先生、陈远琼先生随同国家邮电部门的同行及乡村向导来此地考察。据当地向导介绍，营盘和发展河一带的百姓在很久以前就有采摘饮用野生茶叶的习惯。这里的野生茶树分布很广泛，老营盘后山、大岔河头、亮山、蚌塘后山等地都生长着成片的野生茶树，其中有两株格外突出。帕令黑山"1号野生大茶树"，树高26.75m，树身基部粗1.66m，树上长满苔藓植被，缠满藤蔓。"2号野生大茶树"在帕令黑山偏东的半山坡上，树高14.6m，树身基部粗2.3m，曾被砍枝采摘，并有后发出的新枝。另外，在大烂巴山大陡坡也有一株较大的野生茶树，树高16.6m，树身基部粗2.61m，枝叶茂盛，其考察报道在1997年《澜沧报》上有载。

（4）景谷野生型大茶树

景谷县野生型茶树较多，在海拔2000m以上的小黑江上游、景谷河东山及威远江下游高山地带，有成片野生型茶树5000余亩，混生于深山密林中并自成茶林群落。除此之外，还有：①黄草坝野生型茶树，位于正兴乡黄草坝村干坝子山岭，海拔2000~2500m的大尖山、困庄大地、大水缸3处，面积约2000亩，在原始森林中构成林茶群落，其间有许多数百年的大茶树，如困庄大地大茶树，树高20m，幅宽16.5m，基部干径0.88cm，树龄约440年；②顺南光山野生型茶树，分布于凤山乡顺南光山海拔2300~2500m处，散生于混叶林中，面积约1000亩，与镇沅县田坝野生茶接壤；③大黑龙塘野生型茶树，分布于景谷乡文山村东北大黑石岩山海拔2000m处，散生在混叶林中，面积1000亩，有少数大茶树树干直径在0.3cm以上，山下两侧为景谷、凤山茶叶产地；④大中山野生型茶树，分布于景谷乡文东村大中山海拔2000m处，散生于箐边杂林中，面积约500亩；⑤大绿山野生型茶树，分布在益智乡大田村东北大绿山海拔2591m处，面积约500亩，散生于混叶林中。

（5）过渡型古茶树

邦崴过渡型古茶树历经千余年风雨沧桑，以顽强的生命力屹立在海拔1900m的澜沧拉祜族自治县富东乡邦崴村新寨寨脚的斜坡园地里，其从古至今虽一直为当地茶民采摘利用，但鲜为外界所知。1991年3月，思茅地区茶学会理事长何仕华根据群众反映和澜沧县茶厂副厂长吴应明提供的信息，上山找到了这株大茶树。他丈量了树高、直径、树冠、分生枝干，收集了落在地上的茶树花、果和壳，拍照并收集了茶树主人魏仕和家采摘加工的晒青毛茶。经观察分析后，他认为这棵茶树是目前国内发现的最大的一株。为了进一步考证这株大茶树的植物学特征、树龄及其价值，经何仕华提出，由思茅地区茶学会、地区行署外经贸局、农牧局联合组织茶叶专家先后于1991年4月和11月两次上山进行了综合考察，并将采摘的茶样送到云南省农科院茶叶研究所进行化验分析。最后得出的茶树所含化学成分、细胞组织结构结果虽与栽培型茶树相同，但从树冠、花柱、花粉粒、茶果皮等特征来看，又与野生型茶树接近，树龄判断为千年左右，由此初步认定它是介于野生型与栽培型茶树之间的过渡类型。对此，《中国科学报》于1992年1月28日刊发了《云南发现一棵茶树王》的报道，并引起海内外关注，澜沧邦崴大茶树的发现受到了思茅地委、地区行署领导的高度重视。1992年9月下旬，何仕华和黄桂枢陪同时任地委书记李师程及澜沧县领导再次上山考察，为10月召开的云南省内外茶叶专家的考察论证会及有关保护管理措施做了研究安排。

1992年10月11—14日，云南省茶叶学会、思茅行署、云南省农业科学院茶叶研究所、思茅地区茶学会、澜沧拉祜族自治县人民政府在澜沧县共同召开了"澜沧邦崴大茶树考察论证会"，应邀参加考察论证的有：中国农业科学院茶叶研究所、浙江农业大学、安徽农学院、湖南农学院、华南农业大学、西南农业大学（今西南大学）、云南省农业科学院、云南省茶叶研究所、中国科学院西双版纳热带植物园、云南省农牧渔业厅、云南农业大学、云南省茶叶进出口公司，以及思茅地区、西双版纳两个地州有关单位的教授专家和代表46人，黄桂枢作为领导小组成员参加了这次考察论证工作。专家组由与会的20位茶叶专家组成，在思茅地区茶学会考察的基础上，经过现场测量、取样、观察、茶样品尝，得出了共同的鉴定意见：邦崴古茶树为乔木型大茶树，树姿直立，分枝较密，树高11.8m，树幅9.0m×8.2m，基部干径1.14m，最低分枝高0.7m，一级分枝3个、二级分枝13个。茶树叶片平均长13.3cm、宽5.3cm，叶长椭圆形，叶尖渐尖，叶面微隆、有光泽，叶缘微波，叶身平或稍内折，叶质厚软，叶齿细浅，叶脉7~12对，叶背、主脉、叶柄多毛，鳞片、芽叶、嫩梢多毛，芽叶黄绿色，节间长3.7cm。花冠较大，直径平均4.6cm×4.3cm，花瓣10（9~12）枚，有微毛，花瓣平均2.3cm×1.5cm，雌蕊高于雄蕊，花丝平均173枚；柱头多为4~5裂，花柱平均长1.34cm；子房多毛；萼片5片，平均4.3mm×4.3mm，绿色，外无毛，边缘有睫毛，内有毛；花梗长平均1.34cm，苞痕2~3个。果径平均2.8cm×2.5cm，果扁圆形或肾形，果皮绿色有微毛，外种皮上除有胚痕外，还有一下陷的圆痕，抗逆性强。未发生有冻寒或旱寒，适制红茶、绿茶。当地群众常年采制，品质良好，绿茶（春茶炒青样）滋味鲜浓，综合树形、叶片和花果形态，专家组认为邦崴大茶树既具有野生型大茶树的花、果、种子形态特征，又具有栽培型茶树芽叶枝梢的特点，是野生型与栽培型之间的过渡类型，属古茶树，可直接利用。关于澜沧邦崴过渡型古茶树的树龄，多数专家估算在千年。专家组一致认为，澜沧邦崴过渡型古茶树反映了茶树发源与早期栽培、驯化、利用同源，为区别于一般大茶树，特定名为"邦崴古茶树"。澜沧邦崴过渡型古茶树的发现，对茶树起源和进化、茶树原产地、茶树驯化生物学、茶树良种选育、农业遗产与农艺史、地方社会学等方面的研究具有重要的科学价值。

考察论证会上全体专家代表一致认为，澜沧邦崴古茶树是迄今发现的、唯一古老的过渡型大茶树，它不仅是我国的珍稀植物和国宝，也是全人类的共同财富，为多学科、多方面的研究提供了科学依据，为中国茶史、世界茶史增加了一项极为重要的环节。1993年4月，在思茅地区举行的"中国普洱茶国际学术研讨会暨中国古茶树遗产保护研讨会"上,来自9个国家和地区的181位专家学者亲自登山考察和研讨,与会代表在树旁竖立了"保护古茶树弘扬茶文化"的纪念碑。黄桂枢从邦崴周围的新石器考古和民族学资料开始研究,提出了邦崴古茶树是古代濮人——布朗族先民进行"科学实验"的结晶的观点,得到了与会者认同。此观点被刊载在1993年4月的《人民日报》和美国的《世界日报》上。华南农业大学学者李斌在做了微观研究后得出结论:"澜沧邦崴古茶树通过分析其染色体组型,并与云南大叶种和印度阿萨姆种的核型进行对比,结果发现邦崴古茶树核型的对称性比云南大叶种和印度阿萨姆种的对称性更高,邦崴古茶树是较云南大叶种和印度阿萨姆种更原始、起源更早的茶树,是野生型向栽培型过渡的过渡类型的结论,以核型分析结果看是完全正确的。"《人民日报》(海外版,1993年4月17日)载:"茶叶故乡在何方,专家确定在思茅。"

(6)栽培型大茶树

茶树和其他作物一样,在人工栽培以前经历了一个野生采集阶段,人们通过对野生茶叶的利用,逐步发展到栽培野生茶树,再通过对野生茶树的驯化和野生茶树的自然演变或引入,才逐渐发展成为今天的栽培型茶树品种。思茅地区、西双版纳州的茶树品种属云南大叶群体种,是两地州人民长期培育和选择的产物,在西双版纳州,最有名的是勐海县南糯山栽培型大茶树。在思茅地区,基部干径在30cm以上的栽培型大茶树,分布在景东县的花山、景福,镇沅县的河头,景谷县的田坝、文山,澜沧县的景迈,普洱县的小高场、茶山箐,墨江县的界牌、茶厂,孟连县的糯东等7个县11个乡,海拔1150~2100m,树形均为高大直立乔木,茶树高5.5~9.8m,树幅2.7~8.2m,基部干径0.3~1.4m,树龄181~800年。现分述两地州几处栽培型大茶树。

①勐海南糯山栽培型大茶树。

南糯山在勐海县格朗和区。从西双版纳州景洪市驾车沿昆洛公路行驶,在距离勐海县城10km处有一条新修的岔道公路,再行20多分钟即到栽培型大茶树所在地——南糯山。山上有一片片古茶园,多达万亩。1953年,云南省茶科所周鹏举等在南糯山半坡寨发现了现在所称的"茶树王"。20世纪50年代,科技工作者发现的大茶树有两株,其中一株已枯死,从锯下来的树干年轮和化学分析结果推断,该茶树已有800年历史;另一株存活的茶树高5.5m,主干围4.34m,主干径1.38m。1954年,周鹏举陪同我国著名植物学家蔡希陶教授再次考察,推断此茶树树龄在800年以上,当时生长旺盛。同年,周鹏举又在布朗山森林发现一片大叶茶树,其叶片最长者33cm。南糯山哈尼族老人说,他们从墨江迁此定居已56代人了。当时,山上已有茶树,为蒲满人(今布朗人)所栽。在哈尼人搬到南糯山前,南糯山已有了满山茶园,以每代20年计算,南糯山的万亩茶园至少存在1000多年了。这说明在1000多年前的唐代,蒲满人已在南糯山种植了茶树。南糯山大茶树是国内外公认的栽培型"茶树王",勐海茶厂用南糯山茶叶制作的名茶"南糯白毫"享誉中外。可以说,今天世界上的茶都是云南大叶茶的后裔,普洱茶是世界茶的正宗祖先。随着南糯山"茶树王"的声誉大增,此地成了中外专家学者考察和游客参观的著名景点。由于旅游景点开放，大茶树周围的生态遭到了破坏，古老大茶树千百年来的生态环境被打破，"茶树王"枝体被攀缘折断受到严重损伤。鉴于这种情况，时任云南省茶科所副所长李远烈于1993年4月在思茅举行的"中国古茶树遗产保护研讨会"上宣讲的《南糯山栽培型茶树王保护实践》中提出了保护的行政措施、农艺技术措施、辅助工程及今后设想，并在日后的工作中逐步实践。日本专家曾给予对症治理，勐海县茶办及有关部门也尽力保护，使之得以存活。但这株具有800多年树龄的"茶树王"，终因年老体弱多病，于1994年12月初冬枯死。这株大茶树虽已寿终，但它作为我国栽培型"古茶树王"的典型经历，将被永载茶史册。

②澜沧景迈栽培型古茶树。

距离澜沧拉祜族自治县城约70km的惠民乡芒景、景迈山上，居住着布朗族、傣族等。这里地处亚热带地区，气候温和，雨量充沛，土地肥沃，为酸性土壤，分布着近万亩的栽培型古茶林，均为布朗人种植。这里的古茶树繁衍至今已千余年，是古老的普洱茶产地之一。整个古茶林由景迈芒景、芒洪、翁居、翁洼等村寨相连而成，通称"景迈茶山"。据芒景缅寺木塔石碑傣文记载，芒景茶叶种植始于傣历五十七年（695年），距今已有1300余年的历史。在澜沧县布朗族地方史《奔闷》中，记载了他们的祖先叭岩冷倡导种茶已逾千年的史实，布朗族古老的《祖先歌》中也有相似内容的唱段。清乾隆三十五年（1770年）前后，景洪土司在孟连土司的支持下打败了景栋土司，赢得了战争的胜利。为了酬谢孟连土司，景洪土司不仅把女儿嫁给他为妻，还把芒景、芒洪、翁居、翁洼、班解、糯岗5个布朗族寨和1个傣族寨划分给女儿做采邑当作"嫁妆"，这一带均为种茶区。在《孟连宜抚史》中有如下记载：景洪的召宣慰（土司）很高兴，"两勐门当户对，他同意将大女儿嫁给孟连的召贺罕（土司），并以景迈茶山（芒景、芒洪一带）作为公主的妆奁"。故古代布朗族先民种植的景迈万亩古茶林遗留至今，并一直被采摘利用。最初生长在这里的是"野茶"（实为栽培种普洱茶），布朗族先民经过驯化后成了"家茶"，其驯化方法是将茶树砍断，并连续3年施火烧灰肥即成为"家茶"。其面积原有8000多亩，几百年来经当地布朗族和傣族种植，目前总面积达万亩。据地区茶学会专家考察，景迈、芒景古茶林中较大的两株茶树，即"1号古茶树"树高4.3m，基部干径0.5cm，树幅6.3m，距离地面0.55cm处分出2根枝干，直径分别为39cm和24cm。"2号古茶树"树高5.6m，基部干径0.4cm，树幅5.8m，距离地面0.77cm处分出2根枝干，直径分别为33cm和18cm；叶长4cm、宽5cm，叶椭圆形，叶面平展，叶脉12～15对，芽长3～4cm，茸毛多；花冠直径4.8cm，花瓣乳白色，5～6枚，花柱15cm，柱头3裂，裂位1/5～1/4，花丝140～170枚；种子直径1.2～1.5cm，粒重为1～1.6g。据测定，其茶多酚含量为25%，水浸出物含量为46%。古茶林与高大常绿阔叶林交错生长。古茶林为单株，株距2～4m，行距3～6m，古茶树直径多在10～30cm，少数在30～50cm，也有树龄在几十年属于逐渐长出的茶树，为乔木树型，树态衰老，人为砍伐或干预生长痕迹明显，多数茶树上生长着"螃蟹脚"和多种寄生植物。"螃蟹脚"具有降血压的作用，是昔日景迈茶出口的特殊标志。景迈茶作为普洱茶产区生产的茶种之一，加工后销往全国各地及缅甸、泰国等东南亚国家，由于景迈、芒景一带的茶树大多数生长在万亩丛林中，与数百种野生植物、药物共存。采取花蜜的飞鸟和各种小动物繁多，使异花传粉既丰富又特别，具有珍贵的药物含量。景迈、芒景的原始生态古茶可以清热解毒，帮助消化、健胃，防治血管硬化，消除各种疲劳，延年益寿，具有特殊的保健功能。生活在芒景、景迈一带的布朗族、傣族人民，长寿老人较多，即使已经七八十岁了牙齿依然完好，耳聪目明，记忆良好，生活可以自理。

▲ 2010年景迈山千年古茶树原料制作的景迈春香

▲ 云普出品新生代普洱茶代表作景迈壹号

传说很早以前，生活在这里的布朗族祖先在采摘野菜、野果的活动中，发现了一种清苦的野菜，当时人们还不知道这就是茶叶，而是将其当作"得责"（布朗语"作料"）食用。因为那时的食物大部分是生的，或是火烧过的野生动物的肉，食后体内较热，疾病也多。人们在吃了这种"得责"后，浑身舒服爽快，头脑清醒，眼睛明亮，因此对"得责"产生了兴趣，逐渐觉得它是生活中不可缺少的食物。但那时的"得责"稀少珍贵，不容易找到。由于生活的需要，布朗族祖先叭岩冷带领族人开始"得责"的人工培植和移栽。在游猎中，他们发现"得责"就做上标记，记好地点，进行人工管理和保护。在管理中，他们还发现将草木灰施在"得责"的根上，"得责"的味道会更好。后来，他们采摘"得责"果实带回部落进行人工种植和发展，这样野生"得责"就慢慢地成了人工种植的"得责"。为了与其他野菜分开食用，叭岩冷给"得责"取了一个特殊的名字"腊"，意为绿叶。人们把"腊"带在身上，劳累时就放到嘴里含着，可以消除疲劳，保养身体。后来，又出现把摘回来的"腊"用锅炒、用手揉、用阳光晒干的加工方法。为了发挥"腊"的药性作用，要先把"腊"放入"国哦腊"（布朗语"小茶罐"）烤香，然后放水熬成汤喝。"腊"这一名称，是布朗族最先叫出来的，后来傣族、基诺族、佤族，哈尼族僾尼人、卡多人也称茶为"腊"。慢慢地，这种带着药性的汤就成了人们生活中不可缺少的饮料，种植的人也越来越多，从几棵发展到小片种植，从房前屋后发展到在山上林间大面积地开垦种植。经过千余年的种植，才培植成了这些世界上仅存的万亩古老茶林。景迈茶也变成了昔日土司制度管理下布朗族农奴向孟连傣族土司上贡的贡品。3年一次大贡，贡茶25kg；每年一次小贡，贡茶10kg，由各户分摊。"腊"也成了布朗族与其他部落成员之间交换的主要产品。据有关记载，景迈、芒景古茶山所产的茶叶，自元代起就销往缅甸、泰国等东南亚国家，还使用马帮驮到普洱交易，使景迈茶名扬中外。

1994年初，澜沧景迈茶山首次允许国外专家学者参观考察，日本专家称此处为"天然茶叶博物馆"。1995年4月，在思茅地区举办第二届中国普洱茶叶节期间，组委会组织与会的41位中外专家者参观考察了此片古茶林，大家惊叹不已。1997年2月下旬，思茅地区在举行第三届中国普洱茶叶节时，于2月25日至3月1日在澜沧县举行了"第二届中国普洱茶国际学术研讨会"，与会的56位中外专家学者实地考察了景迈万亩栽培型古茶林，并在会上交流了有关论文。他们就以下几个观点取得了共识：澜沧景迈万亩古茶林是迄今为止国内面积最大、历史最长、保存比较完整的栽培型古茶林，是一份珍贵的农业资源；通过对澜沧景迈万亩古茶林的考察研究，进一步证实了布朗族先民——古代濮人，是最早种植茶树的主要民族。布朗族语言称茶为"腊"，为后来的傣族、基诺族所借用；澜沧景迈万亩栽培型古茶林，对研究中国茶叶发展史、古代茶树农艺、茶叶与民族的关系、古代茶叶规模种植经营、古代茶叶贸易等都具有很高的历史价值和科学价值。有关研究和报道分别刊载于中国《农业考古》和日本《茶道杂志》等刊物上。

二、普洱茶贡品

普洱茶作为皇朝贡品，起始于何年尚有待考证。据史料记载，最晚在清雍正四年（1726年）鄂尔泰在云南推行"改土归流"时就已岁贡。北京茶叶专家王郁风对普洱贡茶做过考证研究，其结果曾于1993年4月在思茅举行的中国普洱茶国际学术研讨会上交流。现从贡茶品种、贡茶受宠缘由、贡茶采办、贡茶国礼、贡茶影响等方面分述如下。

1. 贡茶品种

清雍正年间，皇朝宫廷将普洱茶列为贡茶，视为向朝廷进贡珍品。清乾隆六十年（1795年），定普洱府上贡茶4种：团茶（分5斤、3斤、1斤、4两、1.5两重）、芽茶、茶膏和饼茶。其后，清政府又规定贡茶由思茅厅置办。清《普洱府志》卷19有载，每年贡茶为4种：团茶（分5斤、3斤、1斤、4两、1.5两重），瓶盛芽茶、蕊茶，匣盛茶膏共8色。除以上几种外，作为贡茶的还有景谷民乐秧塔白茶，即"白龙须贡茶"和墨江的"须立贡茶"。

思普区的茶叶，自唐宋以来就销往西藏。清《普洱府志》载："普洱古属银生府，则西蕃之用普茶已自唐时。"以后历代皇朝常用云南普洱茶同吐蕃交换马匹，即"茶马贸易"，当时可能称为"银生茶"。随着茶叶有了稳定的销路，需求量增多，茶叶生产得到发展，逐渐形成了历史上著名的普洱府六大茶山，并声名远播。明万历年间，谢肇淛在《滇略》中第一次提到"士庶所用，皆普茶也，蒸而成团"。"普茶"即"普洱茶"，此后各种史料也见有关普洱茶名记载。清雍正四年（1726年），云南总督鄂尔泰在少数民族地区推行"改土归流"的统治政策，废土司、设官府、置流官、驻军队，加强行政统治。雍正七年（1729年）设置"普洱府"治，雍正十三年（1735年）十月设"思茅厅"，辖车里、六顺、倚邦、易武、勐腊、勐遮、勐阿、勐笼、橄榄坝9土司及攸乐土目共八勐地方，裁思茅通判、攸乐同知移住思茅，改称"思茅同知"，六大茶山均在思茅厅辖区内。于是，普洱府的思茅厅成了六大茶山的茶叶购销集散中心，集市贸易十分繁荣。同年，普洱茶名震京师，清政府题准征收茶捐。《大清会典事例》称："雍正十三年题准，云南商贩茶，系每七团为一筒，重四十九两（折合现在1.8kg），征税银一分，每百筋（斤）给一引，应以茶三十二筒为一引（折合现在52.6kg），每引收税银三钱二分。于十三年始，颁给茶引（执照）三千（折合现在3582担）颁发各商，行销办课（税收），作为定额造册题销。"雍正七年（1729年），清政府为控制普洱茶的购销权力命总督鄂尔泰在思茅设立官办的茶叶总店，指派"通判"官员亲自掌管，推行变相的茶叶统购专卖政策，不许私相买卖，以独垄其利。同时，推行岁进上用茶芽制，选取最好的普洱茶进贡北京，以博得皇帝欢心，岁岁如此。云贵总督和云南巡抚"按例恭进"的茶叶有：普洱小茶400圆，普洱女儿茶、蕊茶各100圆，普洱芽茶、蕊茶各100瓶，普洱茶膏100盒。故精制上好的普洱茶珍品即成了岁进皇宫的贡茶，普洱茶作为贡茶在海内外享有更高的声誉。

2. 贡茶受宠缘由

普洱茶作为贡茶进入清皇宫后，皇室成员都要品尝，经过同各地送来的贡茶进行比较，发现普洱茶的茶味与茶性不同于其他地方的小叶种茶，从而深得帝王家族的青睐。究其原因，在于普洱茶是深山原始森林中的云南大叶种茶，具有茶味浓厚的特殊品质，帮助消化的功能最强，并有治疗、保健的作用。对于普洱茶的特性，明清时就有所体验，并有多种文字记载。如明代崇祯年间进士、懂医学的学者方以智在《物理小识》中写道："普洱茶蒸之成团，西蕃市之，最能化物。"清乾隆年间学者赵学敏在《本草纲目拾遗》中指出，普洱茶"味苦性刻，解油腻牛羊毒，虚人禁用。苦涩，逐痰下气，刮肠通泄"，"普洱茶膏黑如漆，醒酒第一。绿色者更佳，消食化痰，清胃生津，功力犹大也"。在其卷六《木部》又云："普洱茶膏能治百病，如肚胀、受寒用姜汤发散，出汗即可愈；口破喉颡，受热疼痛，用五分噙口过夜即愈。"《思茅厅采访》云，普洱茶"帮助消化，驱收寒冷，有解毒作用"。普洱茶的茶性，非常适合满足清宫贵族的生活需要。

满清皇族的祖先是中国东北地区的游牧民族，以肉食为主，进入北京成为帝王贵族后养尊处优，饮食上各种珍馐美味应有尽有，需要一种有助于消化、功能强大的茶叶饮料。而普洱茶正有这种特性，于是上贡的普洱茶、普洱女儿茶、普洱茶膏，深得清朝帝王、后妃及皇家贵族的赏识。宫中以饮普洱茶为时尚，有用于泡饮的，有用于熬奶茶的，尤其冬季北方气候干燥，更需多饮普洱茶。上有所好，下必效焉。于是，云南普洱茶在北京名声大噪，社会咸闻。经历代地方官吏认证、民间品评，确认云南普洱茶为我国后发酵茶中的极品，从清雍正初年一直延续到清末，历时近200年，成了专供皇宫饮用的佳茗。

清代大文学家曹雪芹对普洱茶也有所闻，在其描写贵族生活的巨著《红楼梦》第六十三回"寿怡红群芳开夜宴　死金丹独艳理亲丧"中，就有描写喝普洱茶、女儿茶助消化的事。那是贾宝玉生日之夜，8位姑娘为宝玉过生日，很晚了还没睡。荣国府女管家林之孝家的带着几位老婆子来怡红院查夜，见大家都没睡便催促其早睡。宝玉说："今日因吃了面，怕停食，所以多玩一回。"林之孝家的又向袭人等笑说："该焖些普洱茶喝。"袭人、晴雯二人忙笑说："焖了一茶缸子女儿茶。已经喝过两碗了。"女儿茶亦为普洱名茶，清人阮福在《普洱茶记》中载："小而圆者名女儿茶，女儿茶为妇女所采。于雨前得之，即四两重团茶也。"由此可见，普洱茶在清代上层人士心目中的地位。

清宫重普洱茶的风尚也传到贡茶产地云南，故清人檀萃在《滇海虞衡志》中有"普（洱）茶，名门重于天下"之说。清人阮福在《普洱茶》中有"普洱茶名遍天下，味最酽，京师尤重之"的记载。这些都反映出清朝当时的饮茶时尚。

清朝皇族和社会上层人士爱饮普洱茶的风尚代代相传。清朝灭亡后，在一些出宫的太监、宫女所述的宫中见闻中对此也有所反映。曾经伺候慈禧日常生活8年的宫女金易在沈义羚所著的《宫女谈往录》一书中说："老太后（慈禧）进屋坐在条山炕的东边。敬茶的先敬上一盏普洱茶。

老太后年事高了，正在冬季里，又刚吃完油腻，所以要喝普洱茶，图它又暖又能解油腻。"清朝末代皇帝爱新觉罗·溥仪也证实，云南普洱茶是清朝皇室成员心目中的宠物，拥有普洱茶是衡量皇室成员显贵的标志。后来，当了全国政协文史委员的溥仪和著名作家老舍因同是满人，交往颇深。1966年，在参加孙中山先生诞辰一百周年纪念活动中，两人常在一起工作。工作完毕，老舍亲自送溥仪回家，溥仪则留老舍小憩，品茶叙谈。一次，老舍问及溥仪当皇帝时喝什么茶，溥仪告知："清宫生活习惯，夏喝龙井，冬喝普洱，拥有普洱茶是皇室地位的标志。皇帝每年都不放过品普洱头贡茶的良机。"亦即所谓"香于九畹芳兰气，圆如三秋皓月轮"。皇帝也爱品由云南细嫩芽叶制成的小而圆的普洱茶，以延年益寿。清皇宫能够妙用普洱茶，在养生之道上为后人提供了宝贵的经验。

3. 贡茶采办

贡茶的采办是非常认真的，清朝皇族饮用的贡茶沿用明制。清康熙二十九年（1690年）《大清会典》中规定"岁进茶芽。顺治初，系户部执掌，七年改属礼部"，"顺治七年（1650年），礼部照会产茶各省市政司，每年'谷雨'后十日起解，定限日期到部，延缓者参处"。据有关史料考证，云南普洱茶始贡时间最晚在雍正四年（1726年）鄂尔泰推行"改土归流"时。在雍正十二年（1734年）三月的官方文告《禁压买官茶告谕》中，有"每年应办贡茶，系动公件银两，发交思茅通判承领办送"等话语，可知那时已每年进贡清皇宫普洱茶，且是在思茅采办的。清阮福《普洱茶记》载："福又检贡茶案册，知每年进贡之茶，列于布政司库铜息项下，动支银一千两，由思茅厅领去转发采办，并置办收茶锡瓶、毅匣、木箱等费。其茶在思茅。本地收取新茶时，须以三四斤鲜茶，方能折成一斤干茶。每年备贡者，五斤重团茶、三斤重团茶、一斤重团茶、四两重团茶、一两五钱重团茶，又瓶盛芽茶、蕊茶，匣盛茶膏共八色，思茅同知领银承办。"光绪二十年（1894年），易武茶商李开基的"安乐号"茶庄、车顺来的"车顺号"茶庄，因敬贡"易武正山七子饼"茶，获得云南布政使书赠朝廷颁发的"瑞贡天朝"匾额。李开基、车顺来被敕授"例贡进士"，其中李开基还被吏部敕命为职修佐郎。至今，易武车顺来茶庄后人还保留有"瑞贡天朝"匾额。现存的清光绪二十九年（1903年）思茅官府向倚邦茶山催交贡茶的文书"札"中写道：

为札饬遵办事照得本府于二月初二日案，奉思茅府谢札开除原文有案外封宾采办，先尽贡典，生熟蕊芽办有成数，方准客茶下山，历办在案，兹当春茶萌发之际，亟应乘时采办，切勿迟延致干参究等因，奉此惟今本府票差前往各寨坐催外，今行札知。为此仰本山头目及管茶人等遵照，谕到即行饬令茶民，乘时采摘贡品芽茶及头水细嫩官茶，速急收就运倚（邦）交仓，以凭转解思（茅）辕（官署），事关贡典，责任非轻，该（土）目等务须认真札催申解，勿得延埃远误摘采，即期不缴，定即严提比追不贷懔之，切切特札右札仰本山头目及管茶人准此。

光绪二十九年二月　日札

▲ 宫廷造办帝王之冠贡茶系列

此札说明当时思茅官府对采办贡茶一事抓得很紧，清代《普洱茶记》有载："二月采毛尖，以作上贡，贡后方能出售。"当时的普洱贡茶分为团茶、芽茶和茶膏等8个衣色，由思茅当地官员（同知）备办"贡茶"呈送清皇宫。

普洱六大茶山和其他一些产茶区的少数民族，均将茶作为主要经济来源和物物相换的对象，所以几乎处处种茶、户户卖茶，马帮塞途，商旅充斥。采制贡茶讲究"五选八弃"，即选日子、选时辰、选茶山、选茶丛、选茶枝；弃无芽、弃叶大、弃叶小、弃芽瘦、弃芽曲、弃色淡、弃食虫、弃色紫。贡茶厂制茶前要先祭茶祖诸葛亮，掌锅揉茶师傅要沐浴斋戒，然后才"请锅"。揉茶师傅一边用手在热锅内提、翻、抖，一边轻揉、轻拌、轻按、轻转、轻搓，旁边还要有人及时为他擦汗，因为御用贡茶是不允许有半滴汗滴落进去的。清代普洱儒生许廷勋在其《普茶吟》诗中有吟："满园茶树积年功，只与豪强作生活。山中焙就来市中，人肩浃汗牛蹄蹶。万片扬箕分精粗，千指搜剔穷毫末，丁妃壬女共熏蒸，笋叶藤丝重检括。好随筐筐贡官家，直上梯航到宫阙。区区茗饮何足奇，费尽人工非仓卒。"诗中写出了入市卖茶和精选贡茶的情形。清人阮福在《普洱茶记》中记载了普洱贡茶的采制时节和制茶名称："二月间采，蕊极细而白，谓之毛尖，以作贡，贡后方许民间贩卖。采而蒸之，揉为团饼。其叶之少放而犹嫩者，名芽茶，采于三四月者，名小满茶，采于六七月者，名谷花茶，大而圆者，名紧团茶，小而圆者，名女儿茶。女儿茶为妇女所采，于雨前得之，即四两重团茶也。"那时的采茶时节与现在大体相仿，所以志书记载是可信的。从上述记载可以看出，备办贡茶极为讲究：第一，要好茶"毛尖，以作贡"；第二，要讲究花色，要八色贡茶；第三，规定有一定贡茶数目，每年上缴贡茶上万斤；第四，指定由思茅厅长官领银承办。每年向清皇宫进贡普洱茶的定例一直延续到清朝末期，前后历时近200年，皇帝用的贡茶被储存在清宫的"茶库"里。据王郁风考察，此"茶库"在今故宫博物院东面的永和宫以东。故宫博物院《总管内务府现行则例》（1937年）载："茶库，设员外郎二员，六品司库二员，无品级司库二员，库使十五名。"专司收存管理，说明了清皇朝对贡茶管理的重视程度。

怎样送呈贡茶呢？据载，有一位清末送贡茶的"夫头"讲给后辈，其后辈又告知普洱老人朱俊。贡茶制成后，首先，县、府、道的官员要会同"恭选"，好中选好。把选上的团茶、饼茶（女儿茶）、蕊茶之类，用黄包袱包好；普洱芽茶和蕊茶是散茶，盛入精制的锡瓶，也用黄包袱包好、缝上；女儿茶膏则盛入锦缎木盒，用黄包袱包好。其次，由"恭送"的官员、千总、把总带领兵丁，把贡茶顶在头上到县衙门，跪在大堂上。县官叩迎贡茶之后，请出大印在包了贡茶的黄包袱上盖章，称作"用印"。再次，到府台衙门用印。最后，头顶着贡茶到道台衙门用印。道台发放由兵部制造的"火牌"一杖。凭"火牌"可以"过州吃州，过县吃县"。领了火牌便将贡茶装入木箱，捆在驮架上，抬驮子上路。送贡茶的马帮浩浩荡荡，从普洱府宁洱县城一天可到磨黑，第二天到上把边，而后到通关哨、布固江、黄草坝、他郎厅（墨江）、大歇厂、莫浪、元江州……共经过17个"栈口"到达昆明。进了昆明便到巡抚衙门销差验交，再由督抚大吏派员恭送进京。

4. 贡茶国礼

清朝赠送外国的国礼，除珍宝、玉器、瓷器、漆器、绸缎外，还有普洱茶。清皇朝每年收纳的普洱贡茶，除了供清皇宫饮用或分赠皇亲国戚外，也被选作赠送外国使节的礼品茶，视为代表国家的高级土特产礼品。史籍有记载，在清乾隆年间，清朝与英国交涉两国贸易问题时赠送给英国的礼品中就有普洱茶。茶叶专家王郁风考证故宫博物院于1990年编制的清朝档案材料《掌故丛编》得知，英国于清乾隆五十七年（1792年）特派以驻印度马德拉斯前总督马戛尔尼勋爵为首的觐见团95人，以祝贺乾隆八十大寿为名来华。向清朝皇帝请求改变当时只开放广州单一口岸对外通商的决策，要求增加通商口岸，降低关税，允许设立租界，派驻公使长驻中国。英使觐见团随船带来了地球仪、天文钟、聚光镜、战舰模型、铜炮、火枪、马车、玻璃彩灯、金线毯、毛料等19项贺寿礼，以图乾隆欢心，或用于打通关节。乾隆五十八年（1793年）九月十四日，乾隆皇帝在热河行宫（今承德避暑山庄）接见英使团，并在万树园宴请他们。乾隆婉言谢绝其所请，虽不予同意，但作为礼尚往来，回赠了英使团大批珍贵礼物，其中就有普洱茶、女儿茶和普洱茶膏。按清朝礼例，每次接见或宴请、参观、看戏，都要赠送礼物，称为"赏赐"，每人每次一份。王郁风从《掌故丛编》中摘录的3次回赠英国国王乔治三世的礼物：第一次赏英吉利国王物件，有珐琅、珍宝、玉器、漆器、瓷器、花缎、画册、鼻烟壶及土产食品计92项（对、套）479件（个），其中包括普洱茶8团、茶膏4匣、六安茶8瓶、武夷茶4瓶；第二次加赏英国国王物件，有绫罗丝缎、漆器、扇、笺、食品等计40项455件，其中包括普洱茶40团、茶膏5匣、武夷茶10瓶、六安茶10瓶；第三次随"敕书"（答复英国的国书），赏给英国国王物件计41项1016件，其中包括普洱茶40团、茶膏5匣、武夷茶10瓶、六安茶10瓶。

▲ 当代贡茶，普洱市人民政府特别定制礼茶　　▲ 当代贡茶，思茅市人民政府特别定制礼茶　　▲ 中共普洱市委办公室、普洱市人民政府办公室特别定制礼茶

▲ 2013年普洱市人民政府直属公司普洱市天下普洱茶国出品的"茶国1号"（1）

每次赠送国礼，按例均由"军机处"逐人、逐项开列详细清单，呈送皇帝阅批后送出。这批清朝礼品茶的计数单位为：普洱茶称"团"，女儿茶称"个"，茶膏称"匣"。这与清代思茅厅采办的贡茶单位、称谓及《普洱府志》所载的计数、称谓是相符的，故是思茅厅进贡清皇宫的普洱贡茶无疑。普洱贡茶作为皇宫饮品和国礼，声誉远播海内外直至今日。因此，只要是云南省政府单位定制的茶都被称为当代贡茶。

▲ 2013年普洱市人民政府直属公司普洱市天下普洱茶国出品的"茶国1号"（2）

5. 贡茶影响

普洱贡茶被清皇宫赏识近200年，作为茶文化历史已被载入清宫史籍和地方志，在海内外产生了较大影响。作为贡茶实物，到20世纪60年代初，北京故宫博物院茶库里还存放着没有吃完、用完的贡茶数吨，其中仍有普洱茶、女儿茶、普洱茶膏。1963年，北京故宫博物院处理贡茶2吨多。茶叶专家王郁风曾于当年10月下旬在北京茶厂见到这批陈年贡茶实物。普洱团茶大者如略扁的西瓜，小者如网球、乒乓球，茶色褐黑，不霉不坏，保存完好。茶团表面有拧紧布纹的印痕，可见在制茶时是用布包着揉紧后，干燥成形的。王郁风选了一个大的普洱团茶用秤称，重量为5斤半（是清代旧称5斤重团茶）。这种团茶形状似人头，对照清人赵学敏《本草纲目拾遗》与普洱茶有"人头式，名人头茶，每年入贡，民间不易得也"的记载相符合。1992年11月13日，王郁风向故宫专家单士元询问故宫贡茶的事情，据其告知普洱团茶、茶膏等仍留有样品。北京故宫博物院茶库遗存的普洱贡茶，不知是清朝哪位皇帝遗留的。王郁风推测最晚应当是慈禧和光绪吃剩的。历史的贡茶实物成了极为珍贵的文化遗存，其文物价值和影响远远超出了茶叶本身。

▲ 第八届中国普洱茶节从北京故宫博物院请回的清光绪年间普洱贡茶"万寿龙团"

▲ 普洱市博物馆馆藏珍品"紫禁明珠"

▲ 2022年3月3日普洱市博物馆正式收藏"紫禁明珠"

▲ 2008年第29届奥运会组委会特别定制，送各国首脑的国礼普洱茶"奥运国礼2008"

现在，中国香港、中国澳门、中国台湾及新加坡、马来西亚等地区的华人，仍对传统普洱茶情有独钟。日本、欧美等国家和地区的茶叶市场也有销路，前景看好。广东茶楼尚有普洱茶当家，民间有普洱茶浓汁治痢偏方，都是传统药用茶。国外曾检测出普洱茶有降血脂、降胆固醇的功效，潜在优势较多。时代在前进，产品在创新。当今，在思普区努力开发普洱茶、提高本质因素的前提下，既要继承和发展传统普洱茶，也要依据海内外市场的导向，研究开发新的普洱茶形式，如饮料茶、药用茶、保健茶等，让普洱茶具有更高的文化层次，在海内外拥有更多的品饮者。

三、茶马古道

茶马古道是指唐代以来为顺应当地人民需求，在中国西南和西北地区，以茶叶和马匹为主要交易内容、以马帮为主要运输工具的商品贸易通道，是中国西南民族经济文化交流的走廊。茶马古道是以川藏道、滇藏道与青藏道（甘青道）三条大道为主线，辅以众多的支线、附线构成的庞大的交通网络。地跨陕、甘、贵、川、滇、青、藏，外延达南亚、西亚、中亚和东南亚各国。茶马古道主要干线分南、北两条道，即滇藏道和川藏道。茶马古道的存在推动了各民族经济文化的发展，凝聚了各民族的精神，加强了各民族间的团结。茶马古道是推动民族和睦、维护边疆安全的团结之道，是中国统一的历史见证，也是民族团结的象征。2013年3月5日，茶马古道被中华人民共和国国务院公布为第七批全国重点文物保护单位。

公元前138年，张骞奉汉武帝之命出使西域，云南很早就和南亚、西亚、中亚地区有交往，而汉武帝派遣使者的寻访，让中原接触到了西南边疆文化。到了唐代，吐蕃王朝崛起，随着藏人和南亚人、西亚人开始大量饮茶，这条古道喧嚣了起来。唐樊绰的《蛮书》中详细记载了滇茶入藏的道路。

茶马古道是亚洲大陆上以茶叶为纽带的古代交通网络。随着茶叶贸易日益发达，这条古道在宋、元、明、清时期被大大地利用起来，形成了亚洲大陆最庞大的商业道路。茶马古道以马帮运茶为主要形式，将茶叶与吐蕃的马、骡、羊毛、牛羊皮、麝香、药材等互换，主要是人赶着马匹在高山险峻的道路中交易。茶马古道源于古代西南边疆和西北边疆的茶马互市，兴于唐宋，盛于明清，二战中后期最为兴盛。茶马古道分川藏、滇藏两路，连接川、滇、藏，延伸至不丹、尼泊尔、印度境内（此为滇越茶马古道），直到西亚、西非红海海岸。

1. 茶马古道路线

据《普洱府志》记载，明清时期，以普洱为源头出境的茶马古道有东北路、西北路、东南路、西南路、南路5条。

（1）东北路——前路官马大道

北上：宁洱—墨江—元江—玉溪—呈贡—昆明—曲靖—成都—陕西—山西—河北—北京。

南下：宁洱—思茅—普藤坝—官坪—勐养—景洪—勐海—打洛通往缅甸景栋等东南亚地区。

（2）西北路——滇藏茶马大道

一条：宁洱—景谷—按板（或从宁洱经磨黑—梅子街—古城）—镇沅—景东—弥渡—下关—丽江—中甸—德钦—西藏。

另一条：宁洱—西萨—景谷—景东—南涧—下关—保山—腾冲—永昌（南方丝绸之路）、缅甸等周边地区。

（3）东南路——宁洱江城茶马大道

宁洱—思茅—江城—越南莱州（水运）—海防港口。

（4）西南路——旱季茶马大道

第一条：宁洱—思茅—澜沧—缅甸腊戍。

第二条：宁洱—思茅—澜沧—孟连—缅甸刀霍道—孟波。

第三条：宁洱—思茅—澜沧—西盟—缅甸。

（5）南路——宁洱易武茶马道

第一条：宁洱—思茅—勐腊易武、倚邦、曼拱、革登等古六茶山—老挝琅勃拉邦、万象。

第二条：宁洱—思茅—西双版纳—缅甸景栋—仰光—印度加尔各答（海运）、尼泊尔—中国西藏。

第三条：宁洱—思茅—西双版纳—缅甸景栋—泰国曼谷—中国香港（海运）。

2. 马背上驮来的城镇

（1）银生古城（景东）

银生古城地处云南西南部，普洱市北端，是滇西南的重要通道，北通楚雄、昆明，南达思茅、景洪及东南亚诸地，西连临沧、缅甸并通印度。

唐代南诏时期，在景东设置开南节度使，到794年撤销开南节度设立银生节度，筑银生城。其疆域包括临沧市大部，思茅、西双版纳全部，泰国景迈、老挝丰沙里、越南莱州、缅甸景栋等地，最大的贸易商品就是茶叶。

（2）宁洱古城

宁洱是历史上普洱茶的主要原产地之一，又是普洱茶的集散地，也是茶马古道的源头。从唐代至清代，宁洱因普洱茶的产销已成为商贾云集、马帮络绎不绝的重镇。

清雍正七年（1729年），设普洱府，云南巡抚张允随奏准把土城外墙建为砖墙。乾隆三十一年（1766年），设迤南道。道、府、县等文官的官署和武官总兵镇的衙门都聚集在宁洱城。城内外众商云集，使普洱茶声名大振。

（3）鲁史古镇

鲁史古镇是临沧市凤庆县古滇西茶马古道要道之一。明清以来，鲁史人就以茶为生，其中骆英才是鲁史第一个人工种茶的人，并开设"俊昌号"茶庄，长期从事茶叶贸易。鲁史青龙桥建成，交通条件改善，过往鲁史马帮商旅与日俱增，鲁史成为顺宁通省驿道及茶马古道上澜沧江和黑惠江之间的重要驿站。

3. 云南茶叶商帮

云南在清朝中后期出现了许多商帮，并且大多是以茶叶生产和贸易为主。茶叶商帮以一个个茶叶商号的出现为标志，是云南茶叶发展到兴盛阶段的表现。当时，比较出名的商帮有鹤庆商帮、喜洲商帮、腾越商帮、石屏商帮、藏族商帮。其中，鹤庆商帮是实力最雄厚、发展最快的商帮，大家熟悉的老字号"同心德""恒盛公""兴盛和""福春恒"等均起家于鹤庆商帮。商帮间互通有无、互相竞争，主导了云南茶叶生产经营的各个环节。茶马古道是云南茶叶历史的象征，当时繁荣的景象虽已不在，但是它的历史足迹不可磨灭。茶马古道重镇、老字号的遗迹、茶叶生产贸易重地等，对于研究古代文明传播来说是活生生的实例。

4. 茶马古道历史价值

唐朝，部分地区盛产茶叶。随着各地对茶叶的需求日盛，为加强管理，唐朝政府制定了相应的贸易政策，如茶马互市、加收茶税、榷茶制度等。在此种情形下，作为交通运输工具的马帮将视线转向了茶马贸易，茶马古道初见雏形。

宋朝，内地茶叶经济得到繁荣发展而西部地区需求较大，西部盛产良驹恰好适应国家需求，中央政府在促进经济和军事发展的基础上，为维护西南地区安全以稳固国家政权，对茶马贸易的重视度愈甚，正式建立了茶马互市制度。自此，茶叶逐渐成为中原地区与涉藏地区人民友好往来的重要媒介，茶马贸易成为中央政府对西南地区进行政治控制的重要手段，茶马古道作为主要商品运输路径的重要性也日益凸显。

元朝，中央政府改变了对茶马古道的运营、管理方式，开始设立马政制度，拓展茶马古道，并在沿线设立驿站。从此，茶马古道不仅成为经贸之道、文化之道，而且成为国之道、安藏之道。

明朝，茶马互市的景象日益兴盛，贸易形式更加多样，如政府贸易、朝贡贸易等。尽管中央政府为加强政治统治实行"茶引""引岸"等制度，禁止私人开展茶马交易，但汉藏民族间的贸易往来依旧频繁。

清朝，茶马互市制度虽逐渐衰落，但茶马古道依旧热闹，交易产品种类不断丰富，除主要贸易产品茶叶与马匹外，还涵盖内地生产的丝绸、布料等生活用品，西部地区出产的虫草、藏红花等珍贵药材。

抗战期间，茶马古道承担起了西南后方主要物资供应通道的重任。

作为集经济、文化、政治于一体之道，茶马古道在历史长河中既是西南地区民族之间商贸往来的交通要道，又是民族间增进文化交流的重要纽带，是推动民族和睦、维护边疆安全的团结之道。

茶马古道的存在推动了各民族经济文化的发展，凝聚了各民族的精神，加强了各民族间的团结。茶马古道是中国统一的历史见证，也是民族团结的象征。

四、普洱茶诗词

清人阮福在《普洱茶记》中言："普洱茶名遍天下。"古今文人、学士有为普洱茶著书撰志的，有为普洱茶吟诗作曲的。在"普洱茶乡"——思茅地区、西双版纳州，在清代府志、民国县志和当代编辑出版的《中国普洱茶诗词楹联集》中，就收录有吟咏普洱茶的诗词。其中，有种茶、采茶、制茶、贡茶、烤茶、品茶、药茶、咏茶、茶山、茶厂、茶史、茶贸、茶艺、茶马古道、茶叶节等方面的内容，这是由普洱茶物质文化引发的精神文化"茶文化风采"。古今文人，用诗、词、曲、赋抒发了对普洱茶的情感，赞美了普洱茶在物质文化生活和精神文化生活方面对人们的有益作用。普洱茶诗词因其独特的艺术特色、文学欣赏价值和史料研究价值被人们传扬吟唱，是时代和历史的真实记录及缩影。不仅普洱茶香飘四海，而且普洱茶诗香溢四海。

（1）清代、民国时期普洱茶古诗

其一，清代宁洱教谕杨溥七律《茶庵鸟道》：

崎岖道仄鸟难飞，得得寻芳上翠微。
一径寒云连石栈，半天清磬隔松扉。
螺盘侧髻峰岚合，羊入回肠展迹稀。
扫壁题诗投笔去，马蹄催处送斜晖。

其二，清代宁洱贡生舒熙盛七律《茶庵鸟道》：

崎岖鸟道锁雄边，一路青云直上天。
木叶轻风猿穴外，藤花细雨马蹄前。
山坡晓度荒村月，石栈春含野墅烟。
指顾中原从此去，莺声催送祖生鞭。

其三，清代他郎（今墨江）训导朱廷硕七律《茶庵鸟道》：

山径崎岖不易平，连山矗矗峥嵘势。
失群鸟向风头合，迷道人追虎迹行。
一线路通天上下，千寻峰夹树纵横。
扶筇行行归来晚，犹幸庵前夕照明。

其四，清代宁洱县知县单乾元五律《茶庵鸟道》：

茅堂连石栈，清磬半天闻。
一径悬如线，两峰寒如云。
晚霜维马力，秋月少鸿群。
剩有雄心在，高吟对夕曛。

其五，清代普洱府知府牛稔文吟《茶庵鸟道》的诗有两首。

一首为五律：

> 猿猱宜此路，樵斧偶然闻。
>
> 径仄愁回马，峰危畏入云。
>
> 从兹登鸟道，或可近仙群。
>
> 岩下钟流响，岧峣日渐曛。

另一首为七绝：

> 仄径生机一线通，茶庵旅店暂停骢。
>
> 分明雉堞山头见，犹在盘回鸟道中。

从上述诗中可以看出，普洱茶马古道的"茶庵鸟道"之险，马帮行路之难，诗人的感叹反映了亲历者的心声。

普洱茶在民间生活"开门七件事"中是必不可少的一件，清代宁洱贡生舒熙盛在《普中春日竹枝词十首》之四中写到了普洱茶，诗曰：

> 鹦鹉檐前屡唤茶，春酒堂中笑语话。
>
> 共语年来风物好，街头早卖白棠花。

清光绪《普洱府志》卷四十八《艺文志》中载有宁洱儒生许廷勋的长诗《普茶吟》，共48句。这是普洱茶历史上的艺术记录，对于茶文化研究具有重要的史料价值。

> 山川有灵气盘郁，不钟于人即于物。
>
> 蛮江瘴岭剧可憎，何处灵芽出岑蔚。
>
> 茶山僻在西南夷，鸟吻毒菌纷缪轕。
>
> 岂知瑞草种无方，独破蛮烟动蓬勃。
>
> 味厚还卑日注丛，香清不数蒙阴窟。
>
> 始信到处有佳茗，岂必赵燕与吴越。
>
> 千枝峭倩蟠陈根，万树槎丫带余蘖。
>
> 春雷震厉勾潮萌，夜雨沾濡叶争发。
>
> 绣臂蛮子头无巾，花裙夷妇脚不袜。
>
> 竟向山头采撷来，芦笙唱和声嘈囋。
>
> 一摘嫩芷含白毛，再摘细芽抽绿发。
>
> 三摘青黄杂揉登，便知粳稻参糠麸。
>
> 筠篮乱叠碧毵毵，松炭微烘香馞馞。
>
> 夷人恃此御饥寒，贾客谁教半乾没。
>
> 冬前给本春收茶，利重逋多同攘夺。
>
> 土官尤复事诛求，杂派抽分苦难脱。
>
> 满园茶树积年功，只与豪强作生活。

（2）当代普洱茶诗词

1990年，展望出版社出版的《中国名茶》一书中，收有一首评论普洱茶的诗：

雾锁千树茶，云开万壑葱。

香飘十里外，味酽一杯中。

北京嘤鸣诗社副社长沈信夫的五律诗《普洱茶吟》：

休道灵芝草，何如普洱茶。

滇南钟秀气，赤县孕奇葩。

陆羽三杯赏，卢仝七碗夸。

寰球堪一绝，昔贡帝王家。

云南省人大常委会副主任张宝三的七绝《咏普洱茶》：

普洱名茶誉四方，一杯足使满堂香。

茶姑惜爱春深绿，剪取春光运远洋。

湖北陆羽茶文化研究会副会长欧阳勋的绝句《普洱茶》：

独特香型普洱茶，橙黄汤色蕴清华。

条型粗壮耐冲泡，浓强滋味最堪夸。

云南思茅地区文物管理所副研究员、思茅地区诗词协会常务副主席黄桂枢的词《忆江南·普洱茶乡吟》：

茶乡俏，坡顶彩云飘。绿海春尖添碧影，村姑巧手舞山腰，仙女散花娇。

茶乡美，天壁映朝晖。普洱香茶精巧制，白毫佳品厂房堆，四海誉名飞。

茶乡富，思普跃征途。经济振兴开道路，名茶远运过江湖，古府变新都。

人们在品尝普洱茶时，读着这些"普洱茶诗"，也能慢慢品出茶诗的韵味，其茶乡之美、普茶之妙、怡神之乐、健身之道、交友之缘，尽在其中。

第三章 普洱茶的医学保健

Chapter 3

第一节　古籍中记载的普洱茶保健

茶起源于中国，中国也是最早发现并使用茶的国家。翻开茶叶史料，民间有许多关于普洱茶独特功效的记载，不仅印证了当时人们对普洱茶的推崇，也为后人进一步探寻其科学依据提供了宝贵的借鉴。《神农本草经》中说："神农尝百草，日遇七十二毒，得茶而解之。"道出了茶叶的解毒功能。最早记载茶的药用价值的唐代《新修本草》中有述："茗，苦茶；茗味甘、苦、微寒、无毒。主瘘疮、利小便、去痰、热渴，令人少睡。春采之，苦茶，主下气、消宿食。"

普洱茶的医药保健功能从古代到民国以前，也有不少史料记载。

唐代陈藏器在《本草拾遗》中载："治疮痛化脓，年久不愈，用普洱茶隔夜腐后敷洗患处，神效。""治体形肥胖，油蒙心包络而至怔忡：普茶去油腻，下三虫，久服轻身延年。"

明末学者方以智所著《物理小识》云："普洱茶蒸之成团，西蕃市之，最能化物。"

清代张泓《滇南新语》云："滇茶，味近苦，性又极寒，可祛热疾。"

▲《中医四大经典》

清代赵学敏于乾隆三十年（1765年）辑著的《本草纲目拾遗》云："普洱茶膏，黑如漆，醒酒第一，绿色更佳；消食化痰，清胃生津。普茶，蒸之成团，西蕃市之，最能化物。普洱茶味苦性刻，解油腻牛羊毒，苦涩，逐痰下气，利肠通泄。"在其卷六《末部》中又云："普洱茶膏能治百病。如肚胀，受寒，用姜汤发散，出汗即可愈。口破喉颡，受热疼痛，用五分噙口过夜即愈。"

清代王士雄在《随息居饮食谱》中说："茶微苦微甘而凉……普洱产者味重力峻，善吐风痰，消肉食，凡暑秽痧气腹痛、霍乱、痢疾等症初起，饮之辄愈。"

《本经逢原》有载："产滇南者曰普洱茶，则兼消食止痢之功。"

《普济方》载："治大便下血，脐腹作痛，里急重症及酒毒，用普茶半斤碾末，百药煎五个，共碾细末。每服二钱匙，米汤引下。日二服。"

《验方新编》载:"治伤风,头痛、鼻塞:普茶三钱,葱白三茎,煎汤热服,盖被卧。出热汗愈。"

《圣济总录》载:"须霍乱烦闷,用普茶一钱煎水,调干姜末一钱,服之即愈。"

清代王昶《滇行日录》云:"普洱茶味沉刻,可疗疾。"

清代阮福《普洱茶记》云:"消食散寒解毒。"

吴大勋在《滇南闻见录》中言:"其(普洱)茶能消食理气,去积滞,散风寒。最为有益之物。"

明万历年间,王廷相作《严茶议》,其中载:"青稞之热,非茶不解。故不能不赖于此。"助消健胃、去脂解腻、散热解渴的普洱茶,成了藏族同胞不可缺少的保健饮料。

清光绪《普洱府志》载:普洱"茶产六山,气味随土性而温,生于赤土或土中杂石者最佳,消食、散寒、解毒"。

清代张庆长撰《黎岐纪闻》言:"黎茶粗而苦涩,饮之可以消积食、去胀满,陈者尤佳。大抵味近普洱茶而功用亦同之。"

《思茅采访》云:"帮助消化,驱散寒冷,有解毒作用。"

《百草镜》云:"闷者有三:一风闭;二食闭;三火闭。唯风闭最险。凡不拘何闭,用茄梗伏月采,风干,房中焚之,内用普洱茶三钱煎服,少顷尽出。费容斋子患此,已黑暗不治,得此方试效。"

以上是历史文人对普洱茶功效的著述,从消食弃毒、理气去胀、清热化痰、利肠通泄、祛风醒酒、除烦清心等方面全面阐述了普洱茶的药效功能。

第二节 古时就称茶为"万病之药"

"茶圣"陆羽《茶经》云:"茶之为饮,发乎神农氏,闻于鲁周公。"中国人发现和利用茶叶,距今已有5000多年的历史。在最早出现"荼"字的文献《前汉·地理志》中提到"长沙国茶陵"。隋唐时期,训诂学家颜师古为《汉书·地理志》作注时指出,"茶陵从人从木",证明至少在西汉时期,"茶"字就已经出现了。

唐代开元年间编写了一部《开元文字音义》,由唐玄宗作序,书中开始把"茶"从"荼"中分离出来。陆羽的《茶经》问世后,"茶"作为专属汉字被固定和流传下来。

茶作为中药,最早载入《神农本草经》。《神农本草经》成书于东汉时期,是现存最早的药物学专著,我国早期临床用药经验的第一次系统总结,被誉为"中药学经典著作"。

《神农本草经》认为:"茶味苦,饮之使人益思、少卧、轻身、明目。"这是对茶的药理功效最早的记载。

中医四大经典名著

《神农本草经》

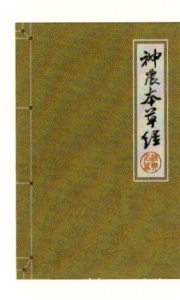

《神农本草经》简称《本草经》或《本经》，是中国现存最早的药物学专著。《神农本草经》成书于东汉，并非出自一时一人之手，而是秦汉时期众多医学家总结、搜集、整理当时药物学经验成果的专著，是对中国中草药的第一次系统总结。其中规定的大部分药物学理论和配伍规则以及提出的"七情合和"原则在几千年的用药实践中发挥了巨大作用，被誉为中药学经典著作。

▲《神农本草经》

《神农食经》记载："茶茗久服，令人有力、悦志。"

东汉末年，"医圣"张仲景用茶治便脓血取得了很好的效果，并写入《伤寒论》："茶治脓血甚效。"

三国时期，魏人张揖在《广雅》中最早记载了药用茶方制作方法："荆巴间采茶作饼，成以米膏出之。若饮，先炙令色赤，捣末置瓷器中，以汤浇覆之，用葱、姜芼之。其饮醒酒，令人不眠。"此方具有配伍、服法与功效。

神医华佗在《食论》中讲述了"苦茶，久食益意思"的道理。

真人壶居士的《食忌》云："苦茶久食羽化。与韭同食，令人体重。"

魏晋南北朝时期，饮茶之风渐盛，玄学兴起，一些道士修仙饮茶。医药学家、道家陶弘景坚信久喝茶可以轻身换骨，其《杂录》云："苦茶轻身换骨，昔丹丘子、黄山君服之。"

隋唐时期医学家、"药王"孙思邈首次对茶叶的药用保健功能进行了科学的阐述。《千金要方》中云茶"令人有力、悦志"，并记有茶药方十余方。在其所撰《千金食治·菜蔬》中云："茗叶，味甘咸、酸、冷，无毒。可久食，令人有力，悦志，微动气。黄帝云：'不可共韭食，令人身重'。"其弟子孟诜是我国第一位食疗专家，他在《食疗本草》中介绍了茶能治"腰痛难转""热毒下痢"，也提到茶要"当日成者良。蒸、捣经宿，用陈故者，即动风发气"的服用方法。这大概是关于不喝过夜茶习俗的最早记载。

《新修本草》即《唐本草》，是659年由唐代苏敬等20余人编写的我国政府颁行的第一部药典。它比欧洲最早的《佛罗伦萨药典》（1498年出版）早839年。第一次正式在中国主流本草中将茶单独立条，所载茶的多种功效内容，为陆羽《茶经·七之事》《本草·木部》所引用："茗，苦茶，味甘苦，微寒，无毒；主瘘疮，利小便，去痰热渴，令人少睡。"

"秋采之苦，主下气消食。注云：春采之。又称：主下气，消宿食；作饮，加茱萸、葱、姜良。"

《茶经》是一部划时代的巨著。陆羽的《茶经》指出："茶之为用，味至寒；为饮，最宜精行俭德之人。若热渴、凝闷、脑疼、目涩、四肢乏、百节不舒，聊四五啜，与醍醐、甘露抗衡也。"

医学家、药物学家、方剂学家陈藏器在《本草拾遗》中对纯茶叶饮料的保健作用进行了更加深入的研究，提出茶能"破热气，除瘴气，利大小肠，食宜热，冷即聚痰。茶是茗嫩叶，捣成饼，并得火良。久食令人瘦，去人脂，使不睡"。陈藏器首次记载茶能瘦身，被誉为"茶疗鼻祖"。

唐朝还开始了一项科学创举，将单纯的茶与其他药用原料结合应用，这无疑扩大了茶饮的使用范围，也增强了茶饮的医疗保健功能。因此，唐朝又被称为"药茶的萌芽时期"。著名医药学家王焘在《外台秘要》中详述了药茶的制作、饮用和适应证，开创了药茶制作的先河。

到了宋朝，药茶的运用已有相当程度的发展。不少民间和医家均采用药茶防病治病，并积累了极为宝贵的药茶方。宋代太医局编著的《太平惠民和剂局方》、宋政和年间的大型方书《圣济总录》中，均做了广收博采，记有不少药茶方。如葱豉茶、薄荷茶、石豪茶、腊茶、合腊茶、硫黄茶等，都在上述两本著作中有配方、用法、主治等方面的记载，并广泛应用于实践中。许多药茶方不仅在群众中饮用，也颇受宫廷王室青睐。

元朝宫廷饮膳太医忽思慧主管宫廷贵族的饮食烹调，根据多年经验写成《饮膳正要》，其中有不少药茶方，并指出："凡诸茶，味甘苦微寒无毒，去痰热止渴利小便，消食下气，清神少睡。"

著名老年学家邹铉在宋朝陈直《养老奉亲书》的基础上广收博采，著述了《寿亲养老新书》，其中收载了防治老年病的药茶方，如槐茶方、苍耳茶方等，并有试茶、香茶、柏汤茶、干荔枝茶的制作记载。纱图穆苏所著《瑞竹堂经验方》中有治痰喘病的药茶方。吴瑞的《日用本草》、王好古的《汤液本草》中，均有药茶功效的记载。

明朝以后，药茶方运用得更加广泛。明代《普济方》专门有"药茶"篇，记录茶药方8种，并详细介绍其适应证和饮用方法。《韩氏医通》中首次记载了缓衰抗老的"八仙茶"方。明代著名医学家李时珍在《本草纲目》中，附录药茶方10余个，如茅根茶、萱草根茶等，并对药茶的功效做了全面论述，促进了后世对药茶的研究。

李时珍在《本草纲目》中还论述了茶叶的药性和功用。李时珍认为："茶体轻浮，采摘之时，芽蘖初萌，正得春升之气。味虽苦而气则薄，乃阴中之阳，可升可降。"这些特性说明茶具有能攻能补，又能入五脏发挥作用，因此茶对多种疾病能起到一定的防治作用。

到了清朝，茶疗之风日益兴盛，对于药茶的研究越来越深入，著作颇丰。张璐的《本经逢原》、陆廷灿的《续茶经》、刘源长的《茶史》二卷、汪昂的《本草备要》、王士雄的《随息居饮食谱》、黄宫绣的《本草求真》等均有药茶方的记载。其中，沈金鳌《沈氏尊生书》记载的瘟病学家叶天士药茶方，后来改制成"天中茶"的药茶十分有名，至今运用于临床，受到医家推荐。

宁源的《食鉴本草》、赵学敏的《本草纲目拾遗》中的不少药茶方，为研究和整理药茶提供了宝贵的资料。清皇宫十分重视强身健体、延年益寿的药茶方。据现代药理研究，茶能降脂、化浊、补益肝肾，提高免疫功能。《慈禧光绪医方选议》一书记载药茶已成为清代宫中医学的有机组成部分，而御医为慈禧和光绪所开的清热茶方中，就有清热理气茶、清热化湿茶、清热养阴茶、清热止咳茶等。这些茶方显示出当时使用药茶的水平相当高，都是中医宝贵的文献资料。

中华人民共和国成立以来，药茶方更加受到重视。1963年编著的《中华人民共和国药典》中，附录有药茶的一般制法和要求，为药茶的发展起到促进作用。《中药大辞典》《常见病验方研究参考资料》等收录了不少有效的药茶方。林乾良教授主编的《中国茶疗》，将茶的功效归纳为少睡、安神、明目、清头目、止渴生津、清热、解毒、消暑、去油腻、消食、下气、利尿、通便、去痰、祛风解表、固齿、治心痛、疗疮治瘘、疗饥、益气力、延年益寿及其他。

迄今为止，现代科学从茶叶中分离和鉴定出对人体有益的各种营养成分和矿物质元素达700种以上，这是自然界中其他植物不具有的。实验证明，茶叶中的营养成分各自有着不同的药理保健功效，而且这些成分之间能相互协同，起到增效作用，如茶多酚与维生素C、维生素E等有协同增效作用，使它们的抗氧化能力大大增强；茶叶中富含的维生素A、维生素C、维生素E有助于人体对锌、硒的吸收等，使茶叶中各种成分的药理保健作用达到"1+1>2"的效果。

以茶为药，国外亦然。1545年，意大利人赖麦锡在《航海记集成》中首次提到中国茶，自此开启茶叶的欧洲之旅。在欧洲，茶最初不是放在食品店、茶叶店里售卖的，而是放到药店作为药品出售。随着欧洲人充分认识到茶叶的价值，来自中国的茶叶风靡各个阶层，英国伦敦市井小民宁愿花费一个月的薪水，也要买上1磅茶叶。

20世纪80年代以后，再次出现了研究茶的热潮，因为日本科学家揭示了茶叶中的茶多酚能够抑制人体的癌细胞活性。现代"自由基病因学"认为，慢性疾病、老年病包括衰老，都是自由基引起的。目前，能够找到的比较好的自由基清除剂有几种，其中维生素C和维生素E是全世界发现比较早的，大家公认的，有清除自由基作用的物质。大量实验表明，茶多酚清除自由基的能力比维生素类要强很多倍。正因为茶叶本身既含有维生素，又含有清除自由基能力更强的茶多酚、茶色素物质，所以古人所言"茶为万病之药"并不为过。

第三节　现代科学研究普洱茶物质

饮茶是我国饮食养生之道中的重要组成部分，茶的营养成分、药理特性、养生价值等日益受到关注。近年来，茶叶作为世界性的饮品，一直被认为是多功能的、价廉物美的天然饮品，日益受到人们的青睐，茶叶消费量在不断增加，这与茶叶本身含有的特殊成分及保健功效有关。

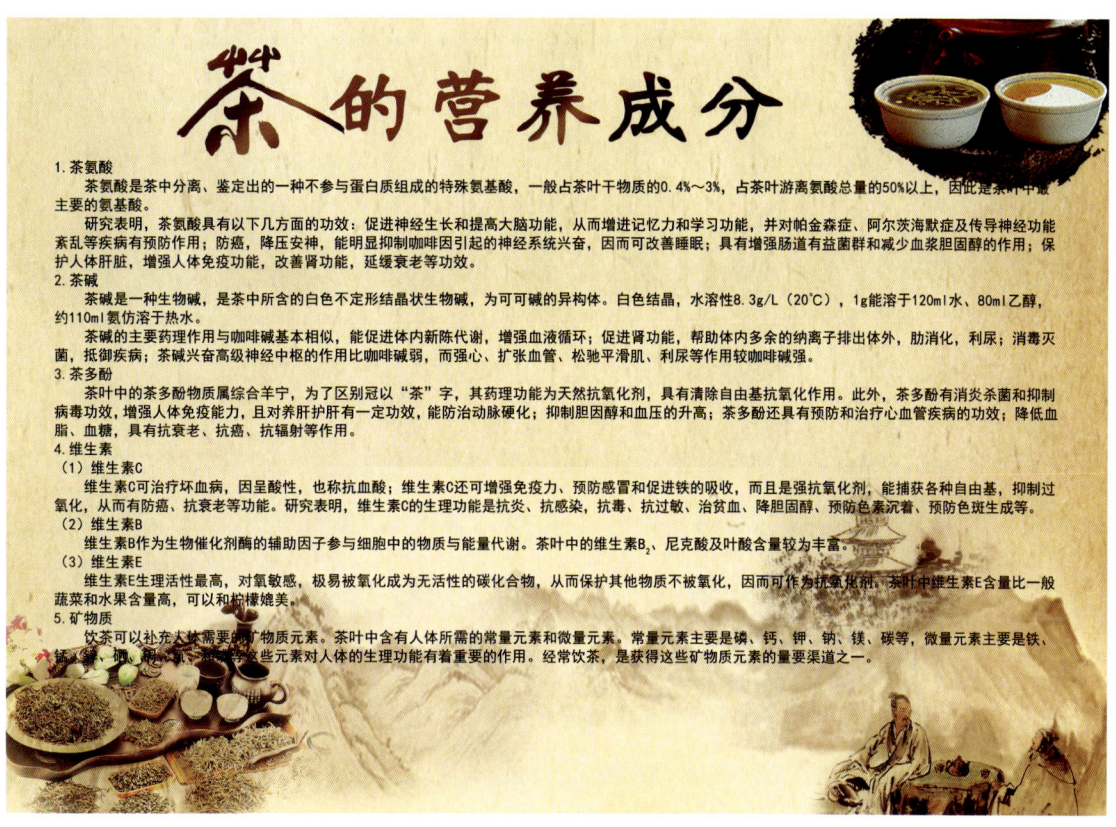

▲ 茶的营养成分

普洱茶是以符合普洱茶产地环境条件的云南大叶种茶树鲜叶为原料，经过特殊加工工艺制成的产品，尤其在后发酵过程中微生物代谢产生的热及茶叶的湿热作用使其内含物质发生氧化、聚合、缩合、分解、降解等一系列反应，从而形成普洱茶独特的风味，并具有特殊的保健功能。现代科学研究表明，普洱茶的保健功效与茶叶内所含化学成分密切相关，这些化学成分对人体的保健作用，有的是单一成分作用的结果，有的是多种成分协同、综合作用的结果。科学家研究证明，茶叶中含有茶多酚、茶色素、蛋白质、维生素、脂肪、糖类、矿物质等成分，能对人体健康起到一定的作用。

普洱茶中含有丰富的营养成分和药效成分。据周昕所编《药茶》一书记载，普洱茶中的营养成分大致可分为3类：第一类是人类生命新陈代谢必需的3种物质——蛋白质、碳水化合物、脂类；第二类是维生素、酶；第三类是矿物质。

1. 第一类：蛋白质、碳水化合物、脂类

茶叶中的蛋白质由氨基酸组成，嫩茶叶含氨基酸2%～5%，有20多种，多数是人体必需的，其中茶氨酸含量较高，是茶叶的特殊氨基酸，还有赖氨酸、精氨酸、组氨酸、胱氨酸等。上述几种氨基酸有利于促进人的生长和智力发展，对预防人体早衰和老年骨质疏松症，以及贫血等都有积极作用。茶叶中的碳水化合物含量约为30%，能冲泡出的为5%左右。脂类在茶叶中的含量为2%～3%，其中有磷、硫脂、糖脂和甘油三酯。茶叶中的脂肪酸主要是亚油酸和亚麻酸，都是人

体必需的，是脑磷脂和卵磷脂的重要成分。

2. 第二类：维生素、酶

普洱茶中含有维生素P、维生素B、维生素B_2、维生素C、维生素E等，这些维生素用开水浸泡10分钟后，约80%可以浸出，所以普洱茶也是人体维生素的良好来源，维生素B_2和维生素C十分重要，人体缺乏维生素B_2会引起代谢紊乱和口舌病，茶叶中的维生素B_2含量为100g中含1.2mg；维生素C又称"抗坏血酸"，具有多方面的生理功能，防治动脉硬化、抗感冒、抗出血、抗癌、抗肝炎的作用最为显著，已引起普遍重视。茶叶中的维生素C含量高，而且都溶于水，能得到充分利用。茶叶中的酶，按在机体中的生理效应来说有相似之处。

3. 第三类：矿物质

茶叶中含有4%～7%的无机盐，多数能溶于水被人体吸收，其中以钾盐、磷盐最多，其次是钙、镁、铁、锰、铝等，最后是微量的铜、锌、钠、镍、铍、硼、硫、氟等。医学专家指出，无机盐既可以维持人体液（渗透压）平衡，对改善机体内部循环具有重要意义，又是人体"硬组织"（如骨骼、牙齿）的原料，与骨、牙等的生理关系十分密切。钾为细胞内液的重要成分，普洱茶中的钾易于泡出；普洱茶中氟化物对防龋齿有重要作用；锰可防止生殖机能紊乱和惊厥抽搐；锌可以促进儿童生长发育，防止心肌梗死与暴卒，并有抗癌作用；铜、铁能够提升造血功能。

西南农业大学研究认为，普洱茶在后发酵过程中，黄酮类物质中以黄酮苷形式存在者最多，而黄酮苷具有维生素P的作用。云南医学专家梁明达教授研究测定普洱茶含有多种维生素，如β-胡萝卜素、维生素B、维生素B_2、维生素C、维生素E等，用电子检测法观察，发现普洱茶含有30多种化学元素，其中含有多种极为重要的抗癌微量元素。吴少雄等在对普洱茶营养成分进行分析及在营养学评价中表明，普洱茶含有丰富的营养素，经常饮用可以补充人体所需的维生素、矿物质及微量元素等。普洱茶中膳食纤维含量较高，具有良好的保健功能。

普洱茶除了含有丰富的人体所需的营养成分外，还含有一些特殊的成分，如茶多酚、茶色素、茶多糖、咖啡碱等，对人体保健具有非常重要的作用。

第四节　现代科学研究普洱茶的保健功能

1. 普洱茶的降血脂功效

研究证明，正确地调整血脂水平能够有效降低心脑血管疾病的发病率和死亡率。临床上降低胆固醇的方法主要为严格控制饮食并依赖药物，而降血脂药物的副作用使其应用受到了一定程度的限制。作为我国传统饮品的茶叶不仅天然，而且大量研究表明，茶叶有明显的降脂、降糖、降压，改善心血管疾病等多种功效。对于云南的传统特色优势产品普洱茶来说，效果是否类似尚不清楚，本节内容旨在为普洱茶作为降血脂保健食品或原料的可行性研究提供科学依据。

研究结果如下：

①普洱茶可降低高脂血症大鼠血清总胆固醇的含量。

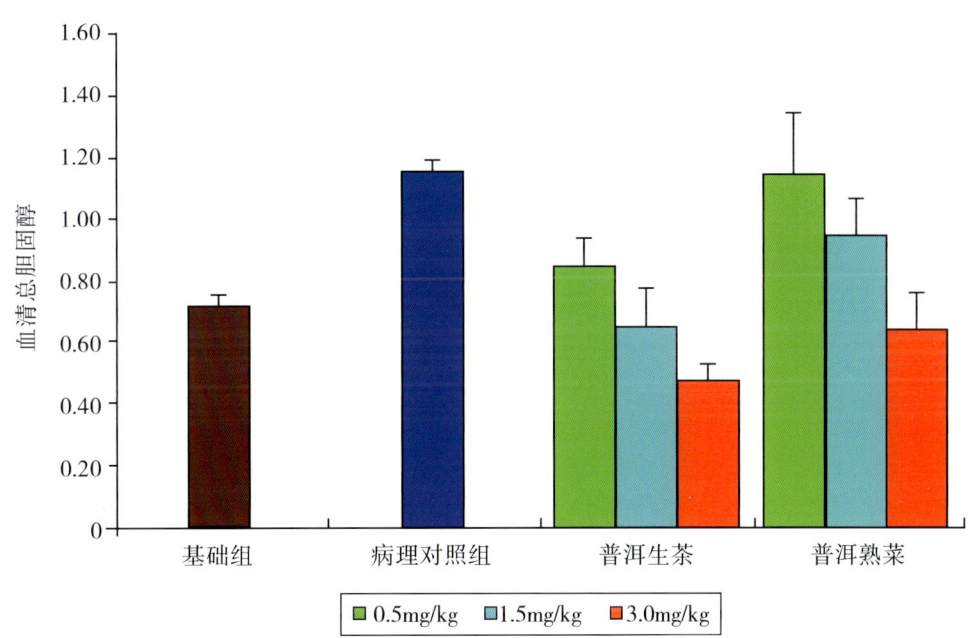

▲ 普洱茶降低高脂血症大鼠血清总胆固醇实验对比数据

②普洱茶可降低高脂血症大鼠血清甘油三酯的含量。

③普洱茶可降低高脂血症大鼠血清坏胆固醇低密度脂蛋白胆固醇的含量。

④普洱茶可增加高脂血症大鼠血清好胆固醇高密度脂蛋白胆固醇的含量。

动物试验结果表明，高脂模型组大鼠主动脉管壁增厚，内皮细胞肿胀、增生，内皮下间隙增宽，脂质空泡较多，中膜明显增厚。而生茶和熟茶高剂量组大鼠主动脉基本正常，普洱生茶、熟茶 6 个剂量组大鼠主动脉病变明显轻于高脂组。

研究结果表明，普洱茶具有很好的预防高脂血症和保护血管内皮作用，而且普洱熟茶预防高脂血症的作用明显高于普洱生茶。与药物治疗不同的是，采用普洱茶预防高脂血症，无任何副作用。

本项研究主要完成单位：昆明医科大学、云南农业大学。

2. 普洱茶抗动脉粥样硬化作用的研究

人类高脂血症与动脉粥样硬化发病密切相关。降低血浆的总胆固醇、甘油三酯、低密度脂蛋白胆固醇，升高血浆的高密度脂蛋白胆固醇，能够降低动脉冠心病的发生率和死亡率。目前，临床治疗动脉粥样硬化的主要措施是改善血脂。膳食和营养因素与血脂的变化密切相关，控制饮食和改善营养状况已成为防治动脉粥样硬化和冠心病的重要途径。

本试验以普洱茶作为供试材料，采用ApoE基因敲除小鼠为试验动物模型[ApoE（−）]，这种基因敲除小鼠是目前国际上公认的实验模型动物。该模型小鼠的血浆胆固醇浓度为正常小鼠的5倍，即使在普通饲料喂养下，也可以形成动脉粥样硬化几乎所有阶段的病变，并与人类的病变非常相似。通过这个试验，探讨普洱茶抗ApoE基因敲除小鼠高脂血症和动脉粥样硬化的作用，以期为普洱茶防治与遗传因素相关的人类高脂血症和动脉粥样硬化提供试验依据。

以往的大、小鼠等动脉粥样硬化动物模型多采用高脂饲料长期饲养，由于大、小鼠等动物先天具有抵抗胆固醇的特性，在制作模型时，胆固醇负荷往往是数十倍高于正常膳食的急性过程，这与人类实际的慢性高脂血症情况相去甚远。ApoE基因敲除小鼠（ApoE−/−）亦称"ApoE基因缺陷小鼠"，其血浆含胆固醇丰富的残粒清除受阻，喂饲普通饲料即可出现高胆固醇血症，并自发地形成纤维斑块和复合斑块，且斑块的分布与人类动脉粥样硬化斑块的分布极为相似。

本试验采用ApoE基因敲除小鼠（ApoE−/−）为试验动物，采用普洱茶干预后，发现普洱茶可显著降低该基因缺陷动脉粥样硬化小鼠的血清胆固醇、甘油三酯、低密度脂蛋白和C−反应蛋白水平，同时降低了动脉粥样硬化致病风险，提示普洱茶具有降低由遗传因素导致的动脉粥样硬化小鼠的血脂水平、炎症反应、主动脉粥样硬化损伤的程度及发病风险等功效，说明普洱茶具有抗ApoE基因敲除小鼠（ApoE−/−）动脉粥样硬化的作用。

研究结果如下：

①本项研究完成了从遗传因素到饮食因素，普洱茶对原发性高脂血症的研究（一般来说，高脂饮食性高脂血症可以通过控制高脂、高胆固醇等食物的摄入和加强运动来调节，但遗传因素引起的高脂血症往往较难控制）。

②本项研究证明，普洱茶对于由遗传因素引起的较难控制的高脂血症具有抗动脉粥样硬化作用，显著降低了遗传小鼠心血管疾病的发生风险。

本项研究主要完成单位：昆明医科大学、云南农业大学。

3. 普洱茶降血糖作用的研究

（1）普洱茶对四氧嘧啶型（Ⅰ型）糖尿病小鼠的降血糖作用

四氧嘧啶是广泛应用于建立糖尿病动物模型的化学药物，其引发糖尿病的机理为：四氧嘧啶是胰岛素β细胞毒剂，通过产生超氧自由基破坏β细胞，使细胞内DNA损伤，并激活多聚ADP核糖聚合酶的活性，从而使辅酶含量下降，导致mRNA功能受损，β细胞合成前胰岛素减少，最终导致胰岛素缺乏。胰岛素绝对水平的下降显示四氧嘧啶型糖尿病逼近Ⅰ型糖尿病，即胰岛素依赖型糖尿病的特征，本项研究利用四氧嘧啶构建Ⅰ型糖尿病小鼠模型，之后采用不同剂量的普洱茶茶汤进行灌胃，探讨普洱茶对Ⅰ型糖尿病模型小鼠的降血糖功效。

试验研究结果如下：

①普洱茶可降低四氧嘧啶型糖尿病小鼠的空腹和餐后血糖。试验小鼠灌胃普洱茶 30 天后，发现空腹和餐后血糖显著下降，普洱熟茶效果优于普洱生茶。此外，普洱茶还可以缓解糖尿病引起的小鼠"多饮"和"多食"的症状。

②普洱茶还可增加四氧嘧啶型糖尿病小鼠的胰岛素含量。胰岛素是调节糖代谢的内源激素，也是衡量血糖值的一项重要指标。四氧嘧啶型糖尿病小鼠灌胃普洱茶 30 天后，血清胰岛素水平显著升高，提示普洱茶可促进胰岛细胞损伤小鼠胰岛素功能的恢复。其作用可能是通过提高机体抗氧化能力和细胞免疫功能，保护胰岛 β 细胞，从而促进胰岛素分泌，达到降低 I 型糖尿病小鼠模型血糖水平的作用。

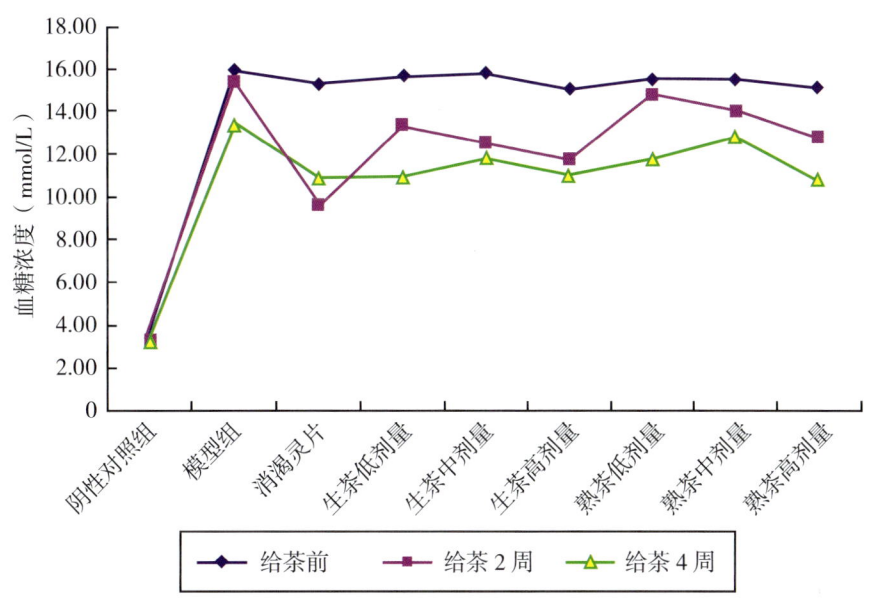

▲ 普洱茶降低 I 型糖尿病小鼠模型血糖水平

综上所述，本项研究通过给予 ICR 小鼠尾静脉一次性注射四氧嘧啶 60mg/（kg·bw）制备 I 型糖尿病小鼠模型后，持续 30 天每日定时灌胃普洱生茶和普洱熟茶。结果表明，普洱生茶和普洱熟茶均具有降低四氧嘧啶型（I 型）糖尿病小鼠空腹和餐后血糖的作用，同时使试验小鼠血清胰岛素水平升高，改善其"多饮"和"多食"的症状。

（2）普洱茶对肥胖型 II 型糖尿病 db/db 小鼠的降血糖作用

人类 II 型糖尿病主要是胰岛素受体不敏感导致的糖尿病，所以本项研究选择发病机制与人类发病机制一致的动物模型进行试验。db/db 小鼠是由 C57BL/6J 近亲交配制成的近交系小鼠，为典型的肥胖型 II 型糖尿病模型，动物一般在一个月时开始贪食及发胖，继而产生高血糖、高胰岛素血症。

试验研究结果如下：

①普洱茶可降低 II 型糖尿病模型小鼠的血糖水平。db/db 肥胖型 II 型糖尿病模型小鼠灌胃不同剂量普洱生茶与普洱熟茶 30 天后，血糖水平均显著下降。

②普洱茶是通过改变 II 型糖尿病小鼠体内的脂肪代谢，调节胰岛素受体敏感性的，具有降血

糖的作用。过去人们一直认为，脂肪组织就是人体能量的储存"仓库"。近年来，国际上的研究发现，脂肪组织不仅是一个被动的脂肪存储地，还是人体能量代谢重要的内分泌组织。例如，脂肪组织产生并释放大量的激素样细胞因子，如 Leptin、Adiponectin，调节全身的能量代谢。在遭受机体内外病理刺激时，释放大量的炎症因子，如 IL-1β、TNF-α、IL-6 等。这些因子不仅对脂肪有影响，也对全身有非常明显的影响。一个明显突出的结果是胰岛素抵抗，致使胰岛素不能满足机体的需要，最终导致Ⅱ型糖尿病的发生。

干预脂肪组织的异常细胞因子与炎症因子的合成与释放也是现代医学很难解决的问题，因为脂肪组织是正常组织，对其进行不当干预会损伤机体细胞，显然其毒副作用难以避免。本项研究前期发现，普洱茶能够干预机体的脂肪代谢，抑制非细菌性炎症反应，长期应用也未发现具有毒副作用。

综上所述，采用不同剂量的普洱生茶与普洱熟茶给予Ⅱ型糖尿病小鼠 30 天后，其体重、血糖水平、非酯化脂肪酸显著降低，但血清的胰岛素水平并无变化；同时，普洱茶可显著降低糖尿病小鼠血浆 Leptin、IL-1β、IL-6、TNF-α 的水平，提高 Adiponectin 的水平。

本项研究试验给出了一系列明确的结果，也就是说，普洱茶对于Ⅱ型糖尿病小鼠具有降血糖的作用，其降糖的作用并不是通过增加胰岛素的释放实现的，而是改变了胰岛素受体的敏感性。改变胰岛素敏感性的机制主要是通过改变体内的脂肪代谢，如抑制脂肪细胞脂肪激素 Leptin 的释放，促进脂肪代谢激素 Adiponectin 释放，影响这些脂肪激素的机制与其具有对抗脂肪组织炎症的反应有关。

（3）普洱茶应用于糖尿病防治的优势分析

众所周知，现代医学对Ⅱ型糖尿病很头痛。那么，普洱茶对Ⅱ型糖尿病患者的有益作用与现代医学的手段相比，有哪些优点呢？

本项研究表明，普洱茶对Ⅱ型糖尿病具有降低血糖的作用，而对正常机体并没有降血糖的作用。其降糖作用原理并不是提升了机体的胰岛素水平，而是干预了胰岛素受体以达到有益作用。例如，普洱茶降低体重后，可致胰岛素受体密度减小。普洱茶改善脂肪代谢，减少非酯化脂肪酸，消除了胰岛素抵抗的机制。普洱茶通过抗氧化与抗炎的作用，抑制了脂肪组织炎症因子（IL-1β、IL-6、TNF-α），调节了脂肪组织调脂激素（Leptin、Adiponectin）的产生与分泌，改善了胰岛素受体的敏感性，显然有助于控制Ⅱ型糖尿病。而对于四氧嘧啶型（Ⅰ型）糖尿病的降糖作用却是提升了机体的胰岛素水平，同时调控其"三多一少"的症状。普洱茶是一种具有多种生物活性的多种物质的天然组合体，本项研究证明其对四氧嘧啶型（Ⅰ型）和Ⅱ型糖尿病具有多重有益作用，不仅为复杂性疾病的保健预防研究提供了成功的案例，更成为日常实用的，容易为多数人群接受的预防保健手段，减轻发病的严重程度。

普洱茶对糖尿病的辅助保健作用的显著优点，就是普洱茶增加Ⅰ型糖尿病的胰岛素含量，改善Ⅱ型糖尿病的胰岛素受体敏感性，都是对其致病因素进行调节，同时不具有西药的毒副作用，容易被多数人接受，特别是长期饮用。对于糖尿病患者来说，血糖需要每时每刻的调节与控制，哪怕是漏服一次降糖药或漏用一次胰岛素都会导致严重的后果，漏用可扰乱血浆血糖激素与升高血糖激素的平衡。相对于药物来说，饮用普洱茶易被应用者长期坚持。

综上所述，虽然普洱茶有益于Ⅰ型糖尿病和Ⅱ型糖尿病的保健作用需要进一步研究证实，但将其作为一种日常饮品，不失为很好的预防手段。

本项研究主要完成单位：北京大学医学部、云南农业大学、昆明医科大学。

4.普洱茶减肥作用的研究

为了全面探索普洱茶的减肥作用，本项研究从不同角度开展了3次试验研究。主要通过模拟人类单纯性营养肥胖发生过程，以高脂饮食诱发SD大鼠营养肥胖模型和预防肥胖模型，造模后或造模的同时给予不同剂量的普洱生茶和普洱熟茶，观察其对高脂饮食诱发的SD大鼠肥胖模型的减肥和预防效果。

（1）普洱茶可控制肥胖大鼠体重的增长，减少其腹腔脂肪重量和脂肪细胞大小

本项研究发现，普洱生茶、普洱熟茶均能抑制高脂饲料引起的肥胖大鼠的体重增长；同时，普洱生茶、普洱熟茶还可减少肥胖大鼠内脏周围脂肪组织的含量（脂肪细胞的体积变小，提示普洱茶可抑制肥胖大鼠腹部脂肪的积聚）。

本试验中，采用40倍光学显微镜对肥胖大鼠的脂肪细胞数目和大小进行了检测。结果发现，普洱生茶和普洱熟茶高剂量组的脂肪细胞数显著多于肥胖模型组，单位显微视野下，脂肪细胞数目越多，对应的脂肪细胞体积越小。表明普洱茶可使肥胖大鼠的脂肪细胞变小，减少脂肪在脂肪细胞内的存储和积聚，具有抑制高脂饲料引起的大鼠腹腔周围脂肪增长的作用。

瘦素（leptin）作用于下丘脑的体重调节中枢，抑制食欲，增加能量消耗，调节脂肪代谢，在脂肪存储过程中发挥重要作用。人们普遍认为机体的体脂量是影响瘦素水平的主要因素，且与瘦素水平呈正相关关系。从试验结果来看，普洱生茶、普洱熟茶虽然显著抑制了高脂饲料诱发的大鼠体重、体脂的增加，但瘦素水平并没有下降，反而出现升高的趋势，特别是熟茶高浓度组瘦素水平升高更明显。推测普洱茶可能有促进大鼠血清瘦素分泌的作用，且普洱茶预防肥胖的作用可能与此有关。

（2）普洱茶减肥的优势分析

有研究报道，脂肪组织特别是内脏周围脂肪组织与一些代谢综合征的发生风险增加密切相关。因此，只要普洱茶抑制了内脏周围脂肪组织的增加，就可以降低血脂代谢异常、心脑血管病、糖尿病、癌症、痛风、脂肪肝等代谢综合征的发生风险，对抗肥胖更有意义。本项研究证实了普洱生茶、普洱熟茶对高脂饲料引起的SD大鼠的营养性肥胖有减肥的作用，普洱生茶与普洱熟茶的作用效果相当。而且，没有出现普洱茶抑制大鼠食欲及导致大鼠腹泻的消极减肥现象，提示了普洱茶的抗肥胖机制与抑制食饮和导泻无关，因此喝普洱茶是一种积极的减肥方式。

此外，本项研究还发现，普洱生茶、普洱熟茶在降低高脂试验大鼠体重的同时，还能抑制高脂饲料引起的大鼠血清甘油三酯的升高，升高高密度脂蛋白水平，减轻肝脏脂肪变性程度，减少

脂质在肝脏中的沉积，降低肥胖所致脂肪肝的发生率。表明普洱茶除了抗肥胖有效，还具有多靶器官的降脂作用。因此，针对伴随高脂血症及（或）脂肪肝的肥胖者，可以通过适当地提高普洱茶的饮用浓度，达到辅助调节血脂和保护肝脏的作用。无论是抑制体重、体内脂肪的增长还是调节血脂，普洱茶预防肥胖的效果都十分显著，表明普洱茶抗肥胖的作用与机体内脂肪存储量的多少、普洱茶干预时间长短相关。此外，与摄入的普洱茶剂量也呈正相关关系。本试验结果显示普洱茶高剂量抗肥胖效果最明显，依次为中剂量和低剂量。

本项研究主要完成单位：云南农业大学、昆明医科大学、云南省第一人民医院。

5. 普洱茶对脂肪肝的防治作用

（1）对非酒精性脂肪肝的防治作用

非酒精性脂肪肝的重要致病原因是能量过剩。本次研究采用高能量饮食诱发大鼠非酒精性脂肪肝之后，采用普洱茶茶汤对试验大鼠进行为期30天的灌胃试验，测定相应的生理生化指标，并进行病理检测。对于该项研究，本课题组反复开展了4次试验，都得到了相似的结果。

从大体标本和肝组织病理学来看，普洱茶可明显改善试验大鼠的脂肪变性。本项研究采用高脂饲料成功建立非酒精性脂肪肝大鼠模型后，采用不同浓度的普洱生茶和普洱熟茶对其进行灌胃30天后，牺牲试验大鼠，对其肝脏大体标本进行肉眼观察发现，阴性（正常）对照组大鼠肝脏颜色暗红、边缘锐利、质韧；高脂模型组大鼠肝脏颜色呈黄色或红黄相间，体积明显增大，边缘变钝，脆弱易碎，切面略带油腻感；普洱生茶和普洱熟茶组大鼠肝组织外观均接近正常对照组。

本试验的试验大鼠肝脏组织病理检测还发现，阴性（正常）对照组肝组织结构正常，肝细胞无脂肪变性，细胞结构清晰，细胞质丰富，细胞核位于细胞中央；脂肪肝模型组肝细胞胞质内充满大小不等的脂肪油滴，肝细胞内大脂滴将细胞核挤向一侧，少数肝细胞水样变性；低剂量普洱生茶和普洱熟茶组大部分肝细胞脂肪变性，肝细胞肿胀，胞质充满大小不等的脂肪油滴，细胞核被细胞内脂肪油滴挤压，还含有大量的泡沫细胞；中剂量普洱生茶和普洱熟茶组部分肝细胞脂肪变性，与低剂量相比大多数肝细胞脂滴数量明显减少；高剂量普洱生茶和普洱熟茶组绝大部分肝细胞正常，仅有个别肝细胞脂肪变性，但熟茶较生茶的改善效果好。说明普洱生茶和普洱熟茶均能有效抑制试验动物体重和肝指数的增加，还可梯度性改善高脂饲料引起的肝脏脂肪变性，其中熟茶的作用更显著。

（2）对酒精性脂肪肝的防治作用

目前认为，戒酒是治疗酒精性脂肪肝最主要、最根本的方法，同时通过饮食调节也能起到一定的作用。尽管西医对酒精性脂肪肝的病因、病理生理的研究取得了很大的进步，但目前西药治疗酒精性脂肪肝仍以降脂为主，效果不甚满意。临床上预防和治疗脂肪肝病的药物主要有类固醇皮质激素、丙基硫氧嘧啶、胰岛素、胰高血糖素、抗内毒素剂、秋水仙碱、抗氧化剂、S-腺苷蛋氨酸、多不饱和卵磷脂等。虽然数量较多，但多为化学合成药物，副作用较大，长期服用易导致肾脏损害。因此，利用普洱茶预防酒精性脂肪肝，是一种相对简单、安全易行的方法。

试验研究结果如下：

①普洱熟茶能保护酒精性脂肪肝试验大鼠细胞膜及线粒体膜免遭酒精引起的损伤。谷丙转氨酶主要分布于肝细胞线粒体，不同的转氨酶升高反映肝脏受损的程度有所不同。肝脏的轻度损伤，以肝细胞膜通透性增强为主，此时血清谷丙转氨酶增高，如伴有肝线粒体的破坏，即可出现谷草转氨酶升高。本试验结果显示，灌胃普洱熟茶后，可有效降低酒精性脂肪肝试验大鼠血清和肝组织中的谷草转氨酶和谷丙转氨酶活性，说明普洱熟茶能保护细胞膜及线粒体膜免遭酒精引起的损伤，对酒精性脂肪肝的形成具有延缓和减轻的作用。

②普洱熟茶可以从多方面有效抑制酒精性脂肪肝大鼠的脂质过氧化反应，避免酒精造成的氧化损伤。酒精可以通过多条途径导致氧化应激。在乙醇代谢的过程中，产生大量的还原型烟酰胺腺嘌呤二核苷酸，增加了呼吸链中的电子流，导致了活性氧自由基的大量产生，加重氧化应激，国内外学者普遍认为酒精代谢过程中产生的氧自由基是造成酒精性脂肪肝损伤的重要环节。机体为避免受到内源性或外源性活性氧自由基的损伤，在进化过程中形成了一整套代谢的抗氧化系统，主要由酶和抗氧化剂组成。SOD是生物体内最为重要的抗氧化酶之一，是清除活性氧自由基的第一道防线。

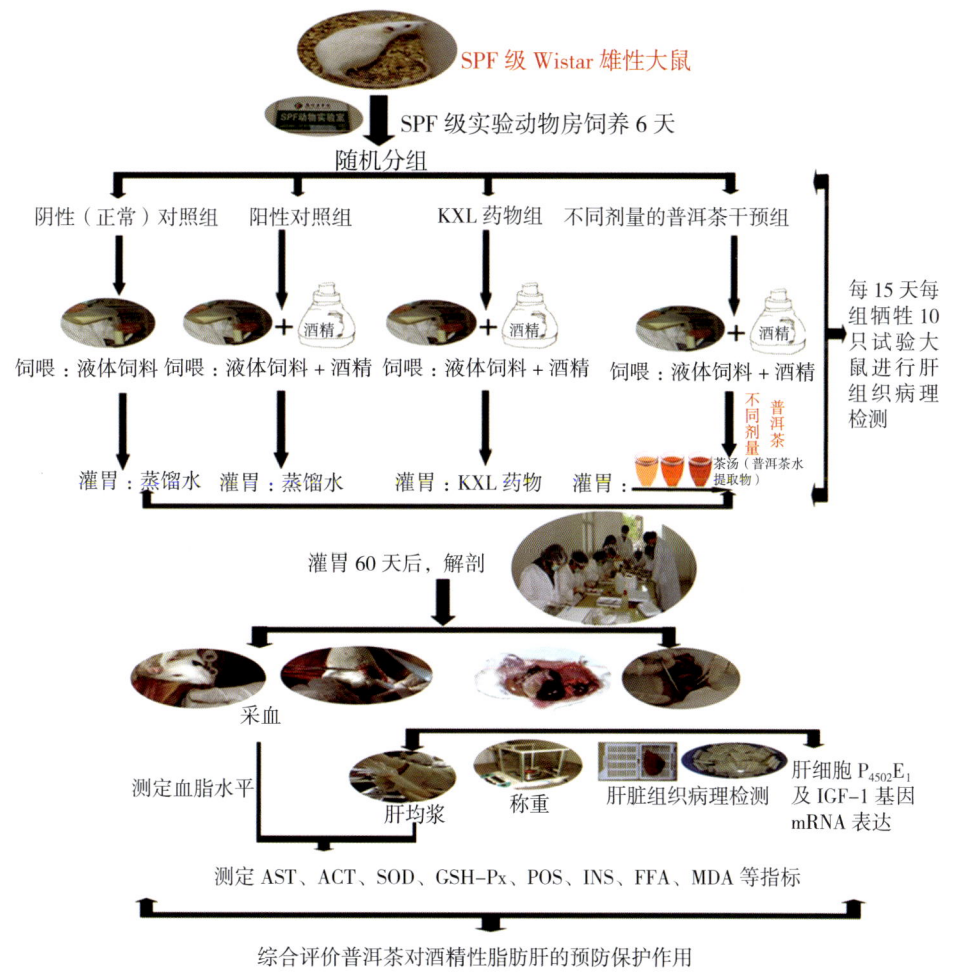

▲ 普洱茶对酒精性脂肪肝的预防保护实验

本试验结果显示，普洱熟茶可通过降低酒精性脂肪肝试验大鼠血清和肝脏组织中的活性氧自由基活性和 MDA 含量，以及增加 SOD 和 GSH-Px 活性，多方面有效抑制酒精性脂肪肝大鼠的脂质过氧化反应。

（3）普洱茶防治脂肪肝的优势分析

通过试验研究发现，普洱茶可通过降低试验大鼠体内谷草转氨酶、丙谷转氨酶活性，保护细胞膜及线粒体膜免遭高脂饮食和酒精引起的损伤，对非酒精性脂肪肝和酒精性脂肪肝的形成具有延缓和减轻的作用；普洱茶可通过降低大鼠血清和肝脏组织中的活性氧自由基活性和 MDA 含量，以及增加 SOD 和 GSH-Px 的活性，多方面有效抑制非酒精性脂肪肝和酒精性脂肪肝试验大鼠的脂质过氧化反应；可通过有效降低非酒精性脂肪肝和酒精性脂肪肝大鼠的 TG、TC、HDL-C 水平，调节肝功能指标，抑制酒精性脂肪肝引起的胰岛素抵抗，从而有效预防非酒精性脂肪肝和酒精性脂肪肝的发生与发展。因此，喝茶是一种简单易行的预防脂肪肝发生和发展的好方法。

本项研究主要完成单位：云南农业大学、云南省第一人民医院。

通过试验研究发现，普洱茶可通过降低试验大鼠体内 AST、ALT 活性，保护细胞膜及线粒体膜免遭高脂饮食和酒精所引起的损伤，能够延缓非酒精性脂肪肝和酒精性脂肪肝的形成，调节肝功能指标，抑制酒精性脂肪肝引起的胰岛素抵抗，从而有效预防非酒精性脂肪肝和酒精性脂肪肝的发生和发展。

6. 普洱茶清除自由基作用的研究

茶叶是备受人们喜爱的饮品之一，与日常生活息息相关。很多报道提出了茶叶具有清除自由基及抗氧化的作用，那么备受人们关注的普洱茶是否同样具有抗氧化作用？为了解答这一问题，本项研究以普洱茶为原料，通过动物试验测定相关指标，旨在为普洱茶的抗氧化功能评价提供理论依据。

试验研究结果如下：

①普洱茶可巩固机体内源性抗氧化系统的第一道防线。超氧阴离子是生物体内的主要自由基，在很多情况下对机体是有害的，是导致衰老的原因之一。而超氧化物歧化酶是人体内清除超氧化物自由基的酶，它能催化活性氧超氧阴离子和 HOO· 发生歧化作用生成 H_2O_2 与 O_2，起到抗脂质过氧化和抗衰老作用，是机体内部保护的第一道防线，是生物体内最重要的抗氧化酶。通过试验发现，普洱生茶和普洱熟茶均能明显提高脂质过氧化大鼠血清 SOD 的活性，且效果随剂量的升高而增强。

GSH-Px（谷胱甘肽过氧化物酶）也是人体抗氧化酶系之一，测定 GSH-Px 可作为判断抗过氧化能力的重要指标，GSH-Px 能清除体内代谢时产生的自由基离子，阻断体内脂质过氧化，并分解 H_2O_2，防止活细胞有害产物的堆积。因此，当机体受到氧化应激时，GSH-Px 酶促反应会加快。GSH-Px 的作用，一方面可以催化 H_2O_2 的转变，降低细胞内 H_2O_2 的水平，减少自由基形成；另一方面，可以催化还原膜脂质氢过氧化物变为羟基酸的反应，以减少过氧化物的蓄积。本项研究发现，普洱生茶和普洱熟茶能够明显提高脂质过氧化大鼠血清 GSH-Px 的活性，并具有一定的剂量依赖关系。

②普洱茶可减少脂质发生过氧化反应终产物丙二醛（MDA）的含量。MDA 是体内多价不饱和脂肪酸组分受活性氧作用后的过氧化产物，其含量可以反映体内自由基的多少，间接推断自由基对机体的损伤程度，正常人体的 MDA 均值为 4.82 ± 1.19 nmol/mL。MDA 是极其活泼的交联剂，能与蛋白质、酶及核酸上游离的氨基（—NH）共价交联成席夫碱，因其具有异常的键，经溶酶体吞噬后不能被水解酶类消化，蓄积于细胞内成为脂褐素。脂褐素能毒害细胞，阻碍细胞内物质和信息的传递，导致并加速细胞的衰老和死亡，成为衡量自由基损害后果的标志之一，因此可以作为器官、细胞衰老明显可靠的标志。本项研究发现，普洱生茶和普洱熟茶可降低脂质过氧化大鼠血清 MDA 的含量，具有很好的抗氧化效果。

普洱茶能增强抗氧化酶活性，降低脂质过氧化产物，防止多种慢性疾病的发生，其作为一种天然的、无毒的，既能降血脂又能抗氧化的保健食品或保健食品原料，应用前景十分广阔。

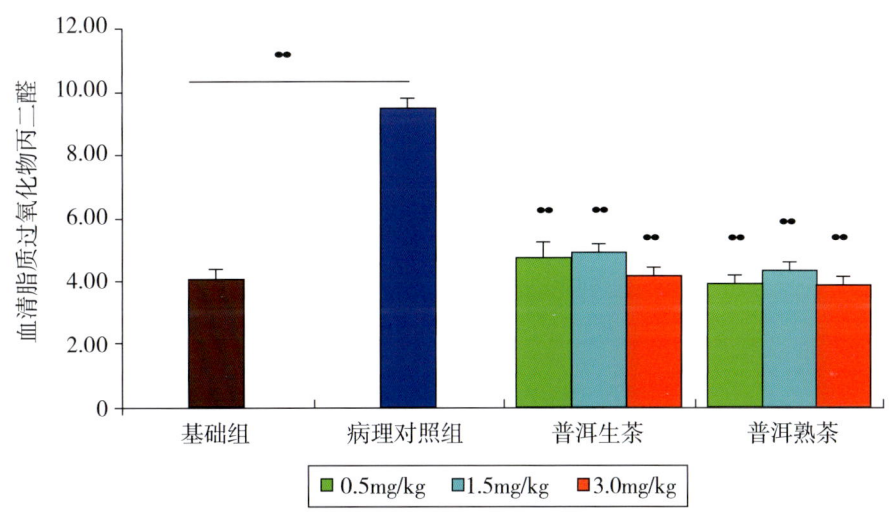

▲ 普洱生茶和普洱熟茶可降低脂质过氧化大鼠血清 MDA 的含量

随着经济的发展、人们饮食结构的改变，以及人口老龄化趋势，以加剧高血糖、高血脂、脂质过氧损伤为特征的癌症、糖尿病、肥胖症、高脂血症、动脉硬化等疾病患者数量急剧增加，这已成为中国保健事业的潜在威胁。研究表明，这些慢性疾病均与氧化损伤的发生存在直接关系，而目前临床常用药虽然在调节血糖、血脂或抗过氧化作用方面有一定的效果，但大都存在或大或小的副作用。因此，寻找新型高效低毒、调节血糖血脂抗过氧化作用的天然活性因子已成为当前人们的迫切需要。

按照卫健委颁布的《保健食品检验与评价技术规范》（2003 年版）中关于抗氧化的评判标准可判断，本项研究受试普洱生茶和普洱熟茶均具有较好的抗氧化作用。普洱茶抗氧化作用的环节可能有很多，其中主要有效成分茶多酚氧化还原电位较低，能提供质子与体内自由基结合，清除体内过量自由基，避免生物大分子损伤，并能抑制细胞色素参与亲电子代谢物的形成。

本项研究主要完成单位：云南农业大学。

7. 普洱茶防辐射作用的研究

随着电脑、手机、电视的普及，人们正在承受越来越严重的低剂量、长时间的辐射危害，为寻求保护健康的日常保健品，国内外放射生物学与医学工作者急需寻找一种高效、稳定、低毒、价廉的辐射防护品，并应用于辐射损伤的防治。在日本广岛原子弹爆炸事件的幸存者中发现，凡长期饮茶的人放射病轻、存活率高。20世纪50年代，研究发现茶叶提取物可消除放射性铀对动物的伤害，即定时饲喂茶叶提取物的动物存活，不饲喂的对照组死亡。对于普洱茶是否具有防辐射作用尚无明确报道，故本项研究通过动物试验和细胞试验探索普洱茶的防辐射作用，为普洱茶的防辐射功能提供评价依据。

试验研究结果如下：

①普洱茶可提高辐照小鼠的免疫能力。外周血白细胞数量减少是一次性全身 γ 射线照射引起辐射损伤的表现之一。在一定范围内，照射剂量越大外周血白细胞数量越少，恢复时间越长，外周血白细胞数量可代表血液系统受损的状况。在本项研究中发现，普洱茶对辐照小鼠外周血白细胞损伤具有一定的恢复作用。白细胞又被称为"免疫细胞"，存在于血液和淋巴中，也广泛存在于淋巴细胞、嗜碱性粒细胞、中性粒细胞等血管、淋巴管以外的组织中。辐照会减少小鼠外周血白细胞数量，其原因可能是辐照引起的自由基积累导致白细胞损伤。普洱茶中含有大量清除自由基物质，如茶多酚、茶多糖、茶色素等，能通过清除体内自由基达到保护外周血白细胞的效果。

血小板是由骨髓中成熟的巨核细胞裂解、胞质脱落形成的，但它不只是细胞碎片，而是有一定的结构，能进行新陈代谢，每个巨核细胞可产生2000～7000个血小板。血小板有黏附、聚集、分泌、收缩血块等功能，在止血和凝血过程中具有重要作用，在血管破损时，它引起血栓形成，还参与血管内皮细胞的修复，保持血管壁的完整。在本项研究中发现，辐照后小鼠的血小板数比正常组明显减少，灌胃普洱茶第14d辐照小鼠的血小板数显著增加，所以判定普洱茶对辐照小鼠的血小板损伤有明显的修复作用，而且修复效果与药物基本相同，揭示了普洱茶对于辐照小鼠血管内皮细胞的修复产生了积极作用。

②普洱茶可保护辐照小鼠造血系统免受辐射的损伤。骨髓有核细胞数量降低是一次性全身 γ 射线照射引起辐射损伤的另一种表现。在一定范围内，照射剂量越大骨髓有核细胞数量越少，然而骨髓有核细胞含量越少，恢复时间越长，骨髓有核细胞数量也可代表造血系统受损伤的状况。本项研究通过对辐照小鼠进行普洱茶水浸提物的灌胃，进行前后比较，观察对骨髓有核细胞数量的影响。结果发现，辐照后第3d，辐照（阳性）对照组与阴性（正常）对照组相比，小鼠的有核细胞数减少了70.6%。而灌胃普洱生茶和普洱熟茶的各组小鼠骨髓有核细胞数量却显著高于辐照（阳性）对照组，说明普洱茶对辐照小鼠的有核细胞损伤具有调节作用，可保护其造血系统免受辐射的损伤。

③普洱茶可减少辐照小鼠由辐照引起的自由基损伤。血/组织中SOD活性降低是一次性全身

γ射线照射引起辐射损伤的又一表现。在一定范围内，照射剂量越大，血/组织中SOD活性越低，恢复时间越长，血/组织中超氧化物歧化酶活性可代表有机体氧化还原反应系统受损的状况。本试验采用普洱茶茶水对辐照小鼠进行灌胃后，观察普洱茶对辐照小鼠血红细胞超氧化物歧化酶活性的影响，发现普洱茶可提高辐照小鼠血红细胞超氧化物歧化酶的活性。超氧化物歧化酶具有特殊的生理活性，是生物体内清除自由基的首要物质。辐照使试验小鼠体内积累大量自由基，超氧化物歧化酶的活性受到抑制，灌胃普洱茶后，普洱茶可以清除部分自由基，提高超氧化物歧化酶的活性。

辐射后能使机体内的自由基水平升高，而在这些自由基当中，以羟基自由基（·OH）的作用最为重要，Templeton实验证实，低LET射线导致的DNA损伤有90%是由羟基自由基引起的。所以，通过探讨普洱茶对辐照小鼠羟基自由基的抑制能力，能反映出普洱茶对辐照小鼠体内的自由基具有清除作用。本项研究发现，普洱茶水浸提物不仅能提高辐射小鼠血清中抑制羟自由基的能力，而且能使辐照小鼠血清中自由基的含量低于阴性（正常）对照组，其抑制羟自由基的能力比药物组还要强，说明普洱茶具有清除辐照小鼠体内自由基的作用。

此外，现在抗氧化物质主要为抗氧化酶及其他化合物，抗氧化的指标主要有SOD和GSH-Px活力、MDA含量、羟基自由基（·OH）抑制能力等。本项研究还分析了普洱茶对GSH-Px活力和MDA含量的影响，结果发现普洱茶在增加辐照小鼠血清谷胱甘肽过氧化物酶活性的同时，减少了血清中有害的脂质过氧化产物丙二醛的含量。

有资料表明，茶多酚、茶多糖等茶叶内含物具有很强的清除自由基抗氧化作用，而普洱茶已具备了这些物质基础。本试验通过探讨普洱茶对上述指标的影响，与前人的研究结果一致，普洱茶均表现出较好的抗氧化能力，其作用优于市售防辐射药物。综合以上试验结果，参照卫健委《保健食品检验与评价技术规范》（2003年版）中对辐射危害有保护功能检验方法的要求，可判定受试普洱茶具有防辐射的功效，原因可能与普洱茶清除自由基的功效有关。

（1）细胞试验

为进一步了解普洱茶的防辐射作用，本项研究利用从中国科学研究院上海细胞所购买的人小细胞肺癌细胞（NCI-H446）和正常人胚肺细胞（WI-38）进行深入研究。

试验研究结果如下：

①普洱茶可增加癌细胞辐射敏感性，同时降低正常细胞的辐射敏感性。对经普洱茶水浸提物和辐照处理后的正常人胚肺细胞（WI-38）进行荧光染色，利用倒置荧光显微镜观察其形态变化。结果显示，没有经过任何处理的正常人胚肺细胞表现为正常的梭形，细胞核正常无皱缩，核质均匀地分布于细胞内；但细胞受到10Gy的γ射线照射后，正常人胚肺细胞可观察到染色碎片，出现凋亡小体，说明^{60}Co-γ射线可诱发大多数正常人胚肺细胞发生凋亡；辐照后经过普洱熟茶和普洱生茶处理的正常人胚肺细胞也能观察到细胞凋亡，但辐照没有引起严重凋亡，大部分细胞形态仍保持梭形状态正常生长，少部分细胞核内染色质出现不规则凝聚、固缩及周边化，有些紧靠核膜一侧，有些细胞内出现核碎片，仅有少量凋亡小体。说明普洱茶能减轻正常细胞受辐照的损

伤程度。

②普洱茶能加大肿瘤细胞受辐照损伤的程度。对经普洱茶水浸提物和辐照处理后的人小细胞肺癌细胞（NCI-H446）进行荧光染色，利用倒置荧光显微镜观察其形态变化。结果发现，没有经过任何处理的人小细胞肺癌细胞空白对照组细胞排列紧密，生长达对数期，细胞生长正常；但细胞受到10Gy的γ射线照射后，辐照对照组人小细胞肺癌细胞可观察到细胞大部分死亡并出现染色碎片（凋亡小体），说明^{60}Co-γ射线可诱发大多数人小细胞肺癌细胞发生凋亡；辐照后经过普洱熟茶和普洱生茶处理的人小细胞肺癌细胞，能观察到细胞凋亡，并且比辐照对照组引起的凋亡严重，大部分细胞死亡，细胞核内染色质出现不规则凝聚、固缩及周边化，有些紧靠核膜一侧，有些细胞内出现核碎片和大量凋亡小体，说明普洱茶能加大肿瘤细胞受辐照损伤的程度。

综上所述，辐照对两个细胞株都有一定的伤害，而从细胞数目减少的程度上讲，人小细胞肺癌细胞比正常人胚肺细胞受到的辐射损伤大。通过普洱茶水浸提物处理后，人小细胞肺癌细胞的数目减少比正常人胚肺细胞更多，说明供试普洱茶水浸提物具有增加癌细胞（NCI-H446）辐射敏感性的效果，加快癌细胞的损伤；同时，能使正常细胞（WI-38）的射线敏感性降低，减轻正常细胞受辐照损伤的程度，可以判断普洱茶防辐射功效的机理之一是减轻正常细胞的辐射敏感性。

③普洱茶可加剧癌细胞的辐照损伤，同时保护正常细胞的DNA。本项研究对两株细胞进行不同处理后，进行了DNA琼脂糖凝胶电泳分析，了解其DNA的损伤程度，结果如下。

正常细胞和癌细胞对比显示，普洱生茶和普洱熟茶的作用效果相差不大；普洱熟茶对不辐照的癌细胞有一定的损伤作用，比生茶效果稍好；而对于辐照后的细胞，生茶对提高辐照后癌细胞的辐照敏感性要比熟茶效果好。加入普洱茶水浸提物后，辐射对于正常细胞的损伤较小，而对癌细胞的辐射损伤较严重。

④普洱茶可加大射线对癌细胞的杀伤力，同时保护正常细胞。研究结果表明，DNA电泳结果与细胞形态观察结果相似，癌细胞对射线的敏感性比正常细胞强，即加入普洱生茶、普洱熟茶水浸提物后，用同样剂量的^{60}Co-γ射线辐照癌细胞，不仅使癌细胞DNA断裂严重，甚至使绝大部分癌细胞被射线杀死，但能在一定程度上保护正常细胞因辐照引起的损伤。也就是说，普洱茶可增加射线对癌细胞的杀伤力，同时保护正常细胞，这对于癌症化疗患者来说具有非常重要的意义。

综合以上结果可知，普洱茶通过提高试验动物体内清除自由基和抗氧化酶的能力，以及对血液中各种免疫指标的影响，在整体水平上表现出较好的防辐射作用。其作用机理与其提高小鼠的免疫能力、修护细胞形态、降低正常细胞辐射敏感性、减少正常细胞的DNA损伤等因素有关。

（2）普洱茶应用于日常辐射的优势分析

自从20世纪50年代Alecander和Charlesby提出多聚体辐射防护的自由基修复学术思想后，自由基与辐射损伤的理论研究取得很大进展，认为辐射损伤发展过程中出现的生理学效应、生物化学损伤和放射病症状等都可看成自由基对机体损伤的一系列继发性效应或间接效应。普洱茶具有较好的抗氧化作用，这可能由于普洱茶在后发酵过程中，天然酚类物质发生了复杂的变化，形成了化学结构更复杂的特殊酚类成分（如黄酮及苷类物质），使普洱茶具有防辐射的作用。

综上所述，普洱茶作为一种安全、健康的饮品，用于日常生活中防止低剂量、长时间的辐射危害也是一种不错的选择。

本项研究主要完成单位：云南农业大学。

8. 普洱茶耐缺氧作用的研究

多年来，人们对缺氧损伤机理进行了许多研究与探索，以便寻找有效的耐缺氧措施避免缺氧。脑作为耗氧量最大的器官，无疑是缺氧损伤的重要靶器官。一般性的"体内缺氧"，即使不会直接威胁生命，也会对身体健康造成损伤。大脑皮层对缺氧很敏感，如果用脑过度，如长时间、高强度的脑力劳动，脑耗氧量就会成倍增加。因此，研究人员认为提高脑的缺氧耐受能力十分重要。

虽然研究表明部分西药如磺胺嘧啶、地塞米松、尼莫地平等，对缺氧引起的症状具有一定的缓解作用，但这些药物的副作用大，使其应用受到很大限制。人参、红景天、银杏提取物等中药能够提高机体对缺氧的耐受能力，但它们大多属于贵重中药或藏药，受地理分布局限，资源少、价格昂贵，因此难以大范围推广使用。目前认为，用于提高耐受力和适应性营养食品的主要成分如多糖、黄酮、皂苷和酚类物质等活性成分对于调整机体的有氧代谢，增加 ATP 的生成，抗疲劳，促进人体对高原低氧环境的适应能力，改善人体在高原低氧环境下各种器官生理功能状态具有一定作用。普洱茶也含有类似成分，是否也具有同样的作用鲜见报道，故开展了此项研究。

试验研究结果如下：

①普洱熟茶可延长试验小鼠在密闭容器中的存活时间。常压耐缺氧试验是将小鼠置于放有钠石灰的密闭容器中，随着呼吸的不断进行，其内部氧气会越来越少，二氧化碳则因钠石灰的吸收而不会明显增加，结果使小鼠因外部环境供氧减少而发生乏氧性缺氧，表现为竖毛、转圈、后肢向外后方伸直、抽搐、痉挛等，最后因严重缺氧死亡。

常压耐缺氧试验将小鼠存活时间作为指标，操作中受其他因素的影响较少，小鼠存活时间可以直接反映药物对机体耐缺氧能力的影响，所以对小鼠存活时间的测定具有评价药物耐缺氧作用的意义。本试验结果表明，熟茶中剂量组与对照组相比，存活时间延长了 12.45%。

②普洱熟茶可缓解小鼠因缺氧产生的脑水肿。脑水肿是脑组织各种损伤的重要表现，且为急性缺血缺氧性脑损伤的早期主要病理改变，脑水肿的形成又加重了微循环障碍及脑缺血性损伤。脑组织缺氧可引起脑细胞内渗透压增高、细胞肿胀，出现脑水肿；缺氧引起的乳酸蓄积性酸中毒，也会引起细胞内液增多，加重脑水肿的发生，进而导致脑微循环障碍及血脑屏障功能破坏，加重脑水肿，使颅内压增高，脑缺血加重，形成恶性循环。脑缺血可使大量氧自由基产生，后者与细胞膜上不饱和脂肪酸发生反应，形成过氧化脂质，导致细胞损伤破裂，血脑屏障破坏及脑水肿，同时伴有大量渗透性水的摄入促发和加重脑水肿；脑缺血还可导致血管痉挛，血小板聚集，微循环障碍，进一步加剧脑水肿。

脑指数是反映脑水肿的指标之一，通过测定普洱茶对小鼠脑指数的影响，可以在一定程度上反映小鼠在缺氧条件下的耐受能力。

本项研究通过常压缺氧试验，观察普洱茶对小鼠脑指数的影响。结果显示，试验小鼠灌胃普洱生茶和普洱熟茶30d后，小鼠脑指数值明显下降，普洱熟茶能显著降低缺氧小鼠的脑指数含量，其中普洱熟茶中剂量的效果最为显著。提示普洱熟茶对小鼠因缺氧产生的脑水肿具有改善作用。

③普洱茶可有效提高急性缺氧小鼠脑组织的抗氧化能力。在正常状态下，自由基生成与自由基清除系统处于动态平衡状态。机体产生少量的自由基被体内的自由基清除系统如超氧化物歧化酶、维生素C等迅速清除，不至于堆积过多引起组织细胞损伤。但在某些病理条件下，过多的自由基可导致机体损伤。当机体缺血缺氧时，这种平衡遭到破坏，机体内自由基清除系统功能下降，使自由基与生物膜的不饱和脂肪酸发生过氧化脂质反应，中枢神经系统富含多价不饱和脂肪酸的脂质，最易受氧自由基的攻击而损伤。

本试验发现，与对照组相比，普洱熟茶高剂量组、普洱生茶（低、中、高）剂量组均可以显著提高抗氧化物质超氧化物歧化酶的活力，其中普洱熟茶高剂量组使缺氧小鼠脑组织超氧化物歧化酶活力升高了25.58%，普洱生茶（低、中、高）剂量组分别升高了27.11%、22.23%、10.50%。

与对照组相比，普洱熟茶高剂量组、普洱生茶（低、中、高）剂量组抗氧化物质GSH-Px的活力也显著增强，其中普洱熟茶高剂量组使缺氧小鼠脑组织GSH-Px活力增强了55.08%；普洱生茶（低、中、高）剂量组分别增强了54.43%、39.39%、24.25%。说明普洱熟茶、普洱生茶能有效清除自由基，抑制自由基反应，有效提高脑组织抗氧化酶的活力。

④普洱茶对缺氧缺血损伤试验小鼠大脑海马组织细胞肿胀有明显的改善作用。小鼠海马细胞是对缺氧最敏感的细胞，海马细胞中含有大量的线粒体、内质网和高尔基体等细胞器，在正常情况下，线粒体一般呈线状、粒状或短杆状，也有呈哑铃状、环状等其他各种结构，其功能主要是提供各种细胞活动所需的化学能量，故有细胞"供能站"之称；内质网是由扁平囊状或管泡状膜性结构以分支互相吻合形成的网络，根据表面是否有核糖体又分为粗面内质网和滑面内质网，两者互相连通，其功能主要是合成和分泌蛋白质；高尔基体是由光面膜组成的囊泡系统，在电镜下，高尔基复合体由扁平膜囊、小泡和大泡3个基本部分组成，其功能主要与分泌作用有关。

在本试验中，取灌胃各茶样7d和30d小鼠的大脑海马组织进行扫描电镜观察，发现灌胃普洱茶试验组小鼠的海马组织细胞器的肿胀情况总体上比对照组有了明显改善；灌胃普洱茶30d的小鼠海马组织细胞与灌胃7d的小鼠细胞形态没有明显区别；通过细胞器观察发现，灌胃7d的小鼠细胞器肿胀程度比灌胃30d的细胞器肿胀更明显，说明普洱茶及其主要成分对灌胃30d的小鼠缺氧缺血损伤有明显的改善作用。

本项研究首次对普洱熟茶、普洱生茶的耐缺氧作用进行了探索研究，按照《保健食品检验与评价技术规范》（2003年版）的要求，主要针对各茶样的耐缺氧作用功能特性进行试验和研究，并综合分析了各茶样对BABL/C小鼠脂质过氧化水平的影响。

研究结果显示，普洱茶可明显延长试验小鼠在密闭容器中的存活时间，缓解小鼠因缺氧产生的脑水肿，有效提高急性缺氧小鼠脑组织抗氧化酶的活力，对缺氧缺血损伤试验小鼠的某些组织细胞有明显的改善作用。

本项研究主要完成单位：云南农业大学。

9. 普洱茶抗疲劳作用的研究

疲劳是一个涉及许多生理生化因素的综合性生理过程，是人体脑力或体力活动到一定阶段时必然出现的一种正常生理现象，它既标志着机体原有工作能力的暂时下降，又可能是机体发展到伤病状态的一个先兆。长期以来，众多学者期望寻找到一种安全、有效、无毒副作用的良方，延缓疲劳的发生和加速疲劳的消除。而茶叶中的咖啡碱有"提神解乏，明目利尿，消暑清热"的功能，具有广阔的开发前景，但关于茶叶抗疲劳方面的研究资料甚少。因此，本课题组在对普洱茶的降血脂、降血糖、抗氧化、抗动脉粥样硬化等研究基础上，开展了普洱茶抗疲劳研究。

试验研究结果如下：

①普洱茶可增强试验小鼠的耐力。剧烈的运动消耗大量的能量和氧气，同时产生大量乳酸。疲劳最直接和最客观的表现是运动耐力下降，而力竭游泳时间则一直被用作衡量耐力的重要指标。小鼠负重游泳时间是抗疲劳作用的直接反映，与抗疲劳效果呈正相关关系。本试验发现，试验小鼠灌胃普洱茶30d后负重游泳时间较一般小鼠显著延长，说明普洱茶能显著延长小鼠的负重游泳时间。

②普洱茶可延缓疲劳产生，提高机体对负荷的适应性。长时间的剧烈运动将导致机体相对缺氧和糖酵解作用加快，进而产生大量的乳酸，乳酸浓度增加使肌肉H^+和无机磷堆积，导致肌肉组织内的pH值下降。而肌肉组织的pH值降低是导致疲劳产生的一个主要因素（如运动后感觉到腿部酸软）。因此，血清乳酸水平也是反映机体有氧代谢能力和疲劳程度的重要指标。本项研究结果显示，灌胃普洱茶30d的试验小鼠运动后血清乳酸水平均显著低于一般小鼠（阴性对照组），说明普洱生茶和普洱熟茶均可通过减少运动过程中血液乳酸的生成，达到延缓疲劳的效果。

机体在运动时，体内能量平衡遭到破坏，肌糖原消耗，血糖降低，蛋白质及氨基酸的分解代谢加强。机体对负荷适应能力越差，血尿素氮增加越明显，机体血尿素氮含量越随运动负荷的增加而增加。本试验发现，灌胃普洱茶30d的试验小鼠，运动后血尿素氮水平均显著低于一般小鼠（阴性对照组），说明普洱生茶和普洱熟茶均可以提高机体对负荷的适应性，达到抗疲劳的效果。

乳酸脱氢酶能催化乳酸生成丙酮酸进行进一步的代谢转变，清除肌肉中过多的乳酸，可延缓和消除疲劳。动物体内乳酸脱氢酶活力越高，抗疲劳能力越强。本项研究结果表明，灌胃普洱茶30d的试验小鼠，运动后肌肉组织中的乳酸脱氢酶活力均显著高于一般试验小鼠（阴性对照组）。说明普洱生茶和普洱熟茶均可通过提高运动中的试验动物肌肉组织中的乳酸脱氢酶活性，达到抗疲劳的效果。

③普洱茶能为机体的运动提供较好的能量储备，减少疲劳的产生。糖原是肌肉组织的重要能量来源。体内的糖储备包括肌糖原、肝糖原和血糖3类。大于1h的运动，如长跑、长距离游泳等，可使体内糖储备耗竭，而糖原耗竭可影响运动能力，特别是耐久力。大量研究表明，运动导致的体力衰竭总是和肌糖原的耗竭同时发生。随着肌糖原消耗的不断增加，机体为维持血糖水平，将动用肝糖原导致肝糖原减少。因此，肝糖原和肌糖原的含量是反映疲劳程度的敏感指标。本项

研究结果显示，灌胃普洱茶30d的试验小鼠运动后肌肉组织中的肝糖原和肌糖原均显著高于一般试验小鼠（阴性对照组），提示普洱生茶和普洱熟茶均能维持运动后小鼠的肝糖原和肌糖原含量，从而为机体提供较好的能量储备。

根据《保健食品功能学评价程序和检验方法》，若一项或一项以上的耐力运动实验（负重游泳和爬杆）和两项或两项以上的生化指标（血乳酸、血清尿素氮、肝糖原/肌糖原等）为阳性，即可判定受试动物具有抗疲劳活性。因此，本项研究可判定普洱熟茶和普洱生茶均具有明显的抗疲劳作用。

本项研究结果显示，普洱茶能显著延长小鼠负重游泳时间，说明普洱茶可以提高小鼠的运动耐力。同时，运动后普洱茶处理组小鼠的血乳酸、血尿素氮水平显著低于一般试验小鼠（阴性对照组），而血乳酸脱氢酶水平显著高于一般试验小鼠（阴性对照组），说明普洱茶可能通过增强血乳酸脱氢酶活力清除肌肉中过多的乳酸，从而减少运动中乳酸的生成，伴随着尿素氮生成的减少，机体对负荷的适应性提高，达到延缓疲劳的效果。此外，普洱茶处理组小鼠运动后肝糖原和肌糖原含量均显著高于一般试验小鼠（阴性对照组），提示普洱茶能维持运动后小鼠的肝糖原和肌糖原含量，从而为机体提供较多的能量储备。但普洱茶达到该目的是通过增加肝糖原、肌糖原储备，还是通过减少运动对肝糖原、肌糖原的消耗，或者两者兼而有之，仍有待进一步研究。另外，本项研究还发现：普洱熟茶中、高剂量组和普洱生茶低、中剂量组的小鼠毛发光泽、动作敏捷，且普洱茶同时具有显著控制小鼠体重增长的作用，推测小鼠的体形和精神状态也与其抗疲劳能力有密切关系。

本课题组前期的研究表明，普洱茶还具有良好的体内、体外抗氧化活性，可显著提高体内抗氧化系统的酶活力，增强体内抗氧化防护能力，清除体内氧自由基，防止细胞膜脂质过氧化，有效预防动物细胞的自由基损伤。

本项研究主要完成单位：云南农业大学。

10. 普洱茶对抗免疫衰老作用的研究

现代研究显示，普洱茶中含有多种茶多酚类与茶多糖类化合物。这些物质具有抗氧化与抗炎等多重生物活性。现代生物学研究证明，炎症与氧化应激不仅是衰老及老年病的基础病理机制，也是老年人群易发生感染与肿瘤的主要病理机制。

目前，对于普洱茶功效的研究主要针对非衰老的实验动物，在实际应用过程中，普洱茶提取物对老年人群也具有多方面的保健功效，然而对老年人群的保健作用至今未获得科学的阐明。本项研究围绕普洱茶对于老年人群的衰老免疫调节功能及作用机理进行了系列研究，目的在于阐明其保健功能并探讨作用机理，有关研究迄今未见系统报道，本次研究尚属首次。

试验研究结果如下。

普洱茶含有多种抗氧化应激物质，在本项研究中，连续饮用普洱茶可使衰老免疫细胞延缓变化，即延缓衰老初始T细胞与记忆T细胞的变化，充实抗感染的"武器库"，结论如下。

①普洱茶可充实老化鼠抗感染的"武器库"。初始T细胞是一类人体获得性免疫系统的主要T淋巴细胞。当这种T淋巴细胞与侵入人体的细菌、病毒，以及人体内部的肿瘤细胞接触时，分化为效应性T淋巴细胞，启动细胞免疫与体液免疫系统。因此，初始性T细胞是人体对抗新入侵病原体的"武器库"。初始T淋巴细胞的多少直接与抗病能力有关，健康的青年人体能生产足够的"武器弹药"。然而，老年人群、骨髓胸腺异常患者、体弱多病者、反复感染人群，或者接受放射治疗或者化疗的肿瘤患者人群的初始T细胞数量大量下降，这些人群由于缺乏抗感染可支配使用的"武器弹药"，与病毒、细菌等各种病原微生物接触后极易感染发病。通过民间观察，长期饮用普洱茶的人群较少发生感染。《滇南本草》记载："滇中茶叶，主治下气消食，祛痰除热，解烦渴，并解大头瘟，天行时症，此茶之巨功，人每以其近而忽视之。"提示普洱茶具有抗感染的作用。

本试验表明：免疫衰老鼠（P8）外周血液初始T细胞的数量低于青年鼠（R1）饮用普洱茶后的数量，这些老化鼠外周血液的初始T细胞数量显著增加，说明身体可供使用的免疫细胞增多，抗感染、抗肿瘤的有生力量增强，提示普洱茶有助于改善衰老动物与人群由于初始T细胞下降带来的各种免疫力低下问题。

②普洱茶通过"吐故纳新"更新老化鼠抗感染的"武器弹药"。当病原微生物或癌细胞被清除后，大量活化的效应T淋巴细胞将通过凋亡被清除，而少量的T淋巴细胞则转化为记忆性T淋巴细胞。记忆性T淋巴细胞的主要功能是当同种病原体再次入侵时快速增殖，短时间内募集大量的活性T淋巴细胞，快速攻击病原体。然而，老年人体由于反复感染，日积月累，不同的记忆性T淋巴细胞积聚在外周血液中。这些细胞占据了外周血液的空间，阻止了新生的初始性T细胞进入血液，相当于"陈旧"细胞挤占了"新鲜"细胞的空间，即老年人"吐故纳新"的功能不足，导致其易发生感染或肿瘤。

本试验发现，老化鼠（P8）血液中的记忆性T细胞在血淋巴细胞中所占的比例明显高于青年鼠（R1）。灌胃普洱生茶和普洱熟茶后，老化鼠血淋巴细胞中的记忆性T细胞比例明显下降，说明普洱茶可通过增加老化鼠体内"吐故纳新"的能力，更新老化鼠抗感染的细胞。

③普洱茶可改善老化鼠抗感染"武器弹药"的质量。

抗感染与抗肿瘤不仅取决于"武器弹药"的多少，更重要的是与"武器弹药"的质量有关。当初始T细胞遇到经过处理的抗原后（病原体经DC细胞处理后），能否变成活化的、杀伤力强大的效应T细胞需要复杂的加工过程。老年人不仅可用的抗感染细胞少，而且细胞很难活化，虽然最后激活了，但活性很低，不足以杀菌、杀病毒或杀肿瘤细胞，本试验证明了这一现象。但老化鼠连续饮用普洱茶后，初始T细胞的活化大大加强。

在抗感染与抗肿瘤免疫反应中，除了体液免疫以外，主要通过细胞免疫反应来完成，其中活化的T细胞亚群起主导作用。CD8+CD28+T细胞是一类细胞毒性T细胞，在抗肿瘤免疫与抗病毒免疫中发挥着重要作用。细胞毒性T细胞能够通过直接接触、破坏、分解靶细胞达到杀灭、消除癌细胞、病毒，以及许多病原微生物的目的，经过活化的细胞毒性T细胞能够对肿瘤细胞及病毒产生强大的杀伤力。

老年人体内这类细胞毒性T细胞显著减少，影响了老年人对自身肿瘤的防御能力及抗病毒感染能力。本项研究通过对老化鼠灌胃普洱茶水浸提物，发现这类细胞毒性T细胞的数量显著增加，特别是灌胃高剂量的普洱熟茶之后，老化鼠体内的这类细胞增加更明显。试验结果提示，长期饮用普洱茶可以增强老化鼠对于肿瘤的防御作用，降低老化鼠肿瘤的发病率。

④普洱茶可增加老化鼠"安全监控部队"——自然杀伤细胞（NK细胞）的数量。人体内部存在一个"安全部队"，其职能是监控人体各个部分，当有外敌（病菌或病毒）入侵时进行快速反应，先行发起攻击；当有内部腐败分子（癌细胞）时与癌细胞结合，吞噬癌细胞，并与癌细胞或病菌同归于尽（分解消失）。这个"安全部队"最主要的成员就是自然杀伤细胞（NK细胞）。

自然杀伤细胞是先天性免疫系统的重要组成部分，是机体防御感染和细胞恶性转化的重要效应细胞和调节细胞，在抗肿瘤与抗病毒免疫治疗中发挥着重要作用，这类免疫细胞的功能随着年龄的增加而逐渐降低，导致老年人身体免疫系统功能减退，使机体对肿瘤细胞的杀伤作用大大降低。在本试验中发现，与青年鼠相比，老化鼠血液中NK细胞显著减少，灌胃普洱生茶和普洱熟茶之后，老化鼠外周血NK细胞的数量大大增加，机体对于肿瘤和感染性疾病的抵抗能力也得到明显加强。

⑤普洱茶可抑制老化鼠过度免疫反应造成的机体损伤。人体内部除了有"安全部队"外，还有"检察院"系统，其主要职能是预防"冤假错案"。人体"检察院"的主要成分是调节性T细胞。当人体的免疫系统针对自身成分发起攻击（自身免疫病），或发生过度免疫反应（过敏反应），或造成无关组织损伤（炎症）时，就会发生一系列"冤假错案"，机体启动"检察院"系统，唤醒调节性T细胞，抑制"冤假错案"的发生。

人体内部对于免疫功能具备精细的调节系统：一方面，需要促进免疫功能以对付感染与肿瘤；另一方面，需要抑制过度的、针对自身的免疫反应，防止自身免疫反应或过度亢进的免疫炎症反应导致的自身组织损伤，如抑制自身免疫病。不少老年人备受自身免疫病的折磨，如风湿性关节炎、类风湿性关节炎、慢性结肠炎等是使老年人致残的一类主要原因。血液中的调节性T细胞是抑制体内过度免疫反应或过度炎症反应的主要细胞。根据研究，增加血液中调节性T细胞的数量能显著减少自身免疫病的发生。

本项研究结果显示，老化鼠（P8）血液中的调节性T细胞在外周血淋巴细胞中所占的比例与青年鼠（R1）无明显区别，灌胃普洱茶后，老化鼠调节T细胞在外周血淋巴细胞中所占的比例显著增加，说明普洱茶具有增加老化鼠调节性T细胞比例的功效，有助于抑制老年机体自身免疫损伤或过度炎症造成的损害。

⑥普洱茶可抑制老化鼠免疫反应造成的潜伏损伤——"炎症"。众所周知，战争会给战争地造成巨大破坏，人体也不例外。发生免疫反应后，会给发生免疫反应的组织带来损伤。当然组织会自动修复这些创伤，但会留下瘢痕，日积月累，对组织的损伤就会显现出来。人们虽然大多无法看到这个过程，但是可以通过一些生物标记物来发现，如IL-6就是机体发生炎症损伤后释放的因子，通过这个因子，可以检测人体内部潜伏的"炎症"。

IL-6是一种炎性因子，它的存在能引起发热和各种慢性的炎性症状。由于老年人免疫功能下降，这类炎性因子在老年人体内逐渐增加，从而引起各种急、慢性炎症，如类风湿性关节炎、甲状腺炎等，严重影响了老年人的身体健康。老化鼠（P8）体内炎性因子含量比青年鼠（R1）的高出10倍左右，但是在灌胃普洱茶之后，老化鼠体内的炎性因子含量显著降低，显著减少了各种慢性炎症性疾病的发生率。

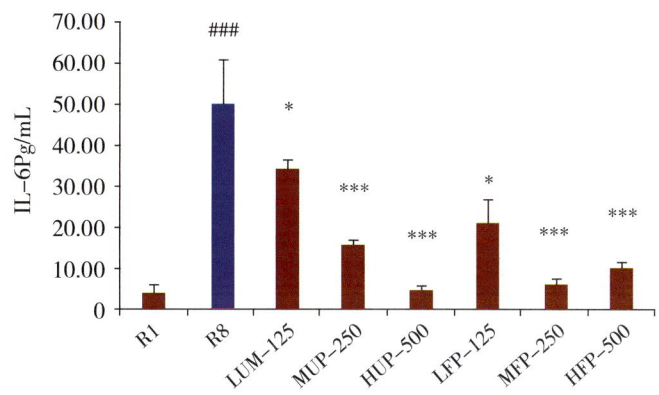

▲ 普洱茶对快速老化鼠外周血白细胞介素-6含量的影响

注：老化鼠与青年鼠相比，### 表示 $P<0.001$。普洱茶灌胃组与老化鼠相比，* 表示 $P<0.05$；*** 表示 $P<0.001$。

老年人出现的免疫功能低下涉及多个系统、多种细胞、多种因子，以及多种基因，是一个非常复杂的过程。现代生物医学专家对此进行了大量的研究工作，然而迄今为止仍然没有实质上的进展，没有安全有效的手段应用于临床。从表面上看，衰老的免疫缺陷（免疫反应低下）与衰老的慢性炎症两种状态互相矛盾，但两者之间存在内在的联系，即导致免疫缺陷的因素也可能导致慢性炎症的产生，导致慢性炎症的因素可能加剧免疫缺陷的程度。这两种状态并存的事实提示研究人员，单纯的免疫促进或单纯的抗炎干预并不是理想的抗衰老免疫策略，将免疫促进与抗炎结合起来，可能会提高或优化目前的抗衰老免疫效果。

普洱茶为什么能提高老年机体的免疫能力？通过本项研究发现普洱茶具有如下特点。

①普洱茶中含有多种抗氧化应激的物质，如不同的多酚类物质、茶叶色素，这些物质被证明可有效对抗衰老引起的氧化应激。同时，普洱茶还含有多糖类物质，这些物质被证明能够刺激体内淋巴细胞的增殖。此外，普洱茶中的黄酮类、环烯醚萜类物质，也被证明具有较强的抗炎作用，特别适合治疗老年人潜伏性的炎症。研究提示，普洱茶的多种物质分别有益于缓解老年机体某一方面的异常，这些物质的组合（普洱茶）则显示出增强或相加的作用，即"1+1+1>3"的作用。这是在西药中很难找到的例子。

②众所周知，衰老免疫是一个长期的退化过程，要想一朝一夕得到解决不太可能。纯粹的化学物质（西药的主要形式）即使无毒或低毒，也不适于长期服用，普洱茶则可适用于免疫力低下的老年人长期饮用。

③事实上，现代医学也发现了快速抗免疫衰老的手段，即通过骨髓或胸腺移植迅速逆转老年免疫异常，但临床应用后发现给老年人带来的害处远远大于益处，所以被迫停止。

④普洱茶在衰老免疫领域有大量工作需要完成,特别是需要深化现有研究。例如,普洱茶不同组分的组合是如何配合完成抗衰老免疫的,它们分别作用于哪些靶位,哪些成分影响了淋巴细胞的生产,如何优化普洱茶的作用,凸显其有益功效?希望通过不断的研究,能够应用饮茶这种简单方式解决人类的大麻烦。

本项研究主要完成单位:北京大学医学部、云南农业大学。

11. 普洱茶抗衰老氧化应激作用的研究

普洱茶中含有丰富的抗氧化物质,其抗氧化物质的分子结构多种多样。其中,有机酸(如没食子酸)、咖啡酸、黄酮醇类(如槲皮素)等分子经过单独研究都被证明具有很强的抗氧化特性,但作为复合体,它们如何发挥抗衰老的氧化应激作用,既往没有研究。所以,课题组开展了本研究项目,即第一次对衰老动物最重要的内脏器官——心脏、肝脏与脑组织的氧化应激状态进行分析,重点检测动物组织氧化应激损伤代谢产物的含量和抗损伤酶的活性,探讨普洱茶对衰老机体抗氧化应激方面的作用。

试验研究结果如下:

①普洱茶可清除衰老小鼠心、肝、脑组织中有害"垃圾"MDA。丙二醛是自由基攻击机体内脂质成分后产生的一类重要的小分子代谢产物,因而丙二醛被当作生物机体氧化应激损伤的标志物,体内MDA浓度的高低与机体遭受的各种辐射毒素和氧化物导致的氧化损伤直接相关。老年人由于自由基的长期产生,组织细胞损伤的累积,引起各主要器官的一系列损伤,这些损伤也成为导致老年性疾病的危险因素。例如,肝组织的氧化应激损伤与肝硬化、肝癌的发病有关,心肌的过氧化损伤与心肌缺血、心力衰竭等有关,脑组织的氧化应激损伤与智力减退、神经退行性疾病的发生有关。本试验结果显示,老化鼠灌胃普洱茶后,体内的丙二醛水平显著降低,说明氧化应激损伤导致的脂质过氧化产物明显减少,降低了动脉粥样硬化、高血压、糖尿病等各种心脑血管疾病发病的危险水平。其中,老化鼠心、脑和肝组织中丙二醛的水平显著高于青年鼠,但灌胃普洱茶之后,这些主要器官中丙二醛的水平显著降低,说明普洱茶具有很好的抗氧化损伤作用,能够保护衰老机体的重要器官。

②普洱茶可提高衰老小鼠心、肝、脑组织中内源性"清道夫"的活性。实际上,在人体、动物及许多植物体中,都存在着内源性抗氧化应激损伤的物质。其中,超氧化物歧化酶是一种源于生命体的内源性抗氧化蛋白酶,作用是催化O_2,使其转变为H_2O_2。超氧化物歧化酶广泛存在于细胞的线粒体、细胞浆、细胞核,甚至细胞外间隙,随时准备清除各处出现的自由基。因此,超氧化物歧化酶构成了人体抗氧化损伤的第一道防线。

超氧化物歧化酶能消除生物体在新陈代谢过程中产生的有害物质。人体每日接触的辐射、污染物、香烟、人体的炎症,以及许多化学药物都能产生自由基,需要消耗人体内源性抗氧化应激损伤的物质。特别在老年人群和老年病患者中,清除自由基的超氧化物歧化酶由于产生不足,消耗增多,是构成衰老及与衰老有关疾患的危险因素之一。大量的医学生物学研究报道,超氧化物歧化酶活性随衰老下降，并与许多疾病有关，但是人为增加外源性超氧化物歧化酶却没有获得想象中的有益作用。目前证明，切实可行的手段是增加内源性超氧化物歧化酶，或者避免其过快耗竭。

本项研究通过对衰老动物的研究发现，普洱茶能够阻止老年动物超氧化物歧化酶活性的降低。老化鼠体内的超氧化物歧化酶与青年鼠相比显著降低，但是在灌胃普洱茶后这一趋势得到逆转，普洱茶可显著提高老化鼠主要器官心、脑、肝组织中超氧化物歧化酶的活性，从而保护机体免受各种有害物质的伤害，这些作用有助于抗衰老及预防老年性疾病。

本试验证明，普洱茶可以显著提高主要器官心、肝、脑组织中铜锌依赖型超氧化物歧化酶的活性，说明普洱茶可以保护机体免受来源于衰老机体中的活性氧自由基的损伤。这些作用有助于抗衰老及减少与活性氧自由基关系密切的老年性疾病发生。

③普洱茶具有加强机体多重抗损伤防线的作用。活性氧自由基伴随代谢产生，因而氧化应激损伤随时都会发生。为了应对时刻产生的损伤，人类和动物在进化过程中发展了多重防线。除了超氧化物歧化酶以外，生物细胞中还存在GSH-Px抗氧化损伤系统，只是分工不同。活性氧自由基经过超氧化物歧化酶的催化转化为H_2O_2，再经过谷胱甘肽过氧化物酶的催化转化为水和分子氧。实验研究显示，谷胱甘肽过氧化物酶活性随衰老下降，与多器官的抗损伤能力下降有关。国际上，生物学家做了一些有趣的实验，发现单纯提高超氧化物歧化酶的活性，并不能显著对抗衰老，而同时提高谷胱甘肽过氧化物酶的活性，则可显著延长衰老动物的健康寿命。本试验证明，普洱茶可以显著提高老化鼠主要器官心、肝、脑组织中谷胱甘肽过氧化物酶的活性，这些作用说明普洱茶具有加强机体多重抗损伤防线的作用。这与民间观察到的普洱茶有益于老年人群健康的结果一致。

④普洱茶可清除老年机体血管壁有害"垃圾"的实效验证。动脉粥样硬化及血栓的形成是冠心病与脑卒中最主要的病理原因。老年人易患心脑血管疾病是人所共知的事实，但是老年人为什么容易产生动脉粥样硬化与动脉血栓？目前生物医学家主要关注的是发病后的治疗，对预防则关注较少。老年人易发生动脉粥样硬化与动脉血栓的原因虽然与多种因素有关，但都与氧化应激损伤有关。老年人血管壁有一层内衬细胞，被称为"血管内皮细胞"。正常情况下，它们保持血管壁的光滑，维持血流通畅。同时，血管壁是血液与管壁深层组织之间的界面，管壁深层组织异常与血管壁内皮细胞异常有关，如黏膜下层的有害"垃圾"积存可导致动脉粥样硬化，血管平滑肌组织及其间隙之间的有害"垃圾"积存可导致高血压，都存在严重的血管内皮细胞损伤。

特别是，老年人的血管内皮细胞遭受有害"垃圾"——自由基的攻击，发生死亡后易于脱落，在外界的诱发因素作用下形成动脉血栓。因而，保护血管内皮细胞，有助于预防老年人的血栓形成。

众所周知，老年性疾病的预防并非易事，主要的难点在于需要一种可以长期应用的有效手段。实践证明，普洱茶是一种可以长期使用的饮品，茶中所含的各种抗氧化物质可吸收入血，与血管内皮细胞密切接触，通过微小的电流（1.0A）刺激小鼠的动脉，可造成血管内皮细胞损伤，血管内血栓形成阻断血流。本项研究用同样的电流刺激衰老小鼠和青年小鼠，发现老年小鼠血栓形成的时间很短，血流被很快阻断，而青年小鼠的血栓形成时间则很长。这些结果说明，老年小鼠血管内皮细胞的抗损伤能力明显低于青年小鼠。当给老年小鼠灌胃不同剂量的普洱茶30d后，这些老年小鼠的血栓形成时间不同程度地延长，说明普洱茶对老年机体易于形成血栓的趋向具有不同程度的阻止作用。

普洱茶对老年小鼠的血栓形成具有抑制作用，本项研究又探讨了普洱茶对老年小鼠血管内皮细胞的氧化应激损伤具有拮抗作用。通过组织细胞分离消化与流式细胞技术，分别分离了青年小鼠与老年小鼠体内的内皮细胞，发现青年小鼠内皮细胞浆内自由基ROS的产生明显少于老年小鼠。通过将普洱茶与老年小鼠的内皮细胞共同培养后，其ROS的产生减少，说明普洱茶抑制了老年小鼠血管内皮细胞浆中的氧化损伤物质产生，保护了老年小鼠的血管内皮组胞，有助于预防老年人血栓的形成。

通过对以上试验结果的分析发现，普洱茶对于活体老年小鼠具有显著抗氧化应激损伤的作用，作用原理主要表现在以下几个方面。

①对老年小鼠灌胃普洱茶28d后，老年小鼠的重要器官心、肝与脑组织中的氧化应激损伤的标志物丙二醛含量显著下降。

②普洱茶提高了老年小鼠内源性的抗损伤系统活性。老年小鼠的重要器官心、肝与脑组织中内源性的抗氧化应激损伤的酶系统，包括总超氧化物歧化酶，以及主要存在于细胞浆或细胞核中的铜锌依赖型抗氧化物质显著下降。普洱茶能够恢复老年小鼠机体内源性的抗氧化酶活性。

③老年小鼠的重要器官心、肝与脑组织中内源性的抗氧化应激损伤的酶系谷胱甘肽过氧化物酶活性随衰老而降低。普洱茶可以显著提高主要器官心、肝和脑组织中谷胱甘肽过氧化物酶的活性，这都说明普洱茶具有加强机体多重抗损伤防线的作用。

④血管内皮细胞损伤与血栓形成时最常见，也是最严重的老年性疾病——冠心病与脑卒中的主要病理变化。普洱茶保护了老年小鼠的血管内皮细胞，减少了老年小鼠形成血栓的趋向性。通过对这个实例的研究，说明普洱茶提取物不仅可以对抗伴随衰老产生的组织损伤，也可对抗因衰老产生的老年性疾病，至少在活体动物身体中显示，其具有较好的预防作用。

衰老是产生老年性疾病最大的危险因素，抗衰老虽然不能直接控制老年病，但是可以降低老年人群发生老年病的可能性。预防老年病并非易事，事实上现代医学及中国传统医学系统中不乏具有抗衰老的制剂。然而，没有一种制剂能够被国际上的各类人群包括老年人群广泛持久地应用。普洱茶是一种能够为广大老年人群接受，并能持久饮用的天然饮品。本项研究用活体老年小鼠证明了普洱茶抗衰老氧化应激的作用，并以最常见的老年心脑血管疾病作为实例，探讨了普洱茶通过抗衰老预防老年病的可能性，为开发普洱茶的新用途提供实证性依据。本项工作仅是一个开头，需要深入研究，使其真正成为世界老年人群喜爱的健康饮品。

本项研究主要完成单位：北京大学医学部、云南农业大学。

12. 普洱茶抑制胆固醇的吸收与合成功效

（1）普洱茶对胆固醇吸收影响的研究

一般人认为，普洱茶只是一种"茶"，它能降低血浆的胆固醇吗？国际上的药物公司巨头花了很多钱，用了很多年时间研发的药物都不能完全解决这一难题，难道普洱茶就管用吗？为了得到相关答案，本项试验应用普洱茶对受试动物胆固醇的吸收与合成的影响进行了研究。

试验研究结果如下：

普洱茶能够抑制肠道对胆固醇的吸收，同时升高粪便中胆固醇的含量。食物中的胆固醇经肠黏膜吸收入血，肝肠循环中的胆固醇也需要通过肠黏膜吸收入血。通常动物类食品如肉类、蛋黄等，大多含有大量的胆固醇。如果没有消化功能的紊乱、没有肠黏膜细胞的大范围损伤，那么食品中的胆固醇大多会被吸收入血。目前，未发现人体有明显限制胆固醇吸收的机制。然而，长期食用肥甘厚腻的食品，体内（血、肝脏或脂肪组织）胆固醇积聚几乎是不可避免的，因此寻找抑制胆固醇吸收的制剂具有重要的保健意义。

本试验给大鼠饲喂高脂饲料，一周内即使大鼠患上高脂血症和高胆固醇血症，然后给高脂血症的大鼠灌胃不同剂量的普洱熟茶和普洱生茶水浸提物。同时，使用临床最常用降脂药辛伐他汀（Simvastatin）作为对照，干预两周后的结果显示：普洱茶可以显著降低高脂试验大鼠血浆胆固醇水平，与此同时，粪便中胆固醇含量大幅提高。需要说明的是，粪便中胆固醇变化较大的原因是粪便的收集较困难，不如血液的收集那样可以准确定量。

（2）普洱茶对胆固醇合成影响的研究

除了从食物中消化吸收胆固醇外，人体还可以合成胆固醇。当食物中缺乏胆固醇时，机体就会加快自身的合成来补偿外源供给的不足。肝脏是胆固醇的主要合成工厂，肝细胞具有完备的合成酶体系。胆固醇的合成是由多个步骤完成的，像一个工厂的生产流水线，多数合成步骤都可快速完成，但其中有一个步骤速度很慢，成为整个流水线的瓶颈或限速步骤，催化这一步骤的酶被称为"β-羟基-β-甲基戊二酸单酰辅酶A还原酶"（HMG-CoA Reductase）。如果抑制了这种酶的活性，整个胆固醇合成的量就会大大减少。在现代医学中，他汀类药物的作用靶点就是这种酶，抑制了这种酶就能降低血浆胆固醇。因此，本项研究主要观察普洱茶能否抑制这种酶以降低血浆胆固醇。

试验研究结果如下：

①普洱茶能够显著抑制肝细胞系（HepG2）细胞内胆固醇的合成活性。结果显示，胆固醇合成抑制剂辛伐他汀可显著抑制HepG2合成胆固醇的活性。同样地，普洱茶也具有显著抑制胆固醇合成活性的作用。

本项研究将HepG2细胞按照1.0×10^5 cells/mL的密度接种于96个孔板中，体外培养24h后，将细胞分为空白（正常）对照组、（低、中、高剂量）辛伐他汀药物对照组、（低、中、高剂量）普洱茶组。作用24h后，裂解细胞并用胆固醇测定试剂盒测定细胞上清裂解液中的胆固醇含量。结果发现，3个剂量的辛伐他汀药物均能显著抑制HepG2细胞内胆固醇的合成活性，而普洱茶的中高剂量组也能显著抑制HepG2细胞内胆固醇的合成活性，提示普洱茶可抑制机体内部胆固醇的合成。

②普洱茶能够抑制胆固醇合成酶的表达或产生而发挥降低血浆胆固醇作用。以上两项研究证明了普洱茶能抑制肝细胞合成胆固醇的能力。他汀类药物能催化胆固醇合成酶β-羟基-β-甲

基戊二酸单酰辅酶 A 还原酶的活性，而普洱茶几乎不含有他汀类化合物或类似物，如果不是抑制了这个酶的活性，就抑制了胆固醇合成酶的表达。本项研究又考察了肝细胞中胆固醇合成酶 β-羟基-β-甲基戊二酸单酰辅酶 A 还原酶的表达，通过酶联免疫分析结果表明，辛伐他汀虽然抑制了胆固醇的合成，但并不抑制 β-羟基-β-甲基戊二酸单酰辅酶 A 还原酶蛋白的表达，而普洱茶能够显著抑制 β-羟基-β-甲基戊二酸单酰辅酶 A 还原酶蛋白的表达，说明普洱茶和辛伐他汀虽然都能抑制胆固醇的合成，但它们二者的作用原理并不相同。辛伐他汀主要是通过抑制 β-羟基-β-甲基戊二酸单酰辅酶 A 还原酶的活性发挥作用，而普洱茶则可能是通过抑制 β-羟基-β-甲基戊二酸单酰辅酶 A 还原酶的表达或产生发挥作用。

近年来临床观察发现，不少患者在使用他汀类药物后，并没有显示出明显的临床疗效。据报道，有52%的患者在用药的开始阶段效果不明显，其中86%的患者在用药6个月后仍然不能达到治疗目标，特别是许多患者用药后出现肝脏与骨骼肌组织损伤的毒副作用。这些结果提示，需要寻找更加有效、安全的药物或手段控制低密度脂蛋白胆固醇的水平。

另外一种降低血浆低密度脂蛋白胆固醇水平的策略是抑制小肠黏膜对胆固醇的吸收。近年来，国际上出现了一种新的药物即 Ezetimibe，它能够抑制肠黏膜对胆固醇的吸收，特别是 Ezetimibe 与他汀类药物合用，不仅能增强他汀类药物的疗效达到降低低密度脂蛋白胆固醇与预防和减少冠心病发作的目的，还能降低他汀类药物的使用剂量，从而降低其毒副作用。

本项研究结果提示，普洱茶可抑制肠黏膜胆固醇的吸收和抑制肝脏胆固醇的合成，两种途径同时作用、双管齐下，被实践证明是一种切实有效、安全可靠的调节手段。本课题组前期通过动物试验证明，普洱茶能够降低血浆"坏胆固醇"低密度脂蛋白胆固醇的水平。但是，普洱茶是通过何种途径、何种作用原理达到降低血浆低密度脂蛋白胆固醇含量目的的，是通过抑制了胆固醇的吸收，还是抑制了肝脏胆固醇的合成？迄今为止，没有发现相关的研究报道。

本项研究证明普洱茶既有抑制胆固醇吸收的作用，又有抑制胆固醇合成的作用。不仅从科学实验的角度证明了民间观察到的现象，也为普洱茶的合理使用提供了科学的佐证，为许多患高胆固醇血症的患者或想要防止胆固醇增高的人群提供了一种新的辅助手段。这种方法可能并没有他汀类药物和 Ezetimibe 合用的效果强，但是它可以在日常生活中方便地完成。假如有些患者不能耐受他汀类化合物的毒副作用，是否可以用普洱茶进行辅助治疗？显然，值得深入研究。

本项研究表明，普洱茶既有抑制胆固醇吸收的作用，又有抑制胆固醇合成的作用。

本项研究主要完成单位：北京大学医学部、云南农业大学。

13.普洱茶对机体游离钙代谢及骨密度的影响

普洱茶对机体游离钙代谢及骨密度影响的研究，试验研究结果如下。

①普洱茶不影响试验大鼠从食物中获取的钙离子量。在本试验的整个过程中，制备试验样品用水、大鼠饲养饮水均为云南某公司制造的纯净水。灌胃时，对照组灌胃同体积纯净水（与受试物的灌胃量比较），保证所有实验大鼠从饮水和受试物溶剂中摄入的钙和磷含量一致，尽可能排除

试验差异。

在试验过程中,阴性对照组和试验组均饲喂相同的基础饲料,由大鼠自由饮水和摄食。对大鼠日摄食量的计算和分析得出,各试验组与阴性对照组(不灌胃茶组)相比日摄食量无显著差异,说明普洱茶对试验大鼠的日摄食、饮水无影响,摄入的钙、磷含量处于同一水平。此外,有研究显示,大鼠饲料钙、磷比为1~2:1时,生长期试验大鼠增重及骨骼发育较好,本试验采用的饲料钙、磷比为1.18:1,接近该比值能够保证试验动物正常生长发育。

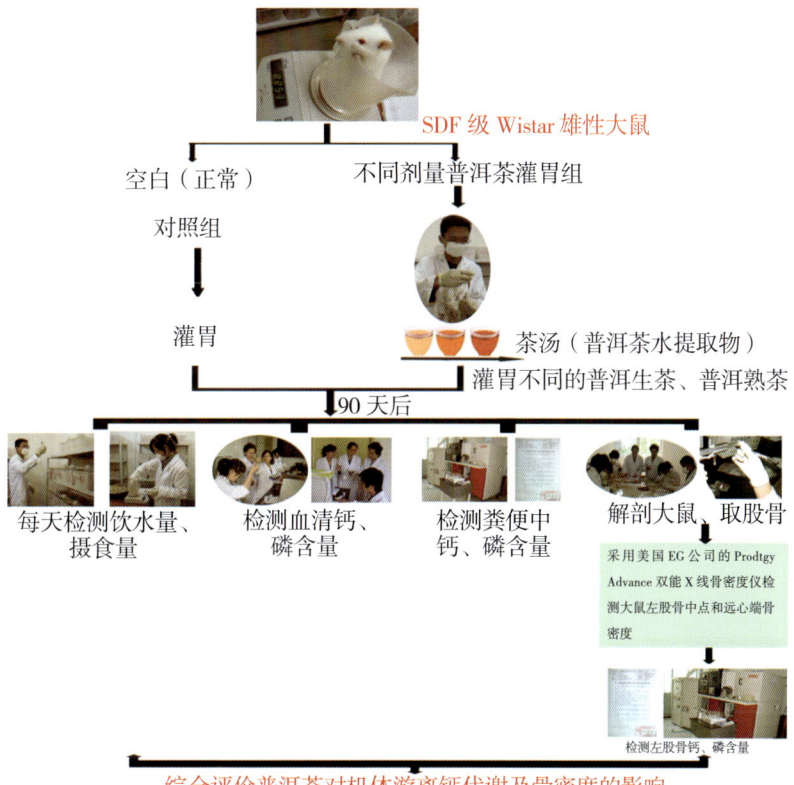

▲ 普洱茶对机体游离钙代谢及骨密度影响的研究实验

②普洱茶不影响长期饮茶大鼠钙离子的吸收率。在稳定状态下测定大鼠摄入的钙磷量及粪便中排出的钙磷量,两者的差值即钙、磷的表观吸收率。本试验发现,各试验大鼠组钙和磷的表观吸收率与阴性对照组相比无显著差异,说明灌胃普洱生茶和普洱熟茶对试验大鼠钙、磷的表观吸收率没有影响,这与钙、磷的摄入量呈一致关系。

③普洱茶不会降低长期饮茶大鼠血清中钙离子含量。

本试验大鼠灌胃普洱茶90d后,对其血清中的钙离子和磷离子含量进行了检测,发现灌胃不同剂量的普洱生茶和普洱熟茶组与阴性对照组相比,试验大鼠血清钙和磷的含量均无显著降低。此外,低剂量普洱生茶组实验大鼠血清磷含量反而显著高于正常对照组。说明普洱生茶和普洱熟茶不会降低试验大鼠血清中钙离子和磷离子的含量,相反,数值上还有一定的升高。

④普洱茶不会促进试验大鼠体内钙离子从便中排出。在试验大鼠灌胃普洱茶的最后4d,收集

了每组试验大鼠的所有粪便，采用 PS-4 型电感耦合等离子原子发射光谱仪测定了其中钙离子和磷离子的含量，通过方差分析发现，各试验组大鼠粪钙含量均显著低于正常对照组。除高剂量生茶组和熟茶组粪磷含量显著低于对照组外，其他试验组与对照组相比无明显差异，但大部分试验组大鼠组粪磷含量较阴性对照组低，说明灌胃普洱生茶和普洱熟茶不仅不会促进试验大鼠体内钙、磷离子从粪便中排出，相反，随着剂量的升高粪便中钙、磷离子的含量越来越低，提示普洱生茶和普洱熟茶有促进大鼠吸收钙、磷离子的可能性。

⑤普洱茶不会降低长期饮茶大鼠股骨中钙离子的含量。

钙、磷及维生素等微量元素是影响骨骼生长发育的重要因素，直接影响骨重。试验大鼠采用不同剂量的茶汤灌胃 90d 后，采用 PS-4 型电感耦合等离子原子发射光谱仪测定了其股骨中钙离子和磷离子的含量，均未出现骨钙和骨磷含量降低的情况，表明饮用普洱生茶和普洱熟茶，不影响试验大鼠骨骼中钙离子和磷离子的含量。相反，高剂量普洱生茶和低、中剂量的普洱熟茶组试验大鼠骨钙含量还显著增加。此外，各茶组试验大鼠骨磷含量也显著增加。因此，在本试验条件下，普洱生茶和普洱熟茶均不会降低试验大鼠骨钙和骨磷的含量。

⑥普洱茶不会降低长期饮茶大鼠股骨的骨密度。

骨密度是骨钙代谢中量化骨量的重要指标，也是评价骨量最有说服力的指标之一。本试验大鼠灌胃普洱茶 90d 后，采用双 X 线骨密度仪对试验大鼠左股骨中点骨密度和远心端骨密度进行了测定。结果显示，各试验组大鼠股骨中点密度和远心端密度与阴性对照组相比均无显著性差异，说明试验用普洱生茶和普洱熟茶对试验大鼠的骨密度均无影响。

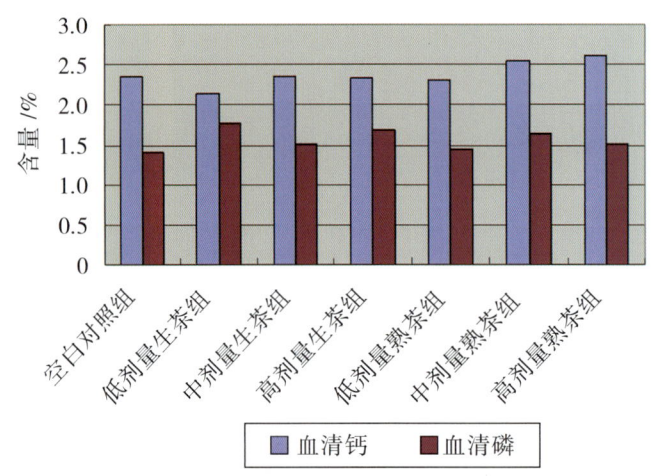

▲ 普洱生茶和普洱熟茶对试验大鼠的骨密度均无影响

综上所述，普洱生茶和普洱熟茶不会促进试验大鼠体内钙、磷离子从粪便中排出，对钙、磷表观吸收率没有影响，钙、磷的摄入量与排出量呈一致关系。此外，普洱生茶和普洱熟茶不影响试验大鼠血清钙、磷和左骨股钙、磷的含量，也不对骨密度产生负面作用。

本项研究完成单位：云南农业大学。

第四章

茶道与茶艺

Chapter 4

第一节 茶道起源

一、中国是世界茶道的发源地

中国不仅是世界饮茶文化的起源地,也是茶道的发源地。何谓"道"?"道",是中华民族为认识自然并为己所用的一个词,意思是万事万物的运行轨道或轨迹,也可以说,是事物变化运动的情况。茶道是一种以茶为媒的生活礼仪,也被认为是修身养性的一种方式,通过沏茶、赏茶、饮茶增进友谊、美心修德、学习礼法。喝茶能静心、静神,有助于陶冶情操、去除杂念,这与提倡"清静、恬淡"的东方哲学思想很合拍,也符合儒释道的"内省修行"思想。茶道精神是茶文化的核心,是茶文化的灵魂。茶道最早起源于中国,后流传于四方,追根溯源,日本、韩国的茶道都来源于中国。

▲ 赵丹丹老师表演茶艺

二、中国茶道简介

1. 茶道内容

中国茶道讲究五境之美,即茶叶之美、茶水之美、火候之美、茶具之美、环境之美,同时,配以情绪等条件，以求"味"和"心"的最高享受，是通过品茶活动表现一定的礼节、人品、意境、美学观点和精神思想的一种饮茶艺术。茶道是茶艺与精神的结合，并通过茶艺表现精神，兴于唐代，盛于宋代、明代，衰于清代，被称为"美学宗教"，以"和、敬、清、寂"为基本精神的日本茶道，便是秉承中国茶道的唐宋遗风。

2. 茶道法则

茶道要遵循一定的法则。唐代为克服"九难"，即造、别、器、火、水、炙、末、煮、饮。宋代为"三点"与"三不点"品茶："三点"为新茶、甘泉、洁器为一点，天气好为一点，风流儒雅、气味相投的佳客为一点；反之，是为"三不点"。明代为"十三宜"与"七禁忌"："十三宜"为一无事，二佳客，三独坐，四咏诗，五挥翰，六徜徉，七睡起，八宿醒，九清供，十精舍，十一会心，十二鉴赏，十三文僮；"七禁忌"为一不如法，二恶具，三主客不韵，四冠裳苛礼，五荤肴杂味，六忙冗，七壁间案头多恶趣。

3. 茶道表现形式

中国茶道的具体表现形式有三种：第一种是煎茶，把茶末投入壶中，和水一起煎煮。唐代的煎茶，是茶最早的艺术品尝形式。第二种是斗茶，古代文人雅士各携带茶与水，通过比试茶面汤花和品尝鉴赏茶汤以定优劣。斗茶又称为"茗战"，兴于晚唐，盛于宋代，最先流行于福建建州一带。斗茶是古代品茶艺术的最高表现形式，其最终目的是品尝，特别是要吸掉茶面上的汤花，最后斗茶者还要品茶汤，做到色、香、味俱佳，才算最后的胜利。第三种是工夫茶，清代至今某些地区流行的工夫茶是唐、宋以来品茶艺术的流风余韵。清代工夫茶流行于福建的汀州、漳州、泉州和广东的潮州。工夫茶讲究品饮工夫，有自煎自品和待客两种，特别是待客最为讲究。

4. 茶道精神

茶道属于东方文化。东方文化与西方文化的不同在于东方文化往往没有一个具体、准确的定义，要靠个人凭借悟性去贴近它、理解它。我国唐代就有了"茶道"一词，例如《封氏闻见记》曰："又因鸿渐之论广润色之，于是茶道大行。"唐代刘贞亮在《饮茶十德》中也明确提出："以茶可行道，以茶可雅志。"

在唐朝，寺院僧众念经坐禅皆以茶为饮，清心养神。当时社会上茶宴已经很流行，宾主在以茶代酒、文明高雅的社交活动中品茗赏景，各抒胸襟。在唐宋年间，人们对饮茶的环境、礼节、操作方式等仪程都很讲究，有了一些约定俗成的规矩和仪式，茶宴已有宫廷茶宴、寺院茶宴、文人茶宴之分，对茶饮的修身养性作用也有了相当深刻的认识。

5. 日本茶道起源于中国

当下，人们每言茶道必说日本，茶道不仅已经成为日本的国粹，还得到了国际的普遍认可，

以至于人们在介绍或谈及日本时，常常将茶道与花道、剑道、武士道等富有日本民族特色的文化相提并论。日本茶道从村田珠光（1422—1502年）开山，经武野绍鸥（1502—1555年）的发展到千利休（1522—1591年）的集大成，至今已有500多年的历史，并且日臻成熟，近乎完美，茶道已然烙上了大和民族独树一帜的审美意识与特征印迹。

据史书记载，日本原本是没有茶树的，茶树由中国传入日本要追溯到唐朝时期。日本佛教大师最澄（767—822年）来中国学佛，805年回日本时带走了三样东西：佛经、茶籽、书法碑帖。他将茶籽种在日吉神社，那里至今保留有日本最古老的茶园。此段饮茶历史时间不长，没有延续下来。直到宋代，日本的荣西禅师（1141—1215年）来到中国，再次将茶籽带回日本，由此将中国宋代兴盛的末茶点茶游戏传到了日本，并逐渐本土化。荣西禅师撰写的《荣西喫茶养生记》中宣传茶的药效，宣扬饮茶习俗，开篇就说："茶者，养生之仙药也，延龄之妙术也。山谷生之，其地神灵也；人伦采之，其人长命也。"开启了日本茶史的新纪元。

日本佛教学者久松真一（1889—1980年）则认为：茶道文化是以吃茶为契机的综合文化体系，具有综合性、统一性、包容性。其中，有艺术、道德、哲学、宗教，以及文化等各个方面，其内核是禅。

日本哲学家谷川彻三（1895—1989年）在《茶道的美学》一书中，将茶道定义为以身体动作作为媒介演出的艺术，包含了艺术因素、社交因素、礼仪因素和修行因素。

日本茶道协会会长仓泽行洋先生曾说"日本的茶道是中国茶道之子"。他还认为"道"是通向彻悟人生之路，茶道是至心之路，又是心至茶之路，是喝茶、品茶、茶艺的最高境界。喝茶：将茶当饮料解渴。品茶：注重茶的色香味，讲究水质、茶具，喝的时候又能细细品味。茶艺：讲究环境、气氛、音乐、冲泡技巧及人际关系等。最高境界——茶道：在茶事活动中融入哲理、伦理、道德，通过品茗修身养性、品味人生，达到精神上的享受。

第二节　茶道相关人物

中华茶道自唐代兴起，历经宋明时代的繁盛及20世纪80年代的复兴，时至今日涌现出了一批茶文化、茶学及茶道研究的专家学者。

一、饮茶得道——皎然（生卒年不详）

饮茶歌诮崔石使君

唐·皎然

一饮涤昏寐，情来朗爽满天地。

再饮清我神，忽如飞雨洒轻尘。

三饮便得道，何须苦心破烦恼。

唐代诗僧皎然是陆羽的忘年交，他在《饮茶歌诮崔石使君》中将品茶悟道归纳出三个层次。中国古语讲"人贵有自知之明"，人生在世需要对自身有一个清醒的认知与恰当的把握，但是人的认知并非凭空产生的，而是需要在现实生活中感悟体会。茶，为人们认知自己提供了绝佳的方法。一方面，想要反观自我，需要高度集中地沉思、细致深入地剖析，透过繁杂事务的表象把握本我，茶中富含咖啡碱，能使人在饮用后促进中枢神经兴奋，起到提神益智的功效；另一方面，茶可以帮助人们在世俗生活中更好地安顿自我，茶性清洁，茶境清幽，茶味甘醇，为人们反观自身提供了绝佳的条件。

二、与皇帝斗茶——梅妃（723—756年）

梅妃原名江采萍，是唐玄宗的宠妃，比杨贵妃早19年进宫。梅妃不仅诗词弹唱俱佳，还是一位出色的茶人，她与唐玄宗斗茶的故事流传至今。《梅妃传》记载："唐明皇与梅妃斗茶，顾诸王戏曰：'此梅精也，吹白玉笛，作惊鸿舞，一座争辉，今斗茶又胜吾矣。'妃应声曰：'草木之戏，误胜陛下。设使调和四海，烹饪鼎鼐，万乘自有宪法，贱妾何能较胜负也。'上大悦。"由此可见，梅妃不仅在茶艺上技高一筹，而且才情极高。后来，梅妃被称作"最早的长安女茶人"，对长安茶道产生了很大的影响。

三、"茶圣"——陆羽（约733—约804年）

六羡歌

唐·陆羽

不羡黄金罍，

不羡白玉杯。

不羡朝入省，

不羡暮入台。

千羡万羡西江水，

曾向竟陵城下来。

唐代茶学家陆羽在《茶经》中指出："茶之为用，味至寒，为饮最宜。精行俭德之人，苦热渴、凝闷、脑疼、目涩、四肢烦、百节不舒，聊四五啜，与醍醐、甘露抗衡也。"详尽道出了饮茶有帮助人们明心见性，从浑浑噩噩中苏醒，更好地反观自身的功效。

陆羽所著《茶经》，不仅是世界上第一部茶学著作，也是第一部茶道著作。陆羽《茶经》中倡导的饮茶之道，也就是饮茶的艺术，包括鉴茶、选水、赏器、取火、炙茶、碾末、烧水、煎茶、酌茶、品饮等一系列程序和规则。陆羽一生鄙夷权贵，不重财富，酷爱自然，《茶经》是陆羽躬身实践，笃行不倦，取得茶叶生产和制作的第一手资料，又是陆羽遍稽群籍，广采博收茶家采制经验的结晶。《茶经》对茶的性状、品质、产地、种植、采制、烹饮、器具等皆有论述，是唐代和唐以前有关茶叶的科学知识和实践经验的系统总结。《全唐诗》载有陆羽的《六羡歌》，正体现了陆羽恬淡的志趣和高风亮节的精神，他不羡慕荣华富贵，念念不忘的是故乡竟陵的西江水。陆羽与之前及他同时代的人最大的不同，就是他开始强调茶的非物质性、非日用性，将茶上升为审美对象和价值载体。

四、中国首位女茶艺师——李冶（约730—784年）

唐朝除诞生了一代"茶圣"陆羽外，还有我国首位女茶艺师——李冶。李冶，是中唐时期声名赫赫的女诗人，与薛涛、鱼玄机、刘采春并称"唐代四大女诗人"。同时，她还是一位茶艺高手，拜"茶圣"陆羽为师。安史之乱时，陆羽流落到浙江，认识了李冶。李冶经常和名士写诗品茶，自认为在茶艺方面有很深的造诣，但是遇到陆羽后才认识到自己在茶艺方面的浅薄，因而拜陆羽为师，一心钻研茶艺。她本就悟性极高，加上有陆羽的指点，短时间内就在茶艺及茶道上突飞猛进，烹茶煮茗的技艺也声震八方。如今，吴兴一带采用的还是她的烹茶方法，据说湖州一带的"擂茶"也是她传下来的技艺。

五、"茶有十德"——刘贞亮（？—813年）

唐代刘贞亮提出"茶有十德"："以茶散闷气，以茶驱睡气，以茶养生气，以茶除病气，以茶利礼仁，以茶表敬意，以茶尝滋味，以茶养身体，以茶可雅志，以茶可行道。"强调了茶的道德、伦理、教化意义，明确表达了茶对社会道德建设的贡献。

"以茶散闷气"讲的是茶具有怡情悦性、令人精神愉悦、消除烦恼的作用。

"以茶驱睡气"讲的是茶具有驱逐睡意、提振精神的作用。

"以茶养生气"讲的是茶具有健脾和胃、促进人体消化吸收的功能。

"以茶除病气"讲的是茶具有诸多医疗保健作用。

"以茶利礼仁"讲的是茶具有平等待人、礼貌待客、人心慈厚的作用。

"以茶表敬意"讲的是茶具有恭敬谦逊、平和知礼的礼仪之道。

"以茶尝滋味"讲的是茶具有人生百味,品茶可以悟人生、品味生活。

"以茶养身体"讲的是茶具有养生保健、延年益寿的功效。

"以茶可雅志"讲的是茶具有陶冶情操,令人兴趣高雅、不落流俗的作用。

"以茶可行道"讲的是茶具有教化之功,令人心向善、超凡脱俗。

六、唐代写茶诗最多的诗人——白居易(772—846年)

据统计,唐诗中共有茶诗684首,涉及作者97人,而白居易一人就有65首,约占总数的10%,比第二名皮日休26首的2倍还多。"不寄他人先寄我,应缘我是别茶人。"他终日与茶相伴,他痴爱喝茶,喜欢和爱茶人一起品茗,还善于辨别茶的好坏,自称"别茶人"。

七、"吃茶去"——赵州禅师(778—897年)

河北赵县(古称"赵州")有一座柏林禅寺,在唐代时叫"观音院"。有名的"赵州从谂禅师""吃茶去"禅门公案就发生在这里。1000多年前,有两位僧人从远方来到赵州,向赵州禅师请教何是禅。赵州禅师问其中的一个僧人:"你以前来过吗?"那个人回答:"没有来过。"赵州禅师说:"吃茶去!"赵州禅师转向另一个僧人,问:"你来过吗?"这个僧人说:"我来过。"赵州禅师说:"吃茶去!"这时,引领那两个僧人到赵州禅师身边的监院好奇地问:"禅师,怎么来过的你让他吃茶去,未来过的你也让他吃茶去呢?"赵州禅师称呼了监院的名字,监院答应了一声,赵州禅师说:"吃茶去!""吃茶去"这三字有着直指人心的力量,奠定了赵州柏林禅寺是"禅茶

一味"故乡的基础。生活中有茶,茶中也有禅,无论是一种行动还是一种心态都体现着"吃茶去"的禅理。禅的智慧隐匿于人们的生活中。正所谓"仁者见仁,智者见智"。人在茶中,人因茶生思,思的对象是茶,茶不离人。由茶悟道,将道注入饮茶、品茶,被视为一种独特的修为、修养。究人事以得天道,以人配天、以茶喻理,通过茶事喻人世、明事理,由此体悟终极的道。

八、日本煎茶道始祖——"茶仙"卢仝(约795—835年)

卢仝将饮茶当作悟道、得道的方法和捷径,他传承了陆羽、皎然的茶道思想精神,以茶问道,并把这种茶道思想精神推至巅峰境界。他认为饮茶可使人达到羽化成仙般的境地,超越人生、栖神物外,到达一个极其美妙的理想境界。

惊艳大唐的卢仝《走笔谢孟谏议寄新茶》,在世界各地广泛传播,影响巨大而深远。尤其是在日本,卢仝被尊为"日本煎茶道始祖",其《走笔谢孟谏议寄新茶》更是成为学茶者必学之文,是习茶境界。

日本江户时期,"煎茶道"的创始人高游外(1675—1763年),自号"卖茶翁",自封"卢仝正流兼达摩宗第四十五代传人"。其施茶之处取名为"通仙亭",高高地挂着写有"清风旗"字样的茶幌。他在《梅山种茶谱略》一书中写道:"茶种于神农,至唐陆羽著经,卢仝作歌,遍布海内外,而后风骚之士吟诗作赋之时无不品茶。"

日本茶道协会会长仓泽行洋在其著作《卢仝茶歌与日本茶道》中深情地表示:"日本茶人对茶室气氛如此营造,是受到卢仝饮茶的影响。我和很多日本人一样,十分尊崇卢仝,喜爱他的茶诗。我的茶室就挂着一幅我姑父抄写的《七碗茶诗》。"

日本煎茶道小川流的传人小川后乐对卢仝极为崇拜:"我学习煎茶道是在十七八岁的时候,最初的学习内容是七句茶歌,把七只茶碗按顺序放好,每只茶碗上分别写着'喉吻润、破孤闷、搜枯肠、发轻汗、肌骨清、通仙灵、清风生',并将它的顺序背下来。"小川后乐更是在其《玉川子其人》一文中,郑重地说:"在日本,人们把卢仝看作煎茶的始祖。……煎茶精神的主干就是唐代玉川子卢仝的清风茶。"

九、茶器师——皮日休(约838—约883年)

晚唐杰出文学家皮日休在诗和茶方面的造诣非常高。皮日休不仅对饮茶器具很有研究,也会自制精美的"袭美茶具"。其创作的《茶中杂咏》十组咏茶诗歌,再现了古人饮茶的生活礼仪,并细列出茶坞、茶笋、茶籝、茶鼎、茶瓯等茶器种类,让人不得不感叹古人在饮茶用器方面之精细和情趣水平之高。同时,为我们了解唐代茶文化提供了珍贵的历史资料。

十、"小龙团"茶创始人——让建茶名垂天下——蔡襄(1012—1067年)

北宋书法家、政治家、茶学家蔡襄任福建转运使时,从改造北苑茶品质花色入手,求质求形。

在外形上改大团茶为小团茶，品质上采用鲜嫩茶芽作为原料，并改进制作工艺，创制出"小龙团"茶。为之，欧阳修《归田录》云："茶之品莫贵于龙凤，谓之团茶。凡八饼重一斤。庆历中蔡君谟为福建转运使，始造小片龙茶以进，其品绝精，谓之小团。凡二十饼重一斤，其价值金二两。"欧阳修对蔡襄制作贡茶有非议，但他不得不承认蔡襄制作茶叶的工艺之精。这种技术创新，使福建茶叶在北宋时期名列首位。

蔡襄将自己的研究心得撰写成《茶录》一书，共2篇800多字。上篇论茶，下篇论茶器，都属于烹试的方法。凭他丰富的经验，独特的见解，再配以当世优秀的书法，使这一著作堪称"稀世奇珍，永垂不朽"。宋代建茶能名垂天下，与蔡襄的提倡和推荐是分不开的。据说，当时论茶者没人敢在蔡襄面前发言，恐班门弄斧、自讨没趣。《茶录》除了进贡给皇帝鉴赏外，还刻石以传后世，这不但对福建茶业的发展起了很大的促进作用，而且对日本具有美学艺术的"茶道"和世界茶业的发展产生了极大的影响。17世纪初，中国茶叶输入欧洲及其他地区，成为世界三大饮料之一，并且有日渐风靡之势。前人评曰："建茶所以名垂天下，由公（蔡襄）也。"

十一、茶艺大师——苏轼（1037—1101年）

宋代大儒苏轼在《寄周安孺茶》中写道："大哉天宇内，植物知几族？灵品独标奇，迥超凡草木。"对茶之本性大加赞赏。茶的生长环境与自然品性，使人不自觉地与它亲近，自然而然地将茶拟人化，以茶性喻人性，以茶品比人品，将茶表征的品格意象视为人们追求的理想人格。

苏轼以多重身份闻名，他是文豪，是大美食家，除此之外，他还有鲜为人知的另一个身份，那就是"茶艺大师"。苏轼煮茶是出了名的讲究，这从他的名作《汲江煎茶》中可以看出，"活水还须活火烹，自临钓石取深清。大瓢贮月归春瓮，小杓分江入夜瓶。雪乳已翻煎处脚，松风忽作泻时声。枯肠未易禁三碗，坐听荒城长短更"。简而言之就是，苏轼认为煮茶要用流动的活水、猛烈的活火，于是他亲自到江边的钓石上汲取清澈的江水。他将水比喻成月亮，用瓢舀起江水装到瓮中，再用小勺把水舀到陶瓶里，他形容为像分了一小支江进去。茶水煮开后，开始翻起乳白色的泡沫，茶煮好后倒入瓶中再倒到茶碗里，茶水倒出的声音像松涛之声。茶煮好后，他一边饮茶，一边听着长长短短的打更声，孤寂中却充满意境。

十二、《大观茶论》——宋徽宗赵佶（1082—1135年）

《大观茶论》为宋徽宗赵佶所著关于茶的专论，有产地、天时、采择、蒸压、制造、鉴辨、白茶、罗碾、盏、筅、瓶、杓、水、点、味、香、色、藏焙、品名、外焙20篇，集点茶道之大成。对北宋时期蒸青团茶的采制、烹试、品质、斗茶风尚等均有详细记述。其中，"点茶"一篇见解精辟，论述深刻，从侧面反映了北宋以来我国茶业的发达程度和制茶技术的发展状况，也为我们认识宋代茶道留下了珍贵的文献资料。宋徽宗赵佶认为，茶的芬芳品味能使人闲和宁静、趣味无穷：

"至若茶之为物,擅瓯闽之秀气,钟山川之灵禀,祛襟涤滞,致清导和,则非庸人孺子可得知矣。中澹闲洁,韵高致静……"

十三、饮茶助学——李清照(1084—1155年)

宋代著名婉约派词人李清照早期是个爱喝茶、性格活泼的女性。她与意中人赵明诚结婚后,有一段让人艳羡的甜蜜期。当时,夫妻二人不但经常以诗词唱和,而且特别喜欢饮茶行令。李清照在《金石录后序》中记载:"余性偶强记,每饭罢,坐归来堂,烹茶,指堆积书史,言某事在某书、某卷、第几页、第几行,以中否角胜负,为饮茶先后。中即举杯大笑,至茶倾覆杯中,反不得饮而起……"从中我们可知,他们的生活非常幸福,吃完饭后会玩一个游戏,就是猜书,要猜某个典故在书中的哪一页,谁赢了就喝一杯,过着"我在闹,你在笑"的幸福生活。这对才子佳人,一边饮茶一边考记忆,为我们留下了"饮茶助学"的美谈。

▲ 茶艺师王巍老师泡茶

十四、宋代写茶诗最多的人——杨万里(1127—1206年)

南宋诗人杨万里历经四朝,曾任宋光宗的老师,学问和才华举朝公认。杨万里一生与茶结缘,写过300多首茶诗,流传后世的有70多首,这在历史上是绝无仅有的。杨万里爱茶、爱诗,达到了痴迷的境界。在他晚年,皇帝赐予龙团,是蒸清绿茶,性寒,在冬季过量饮用会导致寒气加重,引发旧疾。但杨万里不顾身在病中,忍不住茶瘾,不仅病中过饮,还作词写道:"旧赐龙团新作祟,频啜得中寒;瘦骨如柴痛又酸。"真让人又疼又怜。

十五、有仙气的爱茶人——明朝第一代宁王——朱权（1378—1448年）

《茶谱》是明朱权著农书，全书除绪论外，分16则。在绪论中，他简洁地道出了茶事是雅人之事，用以修身养性，绝非白丁可以了解。"盖羽多尚奇古，制之为末，以膏为饼。至仁宗时，而立龙团、凤团、月团之名，杂以诸香，饰以金彩，不无夺其真味。然天地生物，各遂其性，莫若叶茶。烹而啜之，以遂其自然之性也。予故取烹茶之法，末茶之具，崇新改易，自成一家。"正文首先指出茶的作用有"助诗兴""伏睡魔""倍清谈""中利大肠，去积热化痰下气""解酒消食，除烦去腻"。朱权指出饮茶的最高境界："会泉石之间，或处于松竹之下，或对皓月清风，或坐明窗静牖，乃与客清淡款语，探虚立而参造化，清心神而出神表。"

作为明朝第一代宁王，朱权喜欢读书，诸子百家无一不窥，尤其对道家的书特别喜爱，因而深为朱元璋钟爱。朱元璋曾高兴地称赞道："此儿有仙气。"

十六、煎茶、点茶高度概括——钱椿年（生卒年不详）

明代钱椿年于1530年编撰的《茶谱》一书分茶略、茶品、茶艺等9部分，其中"煎茶四要""点茶三要"写得简洁实用。"煎茶四要"指：选择好水、洗茶、候汤、择品。煎茶的水如果不甘美，就会严重损害茶的香味；烹茶之前，先用热水冲洗茶叶，除去茶的尘垢和冷气，这样烹出的茶水味道甘美；煎汤须小火烘、活火煮，活火指有焰的木炭火，煎汤时不要将水烧得过沸，这样才能保存茶的精华；茶瓶宜选小点的，容易控制水沸的程度，在点茶注水时也好掌握分寸，茶盏宜用建安的兔毫盏。"点茶三要"指：涤器、茶盏、择品。点前先将茶器洗净，茶盏是茶面聚乳的关键，烹点之际，不宜以珍果香草杂之，能夺香的有松子、柑橙、杏仁、莲心、木香、梅花、茉莉、蔷薇、木樨之类，能夺色的有柿饼、胶枣、杨梅之类，所以想饮好茶，只有去掉各种花果才能真正品味茶的清纯甘美。如果同时夹杂花果香料，茶的真香、真味、真色就会被混淆而分辨不出。如果一定说饮茶时需要佐食茶果，那么核桃、榛子、瓜仁、枣仁、菱米、榄仁、栗子、银杏、山药、笋干、芝麻、莒蒿、莴苣、芹菜等经过特别精加工的或许还可以用些。

十七、烹试、品饮之茶道——许次纾（1549—约1604年）

许次纾于万历二十五年（1597年）著《茶疏》，全书约4700字，有择水、贮水、舀水、煮水器、火候、烹点、汤候、瓯注、荡涤、饮啜、论客、茶所、洗茶、饮时、宜辍、不宜用、不宜近、良友、出游、权宜、宜节等36则。

《茶疏》最大的特色在于烹试、品饮。关于"择水"，"清茗蕴香，借水而发，无水不可与论茶也"；关于"煮水器"，"金乃水母，锅备柔刚，味不咸涩，作铫最良"，认为金属作为煮水器较宜，尤其是锡，又说："茶兹于水，水籍乎器，汤成于火，四者相须，缺一则废。"茶、水、器、火四者相辅相成，若缺一则茶不成。

《茶疏》中所说："惟素心同调，彼此畅适，清言雄辩，脱略形骸，始可呼童篝火，酌水点汤。"（译文：只有本心相同，彼此舒适自在，或高雅言论或互相辩论，不受拘束的朋友，才开始让童子生火，煮水沏茶。）可见当时的明人品茶讲究的是自然环境、人际关系、茶人心态等的联系，并把饮茶作为高雅的精神享受。

▲ 茶艺展示

十八、用壶泡茶——张源（明？—？）

从张源《茶录》（约1595年）的记载来看，泡茶道茶艺包括备器、选水、取火、候汤、习茶五大环节。张源的《茶录》第一次对壶泡茶艺进行了全面的论述，是泡茶道的经典之作，标志着泡茶道的正式形成。壶泡法的主要程序有：浴壶、投茶、注汤、涤盏、酾茶、品茶。"探汤纯熟，便取起。先注少许壶中，祛荡冷气，倾出，然后投茶。"泡茶之前先温壶，温壶之后投茶，投茶量视壶的容量大小斟酌而行，不可偏多或偏少而失中正。"茶多寡宜酌，不可过中失正。"投茶量过大则泡出的茶"味苦香沉"，投茶量过小则泡出的茶"色清气寡"。茶壶连续泡过两次之后要用冷水荡涤，使其凉洁，然后继续泡茶，"不则减茶香矣。罐热则茶神不健，壶清则水性常灵"。分酾不宜早，早了茶的色、香、味还未蕴育好；饮用时不宜迟，迟则茶的香气挥发。"酾不宜早，饮不宜迟。早则茶神未发，迟则妙馥先消。"（《茶录·泡法》）它表达的是喝茶时对最佳出水点的控制，也是一个恰当的茶汤浓度的把控问题。此时，要根据不同的茶类分门别类，熟悉茶性，控制水温，着眼于壶嘴流出水的汤色，对浸泡时间和出汤速度及时做出准确的判断与调整，这些是泡好一壶茶的基本要求。

"投茶有序，毋失其宜。"投茶有上投、中投、下投三法。"先茶后汤，曰下投，汤半下茶，复以汤满,曰中投,先汤后茶,曰上投。"(《茶录·投茶》)不同季节采取不同的投法。春、秋季中投,夏季上投,冬季下投。张源认为,茶道讲究造时精、藏时燥、泡时洁。精、燥、洁,茶道尽矣。

十九、自创江南第一名茶——张岱（1597—约1689年）

明末张岱曾戏谑地自称"茶淫枯虐"。在他的家乡山阴有一种茶叫"日铸雪芽",宋代时曾被选为贡品,但到了明代已没落。张岱联合他人,对其改用另一名茶——松萝茶的制法并加入茉莉炒制,提升了雪芽的品质。经过张岱的改造,此茶名声大噪,并更名为"兰雪茶"。不久后,兰雪茶重新雄踞"江南第一名茶"。

二十、用茶换聊斋故事——蒲松龄（1640—1715年）

清代文学家蒲松龄（世称"聊斋先生"）所著《聊斋志异》"写鬼写妖高人一等,刺贪刺虐入骨三分"。书中的很多故事来自民间传说,而这些民间故事都是蒲松龄用茶换来的。久居乡下的蒲松龄利用自己渊博的知识,自制了一款具有补肾、抗衰老功效的菊桑茶。这茶可不是给自己饮用的,他在乡下建了一个茅亭,为过往的行人提供桑菊茶,饮茶的人不需要付茶费,只需要口传分享听过的故事和传说。这些用茶换来的故事,后来成了《聊斋志异》多篇小说的素材。

二十一、"扬州八怪"之一——汪士慎（1686—1759年）

"啜茶日日写梅花,要将胸中清苦味,吐作纸上冰霜桠。"汪士慎清画家,"扬州八怪"之一,自称有"茶癖"。他一生品茶无数,视茶为友,对各种茶叶的形状和味道如数家珍。他喝茶从来不喝泡茶,他用来煮茶的水也只取3种,分别是山泉、雪花和花须水,必须有专用的茶具煎茶,可谓真"茶癖茶仙"了。

二十二、"君不可一日无茶"——乾隆（1711—1799年）

"龙井新芽龙井泉,一家风味称烹煎。"清朝的乾隆皇帝也是一位十足的茶痴。在他六下江南,微服私访期间,也不忘饮遍江南的名茶。龙井茶能够声名远扬,成为名茶之首,还得拜乾隆御赐。第五次下江南他为西湖龙井作诗,有这么强大的代言人,西湖龙井想不红也难。并且,乾隆一生嗜茶如命,到了晚年更甚。85岁的乾隆想隐退让位,朝中大臣有所顾虑便进谏道:"国不可一日无君!"乾隆便回道:"君不可一日无茶!"可见晚年的乾隆对茶的痴迷程度。

乾隆除了对龙井尤为偏爱外,对普洱也不吝惜自己的言辞,他所写的《烹雪用前韵》一诗是这样表达的:"独有普洱号刚坚,清标来足夸雀舌。点成一椀金茎露,品泉陆羽应惭拙。"乾隆不但在诗中嘲笑"茶圣"陆羽居然没有喝过普洱茶,还酷爱炫耀天朝的大国风范,送给外国使臣的礼品中就有普洱茶。

二十三、108岁茶寿的——张天福（1910—2017年）

著名茶学家、制茶和审评专家张天福主张综合《茶经》所提的"茶最益精行俭德之人"和宋徽宗赵佶《大观茶论》所提的"致清导和""韵高致静"，提出以"俭、清、和、静"为内涵的中国茶礼。他说，"俭"就是勤俭朴素，"清"就是清正廉明，"和"就是和衷共济，"静"就是宁静致远，这种精神就是中华民族从唐宋以来提倡的高尚的人生观和处世哲学。

二十四、"当代茶圣"——吴觉农（1897—1989年）

吴觉农，著名农学家、农业经济学家、社会活动家，我国现代茶业的奠基人，其著作甚丰，所著《茶经述评》是当今研究陆羽《茶经》最权威的著作，被誉为"当代茶圣"。他最早论述了中国是茶树的原产地，创建了我国第一个高等院校的茶业专业和茶叶总公司，又在福建武夷山麓首创了茶叶研究所，为发展我国茶叶事业做出了卓越贡献。

吴觉农先生认为：茶道是"把茶视为珍贵、高尚的饮料，饮茶是一种精神上的享受，是一种艺术，或是一种修身养性的手段"。

二十五、中国茶树栽培学科奠基人——庄晚芳（1908—1996年）

庄晚芳认为，茶道是通过饮茶的方式对人民进行礼法教育、道德修养的一种形式，他将中国茶道的基本精神归纳为"廉、美、和、敬"，并解释说："廉俭育德、美真廉乐、和诚处世、敬爱为人。"

第三节　茶道与儒释道三家

一、茶道与儒家

1. 茶道与儒家在理论方面都讲究"中""和"

儒家学说是中华民族的主体文化，中国茶道与儒家学说有着千丝万缕的联系。儒生把品茶看作品味人生的酸甜苦涩，不同人有不同的感受与偏爱。儒生与茶道的关系是道心文趣兼备，比佛家和道家要复杂得多，但其主体是倡导"以茶雅志，以茶行道"（刘贞亮《茶十德》），怀有积极的入世观。儒家文化的精髓主要体现在"中庸之道"，"中和"哲学或"中"的境界上。儒家茶人及其茶文化无不体现了这种精神。

茶之为物，最为高贵醇厚，而茶人茶事也须相应的纯洁平和。可以说，在漫长的茶文化历史中，中庸之道及中和精神一直是儒家茶人自觉贯彻并追求的某种哲理境界和审美情趣。这在诸多文化典籍如《尔雅》《礼记》《晏子春秋》《华阳国志》《桐君采药录》《博物志》《凡将篇》等内容中都有所体现，在《茶经》等茶文化专著中，也同样体现了这种精神。

无论是斐汶的"其功致和"说、宋徽宗的"致清导和"说，还是陆羽的"精行俭德"说，都有中庸之道的深刻内涵。儒家茶文化注重人格思想，所谓高雅、淡洁、雅志、廉俭等都是儒家茶人将中庸、和谐引入茶文化的前提准备，只有好的人格才能实现中庸之道，只有高度的个人修养才能实现社会的完美和谐。因此，儒家茶人认为饮茶可自省、审己，清醒地看待自己，正确地对待他人等，都是中和思想的基本条件，它和"中和"原则组成了一条完整的逻辑链。通过饮茶营造一个强化人与人之间和睦相处的和谐空间，这简直是一种绝妙的想法，它代表了儒家茶文化真实的理想。儒家是入世的，而且是以一种平和儒雅、谦恭的形象入世的，而茶文化这种特殊的文化形态，比其他任何形态的文化更能具体而实在地造就这种精神和形象。

儒家茶文化代表一种中庸、和谐、积极入世的儒家精神，其间蕴含的宽容平和与绝不强加于

人的心态,恰恰是人类个体之间、社群之间、文化之间、宗教之间、种族之间、性别之间、地域之间、语言之间,乃至天、地、人、物之间的相处之道。相互尊重,共存共生,这恰恰是最具有现代意识的宇宙伦理、社群伦理和人道原则。刘贞亮提出的"以茶可行道",实质上就是指中庸之道。因为"以茶利礼仁""以茶表敬意""以茶可雅志",终究是为"以茶行道"开路的。在这里,儒家的逻辑思路是一贯的。

2. 茶道与儒家在实践中都讲究"中""和"

▲ "最美茶人"李娜

《朱子语类》中有两则朱熹对茶的中庸之德与中和之理的认知记录。一则是先生吃茶罢,曰:"物之甘者,吃过必酸;苦者吃过却甘。茶本苦物,吃过甘。"问:"此理如何?"曰:"也是一个道理。如始于忧勤,终于逸乐,理而后和。盖礼本天下之至严,行之各得其分,则至和。"(这段记载的是朱熹与其高徒林夔孙的一段对话,意思是朱熹说大凡是甜的东西,多数吃过以后会有酸的感觉,而苦的东西,吃过后却能生出甘甜的滋味。比如现在喝的茶,入口明显是苦的,可过后却回味甘甜。林夔孙顺势问道:这与我们学习理学有什么联系吗?朱熹回答道:这也是一个道理啊,人生开始于忧患、勤奋,最终能够收获安逸与幸福,就如"理而后和"的道理一样。因此说,天下有约束人们行为的严格的"礼"法,大家全都遵守了,就达到全社会的和谐了。)朱熹以茶"啜苦咽干"的审美特性比喻忧勤与逸乐是相辅相成的,进而说明"始于忧勤,终于逸乐"的人生哲理和事物的矛盾双方相反相成的普遍规律性。

另一则是建茶如"中庸之为德",江茶如伯夷叔齐。又曰:"南轩集云:'草茶如草泽高人,腊茶如台阁胜士。'似他之说,则俗了建茶,却不如适间之说两全也。"(《朱子语类卷第一百三十八·杂类》）（这段记录的大致意思是江茶是草茶，味清薄，有草野气，虽有清德而失之"偏"。而建茶是腊茶，其味最中和醇正。建茶之膏本偏于厚，制作时榨去过剩的膏脂，故其味不浓不淡、不厚不薄而归于"中"。再者建茶之味"正"而长，归于"庸"，故而建茶在诸茶中最具有中庸之德。）

朱熹深通儒学，是宋代理学的集大成者。作为一个伟大的思想家，凡他涉及的领域都有极其深刻而独到的认识；作为一位百代宗师，他又是一个百科全书似的人物，知识面极广，这造就了他博大精深的思想体系。他以"中庸之德"说茶，又以中和之理喻茶，表明他对儒家学说的深透思考已达如此具体之事物。当然，这也说明了朱熹对茶的认识及对茶文化的爱好及其独特的品位，如把建茶比作"中庸之为德"，把"物"与"思"巧妙结合，给茶文化史留下了至为宝贵的史料。

二、茶道与佛家

1. 佛教推动茶道发展

佛教和茶早在晋代结缘。相传晋代名僧慧远大师（334—416年）曾在江西庐山东林寺以自制的佳茗款待挚友陶渊明（约365—427年），"话茶吟诗，叙事谈经，通宵达旦"。佛教和茶结缘对推动饮茶风尚的普及并向高雅境界发展乃至创立茶道，做出了不可磨灭的贡献。

佛教对茶道的渗透，在史料中有魏晋南北朝时期的丹丘和东晋名僧慧远嗜茶的记载，可见"茶禅一味"源远流长。寺院中茶味的芳香，僧侣敬神、坐禅、念经、会友终日离不开茶。禅宗茶道体现了良然、朴素、养性、修心、见性的氛围。唐僖宗以皇家最高礼仪在法门寺地宫秘藏金银系列茶具，将茶具和佛骨舍利同放在后室，展现"茶禅一味"的真谛。禅宗茶道到宋代发展到鼎盛时期，传播到日本、韩国及西方国家，对促进各国文化交流做出了贡献。

▲ 莲花香炉

2. 茶道促进佛教传播

公元前6世纪至公元前5世纪，佛教创立于古印度，在两汉之际传入中国，经魏晋南北朝的传播与发展到隋唐达到鼎盛时期，而茶则兴于唐，盛于宋。创立中国茶道的"茶圣"陆羽自幼被智积禅师收养，在竟陵龙盖寺学文识字、习颂佛经，其后又与唐代诗僧皎然结为"生相知、死相随"的缁素忘年之交。在陆羽的《自传》和《茶经》中都有对佛教的颂扬及对僧人嗜茶的记载。

可以说，中国茶道从萌芽开始就与佛教有着千丝万缕的联系，其中僧俗都对此津津乐道，并广为人知的便是——禅茶一味。

自古以来，僧人多爱茶、嗜茶，并以茶为修身静虑之侣。为了满足僧众的日常饮用和待客之需，寺庙多有自己的茶园，同时在古代也只有寺庙最有条件研究并发展制茶技术和茶文化。我国有"自古名寺出名茶"的说法。唐代《国史补》记载，福州"方山露芽"、剑南"蒙顶石花"、岳州"悒湖含膏"、洪州"西山白露"等名茶均出产于寺庙。僧人对茶的需要从客观上推动了茶叶生产的发展，为茶道提供了物质基础。

三、茶道与道家

1. 饮茶对道教修行人身体方面的好处

茶与道教结缘的历史已久，道教把茶看得很贵重。道教敬奉的三皇之一"农业之神"——神农氏就是最早的用茶者。道教认为神农寻茶就是在竭力寻找长生不老药，所以道教徒认为"茶乃养生之仙药，延龄之妙术"，茶是"草木之仙骨"。

2. 道家与茶相关的故事

早在晋代时，著名的道教理论家、医药学家、炼丹家葛洪就在《抱朴子》一书中留下了"盖竹山，有仙翁茶园，旧传葛元植茗于此"的记载。壶居士《食忌》也记载了"苦茶，久食羽化"（羽化即成仙的意思）。因此，在魏晋南北朝时期，道教徒中流传着很多把饮茶与神仙故事结合起来的传说。例如，《广陵耆老传》讲述了这样一个故事：晋代有一位以卖茶为生的老婆婆，官府以败坏风气为名将她逮捕，没想到的是，夜间老婆婆居然带着茶具从窗户飞走了。《天台记》中也记载："丹丘出大茗，服之生羽翼。"这里的丹丘是汉代一位喜以饮茶养生的道士，传说他饮茶后得道成仙。唐代僧皎然曾作诗《饮茶歌送郑容》曰："丹丘羽人轻玉食，采茶饮之生羽翼。"再现了丹丘饮茶的往事。

3. 茶道与道教相辅相成

由于饮茶具有"得道成仙"的神奇功能，因此道教徒都将茶作为修炼时重要的辅助工具。根据《宋录》记载，道教徒把茶引进修炼生活，不但自己以饮茶为乐，还提倡以茶待客、以茶代酒，把茶作为祈祷、祭献、斋戒，甚至"驱鬼捉妖"的供品及延年益寿、祛病除疾的养生方法，此举也间接促进了民间饮茶习惯的形成。

道教徒饮茶、爱茶、嗜茶，与道教对人生的追求及生活情趣密切相关。道教以生为乐，以长寿为大乐，以不死成仙为极乐。饮茶的高雅脱俗、潇洒自在恰恰满足了道教对生活的追求，因此道教徒喜茶就不言而喻了。另外，道教徒之所以喜欢闲云野鹤般的隐士生活，向往"野""幽"的境界，正是因为茶生长的环境具有"野""幽"的禀性，因此饮茶也是道教徒对最高生活境界的追求。

第四节　日本茶道

一、日本茶树起源

关于日本茶起源何处，在日本有两种意见：一种是本土自生说，另一种是中国引进说。支持本土自生说的学者的理论依据是1926年和1940年，在日本的德岛县、埼玉县分别发现了绳文时代（约8500—2500年前）晚期的茶籽化石；1970年，在山口县宇部室炭田冲山层内（约4500万—3500万年前）发现了5片茶叶、2粒茶籽化石。但是，宇部化石是否就是茶叶化石，是否属山茶科，目前还无法确认。

关于日本茶起源，目前中外学术界占主流的是中国引进说。1993年，在中国云南思茅地区召开的"中国普洱茶国际学术研讨会"和"中国古茶树遗产保护研讨会"上，来自中国、日本、韩国、美国等数十个国家和地区的300多名专家学者，经过考察论证，一致认为中国云南省是世界茶树的原产地，是中国人把栽培茶、制茶和饮茶的方法传播到世界各地。

中国茶何时、通过何种方式传入日本的？最一致的观点是，日本遣唐使将茶籽和饮茶之风带到了日本。在中国文化艺术鼎盛的唐宋时代以前，日本还没有形成自己的核心文化基石。1988年，在中国陕西省法门寺地下宫殿发现的唐代文物中有一套世界上最早、最完善、最精致的茶具，充分说明唐朝时，中国的茶文化已经发展得相当成熟，并由宫廷主导。当时，中国唐朝的政治、经济、文化高度发展，正是日本汲取中国文化的高峰期。630—894年，日本共向唐朝派遣了20次遣唐使。遣唐使成员中，除了朝廷官员外，还有一些留学生和僧人。在唐代饮茶习俗已较为普及，尤其是建中元年（780年）前后陆羽《茶经》的问世，使茶文化在唐朝文化领域中确立了自己的地位。因此，饮茶作为一种高雅风流的文化现象被日本遣唐使引入日本。

二、日本茶道起源及发展阶段

在日本，饮茶不仅是追求一种超凡脱俗的境界，也是上流社会人们寄托情感的一种高雅方式。

1. 奈良、平安时代（794—1192年）——弘仁茶风

据日本文献《奥仪抄》记载，日本天平元年（729年）四月，朝廷召集百僧到禁庭讲《大般

若经》时，曾有赐茶之事，则日本人饮茶始于奈良时代（710—794年）初期。

据《日吉神道密记》记载，805年，从中国留学归来的最澄带回了茶籽，种在日吉神社的旁边，成为日本最古老的茶园。至今在京都比睿山的东麓还立有《日吉茶园之碑》，其周围仍生长着一些茶树。

▲ 茶经

与传教大师最澄从中国同船回国的弘法大师空海，在814年上献《梵字悉昙子母并释义》等书所撰的《空海奉献表》中就有"茶汤坐来"等字样。

815年的《日本后记》载有大僧都永忠亲自煎茶供奉嵯峨天皇的事。永忠在770年前后入唐，到805年才回国，在中国生活了30多年。嵯峨天皇又命令在畿内、近江、丹波、播磨各国种植茶树，每年都要上贡。

从与永忠同时代的几部汉诗集中可以发现，日本当时的饮茶法与中国唐代流行的饼茶煎饮法完全一样。《经国集》中《和出云巨太守茶歌》这样描写：将茶饼放在火上炙烤干燥（独对金炉炙令燥），然后碾成末，汲取清流，点燃兽炭（兽炭须臾炎气盛），待水沸腾起来（盆浮沸浪花）加入茶末，放点吴盐，味道就更美了（吴盐和味味更美）。煎好的茶芳香四溢（煎罢余香处处薰）。这是典型的饼茶煎饮法。

这一时期的日本茶文化是以嵯峨天皇、永忠、最澄、空海为主体，以弘仁年间（810—824年）为中心展开的，构成了日本古代茶文化的黄金时代，学术界称为"弘仁茶风"。嵯峨天皇爱好文学，特别崇尚唐朝的文化。在其影响下，弘仁年间成为唐文化盛行的时代，茶文化是其中最高雅的文化。嵯峨天皇经常与空海一起饮茶，他们留下了许多茶诗，如《与海公饮茶送归山》。嵯峨天皇也有茶诗送最澄，如《答澄公奉献诗》等。

弘仁茶风随嵯峨天皇的退位而衰退，特别是宇多天皇在宽平六年（894年）永久停止遣唐使的派遣，加上僧界领袖天台座主良源禁止在六月和十一月的法会中调钵煎茶，于是中日茶文化交流一度中断。但在10世纪初的《延喜式》中，有献濑户烧、备前烧和长门烧茶碗等事件的记载，说明饮茶的风气又开始在日本流传。

总之，奈良、平安时期，日本接受并发展中国的茶文化，开始了本国茶文化的发展。饮茶首先在宫廷贵族、僧侣和上层社会中传播并流行，也开始种茶、制茶，在饮茶方法上则仿效唐代的煎茶法。日本虽于9世纪初形成"弘仁茶风"，但以后一度衰退。日本平安时代的茶文化无论从形式上还是精神上，都可以说是完全照搬《茶经》。

2. 镰仓、室町、安土、桃山时代

镰仓时代（1185—1333年）初期，处于历史转折点的划时代人物荣西撰写了日本第一部茶书——《吃茶养生记》。荣西两度入宋，第二次入宋时在宋4年4个月，1191年回国。荣西得禅宗临济宗黄龙派单传心印，他不仅潜心钻研禅学，而且体验了宋朝的饮茶文化及其功效。荣西回国时，在他登陆的第一站——九州平户岛上的富春院撒下茶籽。荣西在九州的背振山也种了茶，不久繁衍了一山，出现了名为"石上苑"的茶园。他还在九州的圣福寺种了茶。荣西送给京都拇尾高山寺明惠上人5粒茶籽，明惠将其种植在寺旁。那里的自然条件十分有利于茶的生长，所产的茶味道纯正，由此被后人珍重，人们将拇尾高山茶称作"本茶"，将这之外的茶称为"非茶"。

《吃茶养生记》分上、下两卷，开篇便写道："茶也，末代养生之仙药，人伦延龄之妙术也。"荣西根据自己在中国的体验和见闻，记叙了当时的末茶点饮法。由于此书的问世，日本的饮茶文化不断被普及发扬，促使300年后日本茶道成立。荣西既是日本的禅宗之祖，也是日本的"茶祖"。自荣西渡宋回国后再次输入中国茶、茶具和点茶法，茶又风靡了日本僧界、贵族、武士阶级以及平民。茶园不断扩充，名产地不断增加。

室町时代（1336—1573年），受宋元点茶道的影响，模仿宋朝的"斗茶"，出现了具有游艺性的斗茶热潮。特别是在室町时代前期，豪华的"斗茶"成为日本茶文化的主流，但是与宋代文人高雅的斗茶不同，日本斗茶的主角是武士阶层，斗茶是扩大交际、炫耀从中国进口货物、大吃大喝的聚会。室町时代的斗茶经过形成、鼎盛阶段之后，逐渐向高级化发展，为东山时代的书院茶提供了准备条件。

1396年，38岁的室町幕府第三代将军足利义满让位于儿子义持。次年，他在京都的北边兴建了金阁寺，以此为中心展开了"北山文化"。1489年，室町幕府第八代将军足利义政隐居京都的东山，在此修建了银阁寺，以此为中心展开了"东山文化"。东山文化是继北山文化之后室町文化的又一个繁荣期，是日本中世文化的代表。由娱乐型的斗茶会发展为宗教性的茶道，是在东山时代初步形成的。

▲ 茶韵

在以东山文化为中心的室町书院茶文化里，起主导作用的是足利义政的文化侍从能阿弥（1397—1471年），他是一位杰出的艺术家，通晓书、画、茶。在能阿弥的指导下，当时流行的点茶法是一种"极真台子"的茶法。点茶时要穿武士的礼服——狩衣，点茶用具放在极真台子上，茶具的位置、拿法，动作的顺序，移动的路线，进出茶室的步数都有严格的规定，现行日本茶道的点茶程序基本在那时就形成了。能阿弥创造了"书院饰""台子饰"的新茶风，对茶道的形成有重大影响。他推荐村田珠光（1423—1502年）做足利义政的茶道老师，使后者得以有机会接触"东山名物"等高水准的艺术品，创造了民间茶风与贵族文化接触的契机，使日本茶道正式成立之前的书院贵族茶和奈良的庶民茶得以融会、交流，为村田珠光成为日本茶道的"开山之祖"提供了条件。如果说村田珠光是日本茶道的鼻祖，那么能阿弥就是日本茶道的先驱。

1417年，一种由一般百姓主办参加的"云脚茶会"诞生。云脚茶会使用粗茶，伴随酒宴活动，是日本民间茶活动的肇始。云脚茶会因自由、开放、轻松、愉快而受到欢迎，在室町时代后期，逐渐取代了烦琐的斗茶会。

在饮茶文化大众化的潮流中，奈良的"淋汗茶"引人注目。1469年，奈良兴福寺信徒古市播磨澄胤在其官邸举办大型淋汗茶会，邀请安位寺经觉大僧为首席客人。淋汗茶会是云脚茶会的典型，古市播磨后来成为村田珠光的高徒。淋汗茶的茶室建筑采用了草庵风格，这种古朴的乡村建筑风格成为后来日本茶室的风格。

日本茶道的鼻祖村田珠光11岁时进入属于净土宗的奈良称名寺做了沙弥，由于怠慢了寺役，他被赶出了称名寺。之后，他来到京都，19岁时进入大德寺酬恩庵（今称"一休庵"）。大德寺是著名的临济禅宗的寺院。村田珠光跟一休宗纯（1394—1481年）参禅，获得一休宗纯的认可。他将禅宗思想引入茶道，形成了独特的草庵茶风。村田珠光通过禅的思想，把茶道由一种饮茶娱乐形式提高为一种艺术、一种哲学、一种宗教。村田珠光完成了茶与禅、民间茶与贵族茶的结合，为日本茶文化注入了内核，夯实了基础，完善了形式，从而将日本茶文化真正提升到了"道"的地位。

日本茶道宗师武野绍鸥于1502—1555年承前启后。大永五年（1525年），武野绍鸥从界町来到京都，师从当时日本第一位的古典学者、和歌界最高权威、朝臣三条西实隆学习和歌道。同时，师从下京的藤田宗理、十四屋宗悟、十四屋宗陈（三人皆村田珠光门徒）修习茶道。他将日本歌道理论中表现日本民族特有的素淡、纯净、典雅的思想导入茶道，对村田珠光的茶道进行了补充和完善，为日本茶道的进一步民族化、正规化做出了巨大贡献。武野绍鸥的另一个功绩是对弟子千利休的教育和影响。

室町时代末期，茶道在日本获得了异常迅速的发展。

室町幕府解体，武士集团之间展开了激烈的争夺战，日本进入战国时代，群雄中最强一派为织田信长—丰臣秀吉—德川家康系统。群雄争战、社会动乱却带来了市民文化的发展，融艺术、娱乐、饮食于一体的茶道便受到空前的瞩目。宁静的茶室可以慰藉武士的心灵，使他们忘却战场上的厮杀，抛开生死的烦恼，所以静下心来点一碗茶成了武士日常生活中不可缺少的内容。战国时代，茶道是武士的必修课。

千利休（1522—1592年）少时便热心茶道，先拜北向道陈为师学习书院茶，后经北向道陈介绍拜武野绍鸥为师学习草庵茶。天正二年（1574年）做了织田信长的茶道侍从，后来又成了丰臣秀吉的茶道侍从。他在继承村田珠光、武野绍鸥的基础上，使草庵茶更深化了一步，并使茶道摆脱了物质因素的束缚，还原到了淡泊寻常的本来面目上。千利休是日本茶道的集大成者，是一位伟大的茶道艺术家，他对日本文化艺术的影响是无可比拟的。

镰仓时代，日本接受了中国的点茶道文化，以镰仓初期为起点，日本文化进入了对中国文化的独立反刍消化时期，茶文化也不例外。镰仓末期，茶文化以寺院、茶院为中心，普及到了日本各地，各地均出现了茶的名产地，寺院茶礼确立。

总之，镰仓、室町、安土、桃山时期，日本学习和发扬中华茶文化，民族特色形成，日本茶道完成了草创。

3. 江户时代

由织田信长、丰臣秀吉开创的统一全国的事业，到了其继承者德川家康一代终于大功告成。1603年，德川家康在江户建立幕府，至1868年明治维新，持续了260多年。

千利休被迫自杀后，其第二子少庵继续复兴千利休的茶道。少庵之子千宗旦继承其父遗志，终生不仕，专心茶道。千宗旦去世后，他的第三子江岑宗左承袭了他的茶室不审庵，开辟了表千家流派；他的第四子仙叟宗室承袭了他退隐时代的茶室今日庵，开辟了里千家流派；他的第二子一翁宗守在京都的武者小路建立了官休庵，开辟了武士者路流派茶道。此称"三千家"，400年来三千家是日本茶道的栋梁与中枢。

除了三千家之外，继承千利休茶道的还有千利休的7个大弟子，他们是蒲生化乡、细川三斋、濑田扫部、芝山监物、高山右近、牧村具部、古田织部，被称为"利休七哲"。其中，古田织部（1544—1615年）是一位卓有成就的大茶人，他将千利休的市井平民茶法改造成武士风格的茶法。古田织部的弟子很多，其中最杰出的是小掘远州（1579—1647年）。小掘远州是一位多才多艺的茶人，他一生设计修建了许多茶室，其中便有被称为"日本庭园艺术的最高代表"——桂离宫。

千利休去世后，他的子孙和弟子分别继承了他的茶道，400年来形成了许多流派。其中，主要有里千家流派、表千家流派、武者小路流派、远州流派、薮内流派、宗偏流派、松尾流派、织部流派、庸轩流派、不昧流派等。

由村田珠光奠基，中经武野绍鸥发展，至千利休集大成的日本茶道又称"抹茶道"，它是日本茶道的主流。抹茶道是在宋元点茶道的影响下形成的。在日本抹茶道形成之时，正是中国的泡茶道形成并流行之时。在中国明清泡茶道的影响下，日本茶人又参考抹茶道的一些礼仪规范，形成了日本人所称的"煎茶道"。公认的"煎茶道始祖"是中国去日僧隐元隆琦（1592—1673年），他把中国当时流行的壶泡茶艺传入日本。经过"煎茶道中兴之祖"卖茶翁柴山元昭（1675—1763年）的努力，煎茶道在日本立住了脚。后又经田中鹤翁、小川可进两人使煎茶确立茶道的地位。

江户时期，是日本茶道的灿烂辉煌时期，日本吸收并消化中国茶文化后终于形成了具有本民族特色的日本抹茶道、煎茶道。日本茶道源于中国茶道，并且发扬光大了中国茶道。

4. 现代

日本的茶在安土、桃山、江户盛极一时之后，于明治维新初期一度衰落，但不久又进入稳定的发展期。20世纪80年代以来，中日之间的茶文化交流频繁，更主要的是日本茶文化向中国的回传。日本茶道的许多流派均到中国进行交流，日本里千家流派茶道家千宗室多次带领日本茶道代表团到中国访问。

三、日本茶道与中国茶道的区别

日本茶道在精神层面与物质层面上与中国传统的茶文化同出一辙。在精神上对禅的空与无的所悟，在观念上对道的五行的所知，在理论上对陆羽《茶经》的演化与继承，在应用上对源自中国的茶道具的所为，在茶事中感受到的对人、对物、对自然的互尊互礼等，可以说在日本茶道中到处可以觅得千百年前中华优秀传统文化的踪影。

日本茶道格式讲究、组织严谨，上自家元、下至一般的修业者，都按照自古沿袭下来的古代禅院的礼节行事。不同的季节气候、行事内容、来客对象、场所状态、时间早晚等都有相应的做法。日本茶道的抽象精神，因其产生的时代背景及创始茶人的信仰、追求等种种因缘，继承或脱胎于禅宗的法理，都遗留着诸多中国唐宋时代的印迹。

第五节　韩国茶道

一、韩国茶树起源

从韩国饮茶风俗的发展轨迹来看，韩国不是茶的原产地，而是由外地传入韩国的。中国云南思茅地区是世界茶原产地的中心地带，这是由1993年来自日本、美国、英国、法国、新加坡、马来西亚、中国、韩国等众多专家学者在中国云南思茅地区召开的"中国普洱茶国际学术研讨会"和"中国古茶树遗产保护研讨会"上论定的。

有学者认为，韩国的饮茶历史要追溯到2000多年前的汉武帝时期。当时，中韩两国关系非常密切，饮茶风气随着军事、商业、文化等的交流一起传入韩国。

二、韩国茶道起源及发展阶段

1. 三国时期——茶道萌芽期

韩国的三国时期（公元1世纪到新罗统一三国后的7世纪，共计700年。三国包括新罗、高句丽、百济）饮茶在韩国的僧侣、贵族之间流行，韩国茶道思想也在这时开始孕育。公元6世纪和7世纪，在新罗为求佛法前往中国的僧人中，载入《高僧传》的就有近30人，他们中的大部分

是在中国经过 10 年左右的专心研修后回国传教的。他们在中国学习时接触到茶，并在回国时将茶和茶籽带回了新罗。《三国史记》《三国遗事》是韩国最古老的两本史书，其中《三国史记》有这样的文字记载："新罗第二十七代善德女王（632—647 年）时，已有茶。"三国时期，是韩国开始引入中国饮茶风俗、接受中国茶文化时期，也是韩国茶文化萌芽时期，但那时饮茶仅限于王室成员、贵族和僧侣，用茶祭祀、礼佛。

2. 统一新罗时期——茶道发展期

统一新罗时期（668—901 年）受大唐茶文化影响，韩国大多数国王、王子与茶相依，茶为祭祀品中至要之物。《三国史记》载："新罗第 42 代兴德王三年（828 年）遣使赴唐。唐文宗皇帝设宴于麟德殿，酬香茗。我使大廉于唐得茶籽回国。王命植于智异山。"新罗使者大廉姓金氏于唐土得茶籽，植于智异山。

新罗僧人金乔觉（696—794 年），从新罗只身来华，据传他将携带回韩国的茶籽及稻种种施山中，其所种茶枝梗空心，名"金地茶"。其《送童子下山》诗云："空门寂寞尔思家，礼别云房下九华。爱向竹栏骑竹马，懒于金地聚金沙。瓶添涧底休拈月，煮茗瓯中罢开花。好去不须频下泪，老僧相伴有烟霞。"金乔觉是韩中佛教和茶文化交流的友好使者。

新罗统一时期，是韩国全面输入中国茶文化时期，也是韩国茶文化发展时期。饮茶由上层社会、僧侣、文士向民间传播、发展，并开始种茶、制茶，在饮茶方法上仿效唐代的煎茶法。

3. 高丽时期——茶道鼎盛期

到了高丽时期（918—1392 年），受中国茶文化发展的影响，韩国饮茶进入鼎盛时期，茶礼堪称完备，已在王室、官员、僧道、百姓中普及。每年两大节（燃灯会和八关会）必行茶礼。燃灯会为二月二十五日，供释迦；八关会是为敬神而设，由国王出面敬献茶于释迦佛，向诸天神敬祷。太子寿日宴、王子王妃册封日、公主吉期均行茶礼，不仅君王、臣民宴会有茶礼，朝廷的其他各种仪式中也行茶礼。

高丽以佛教为国教，佛教气氛隆盛，禅宗中兴，禅风大化。中国禅宗茶礼传入高丽成为高丽佛教茶礼的主流。中国唐代怀海禅师制定的《百丈清规》、宋代的《禅苑清规》、元代的《敕修百丈清规》《禅林备用清规》等传到高丽，高丽僧人遂效仿中国禅门清规中的茶礼，建立韩国的佛教茶礼。例如，流传至今的"八正禅茶礼"，以茶礼为中心，以茶艺为辅助形式，表演者席地而坐，讲究方位与朝向。表演者各有名号，大都以"茗"为首，诸如"茗轩、茗然、茗舜、茗慧、茗品、槚如"等，分左茗主、右香主和左茗助、右香助等，各就各位。

高丽时期与新罗时期的明显区别是，不仅以茶供佛，而且僧侣要将茶礼用于自己的修行。真觉国师便欲了解中国赵州禅茶的饮茶情况，以参悟"吃茶去"之旨。涵虚和尚在祭文中写道："一杯茶出自一片心，一片心即在一杯茶。"

高丽末期，男子冠礼、男女婚礼、丧葬礼、祭祀礼、茶礼均为儒家遵行。著名茶人、大学者郑梦周有《石鼎煎茶》一诗："报国无效老书生，吃茶成癖无世情；幽斋独卧风雪夜，爱听石鼎松风声。"老儒未能尽国事，饮茶而忘世间情。

流传至今的高丽五行献茶礼，核心是祭祀"茶圣炎帝神农氏"，规模宏大，参与人数众多，内涵丰富，是韩国茶礼的主要代表。道家茶礼的焚香、叩拜，然后献茶，其源出于宋代。

高丽时期是韩国茶道鼎盛期，初期流行煎茶道，中晚期流行点茶道。韩国在吸收、消化中国的茶文化后，开始形成具有本民族特色的茶文化，茶礼就是代表。

4. 朝鲜时期——茶道衰落、复兴期

朝鲜时期自1392年至李王隆熙四年（1910年），约590年。1392年，高丽政权被武臣李成桂推翻，与佛教关系密切的茶风也急速衰败。朝鲜前期的15—16世纪，受中国明朝茶文化的影响，饮茶采用散茶壶泡法或撮泡法。饮茶之风颇为盛行，并且随着茶礼器具及技艺的发展，茶礼的形式被固定下来。朝鲜中期以后酒风盛行，又适清军入侵，致使茶文化一度衰落。至朝鲜晚期，幸有丁若镛（韩国茶道精神最后的总结人，被尊为韩国的"茶圣"）、崔怡、金正喜、草衣大师等努力，茶道渐见恢复。1885年，中国茶二次大规模渡海传入朝鲜。朝鲜时期产茶遍及朝鲜半岛的南部。朝鲜李朝时期，中国的泡茶道传入韩国，并被韩国茶礼采用。韩国茶文化通过吸收、消化中国茶文化之后，进入稳定的发展时期，在民间的茶生活走向衰弱后，茶精神反而发展到了高峰时期。

5. 日据时期——发展缓慢期

1910年8月22日，日本伊藤博文政府迫使朝鲜政府签订《日韩合并条约》。条约的签署标志着日本正式吞并朝鲜，朝鲜沦为日本的殖民地。1910—1945年，韩国在日本统治下，全国47所高等女子学校中的大部分学校开设了茶道课，但茶文化发展缓慢。

6. 当时时期——自主发展期

1945年光复后的韩国茶文化复苏，饮茶之风再度兴盛，茶文化进入复兴时期。韩国茶人出版了《韩国茶道》（1973年），建立了茶道大学，创立了多种茶文化团体，又创办了《世界的茶》杂志。

三、韩国茶道与中国茶道的区别

中国是茶文化的发源地，中国茶文化对韩国茶文化产生过重要影响。在当代，韩国的茶文化对中国茶文化也产生了良好的影响，中韩两国的茶文化难解难分，有着千丝万缕的联系。茶文化无论是内涵还是外延都是比较广泛的，茶道是茶文化的核心。

中国文化是"儒道互补"的,儒学在社会人伦中发挥着重要作用,但在文化艺术领域,老庄道家思想的影响更大。道家崇尚无为、自然,追求精神的自由和人性的纯朴、率真。表现在茶文化中,不像韩国那样注重茶道的礼仪和形式。中国茶道崇尚自然、简朴,不拘礼法形式,任运自在,无拘无束,率性而为。中国的茶道精神源于陆羽《茶经》"俭"的思想和皎然的"全真"思想,中经裴汶、赵佶至朱权集大成。中国茶道精神可概括为"清、和、静、真、俭、淡",老庄道家的思想成分重一些。

在韩国茶文化中,儒道释在其中的影响以儒家为首。固然在茶文化的传播中,新罗、高丽的佛教徒发挥了重要作用,但在韩国社会政治和日常生活中,儒家特别是以朱熹、王阳明为代表的宋明道学起着重要作用,朱子家礼被普遍接受,故而韩国的茶道又称"茶礼",其中儒家礼仪起主导作用,佛道次之。韩国的茶道精神是以新罗统一初期的高僧元晓大师的和静思想为源头,中经高丽时期的文人李行、权近、郑梦周、李崇仁发展,尤其以李奎报集大成。最后在朝鲜李朝时期的高僧西山大师、丁若镛、崔怡、金正喜、草衣禅师那里得到完整体现。元晓的和静思想是韩国茶道精神的根源,李奎报把高丽时期的茶道精神归结为清和、清虚和禅茶一味。最后由草衣禅师集韩国茶道精神之大成,倡导"中正"精神。总的来说,韩国的茶道精神即"敬、礼、和、静、清、玄、禅、中正",其中融合了儒道释的思想,而"敬、礼、和、清、中正"主要体现了儒家思想。

第六节 茶艺概述

茶艺是泡茶的技巧和品茶的艺术。中国是茶的故乡,茶艺和中国人饮茶习惯息息相关。人们对泡茶方式的处理、对茶汤的要求、对茶具的欣赏、对茶席美学的体会,以及品茶的感受都是茶艺的组成部分。社会的发展与进步使人们的生活节奏变快,茶艺已经成为人们远离喧嚣、放松身心的减压方式。

"茶艺"一词最初是由中国台湾茶人在20世纪70年代提出的,区别于日本的"茶道",现已被中国茶文化界普遍接受。茶艺包括选茶、择水、配具、冲泡、品饮、感悟等几部分,与单纯的饮茶相比,茶艺更注重物质和精神双方面的满足。

一、茶席布置

在构思并准备布置一个茶席的时候,我们首先要考虑时间和场所,考虑客人的数量和聚会的性质；其次要考虑冲泡茶品需要哪些茶具；最后要考虑插花、桌布、挂画、音乐等其他因素。茶食、主人的服装和周边的氛围等均是需要考虑的范围。

众多要素决定了一个茶席的性质与内容，因此茶席设计者首先考虑并要铭记在心的就是统一性。

二、茶席设计概念

所谓茶席设计，是指以茶为灵魂，以茶具为主体，在特定的空间形态中与其他艺术形式相结合，共同完成的一个有独立主题的茶道艺术组合整体。根据茶席布置的特点不同，目前较流行的茶叶冲泡方式有湿泡法和干泡法两种。

湿泡法：在冲泡过程中使用茶盘承接所需冲泡用具及冲泡过程中的茶水处理，便于温杯洁具、醒茶、淋壶增温等操作。湿泡法茶席的优点是应用广泛、操作简单。

干泡法：一般不使用茶盘，温杯洁具及醒茶之水直接倒入水盂，台面始终保持干净整洁，还可以随心更换茶席茶具，增添了布置茶席的乐趣。采用干泡法的茶席要注意保持席面干净整洁，需要冲泡人员具有较高的冲泡技艺，避免茶水外溅。干泡法茶席的优点是美观雅致，适宜多种场景。

▲ 干泡法茶席

三、茶席设计的构成要素

茶席设计是由不同要素构成的。由于人们生活和文化背景及思想、性格、情感等方面的差异，在进行茶席设计时可能会选择不同的构成要素，一般茶席设计包括以下9个基本构成要素。

1. 茶品

茶是茶席设计的灵魂，也是茶席设计的思想基础。因茶而有茶席设计，可以根据选择的茶品设计出相应的茶席。

2. 茶具组合

茶具组合是茶席设计的基础，也是茶席构成要素的主体。茶具组合的基本特征是实用性和艺术性相融合。实用性决定艺术性，而艺术性又服务于实用性。不同的茶品应选择适宜的茶具组合。

3. 铺垫

铺垫是指茶席整体或布局物件摆放下的铺垫物，也是铺垫茶席之下布艺类和其他质地物品的统称。铺垫的作用：一是使茶席中的器物不直接触及桌（地）面，保持器物清洁；二是以自身的特征辅助器物共同完成茶席设计的主题。

4. 插花

"花宜茶"，因为花美、花香、花有韵。借助插花艺术点缀茶席，把花艺的美融入茶、融入生活，更能提升品茗意境，增添花艺的魅力，给人以美的享受和体验。茶席中的插花应体现茶的精神，追求崇尚自然、朴实秀雅的风格，其基本特征是简洁、淡雅、小巧、精致。根据季节选择相应花品，一般不超过两种。

▲ 茶席中的插花

5. 焚香

焚香在茶席中有着特殊的用途，它不仅作为一种艺术形态融于整个茶席，它美好的气味还弥漫于茶席四周，使人在嗅觉上获得非常舒适的感受，有时还能唤起人们某种记忆，从而使品茶的内涵变得更加丰富多彩。在茶席中，不宜使用气味浓烈的香品，以清新淡雅的气味为主，能够使品茶的人身心愉悦。

6. 挂画

挂画，又称"挂轴"。茶席中的挂画，是对悬挂在茶席背景环境中的书与画的统称。书以汉字书法为主，画以中国画为主。挂画能够营造茶席意境，体现茶席设计的文化内涵。

▲ "茶界泰斗"黄桂枢题词

7. 相关工艺品

在茶席设计中，相关工艺品不仅能有效陪衬并烘托茶席的主题，还能在一定的条件下对茶席的主题起到深化的作用。

8. 茶点茶果

"茶点茶果"是对饮茶过程中用于佐茶的点心、水果和零食的统称。其主要特征是分量少，体积小，制作精细，样式清雅，口感清淡。

9. 背景

茶席的背景，是指为获得某种视觉效果，设定在茶席之后的艺术物态方式背景，有室内背景和室外背景等。

第七节 茶 具

在泡茶过程中，按泡茶时茶器所起作用的大小，人们常常将茶器分为主泡器和辅助用具。

1. 主泡器

（1）茶壶

茶壶多以陶质、瓷质为主，主要用来泡茶。通常根据喝茶人数选择茶壶的大小，也可以直接选用小茶壶泡茶独自酌饮。

（2）盖碗

▲ 盖碗

盖碗又称"三才杯"，所谓"三才"，即天、地、人。茶盖在上为天，茶托在下为地，茶碗居中为人，蕴含天地人和之意。盖碗有紫砂、瓷质、玻璃等材质。

（3）茶盘

茶盘又称"茶船"，是用来盛放茶壶、茶杯、"茶道六君子"等浅底器皿的。它没有统一的形状，可大可小、可方可圆。茶盘有单层的，也有夹层的，单层以一根塑料管连接，排出盘面废水，但茶桌下需要放废水桶。夹层的可以用来盛废水，可以是抽屉式的，也可以是嵌入式的。茶盘材质广泛，金、木、竹、陶都可以。

（4）公道杯

公道杯用来将冲泡好的茶汤均匀地分给客人，它的作用在于公道，使每杯茶的浓度、厚度一致，无有偏私，不管是高官显贵还是布衣百姓，在同一公道杯面前地位都是平等的。

（5）茶杯

茶杯是盛茶水的用具，又称"品茗杯"。水从茶壶或公道杯倒进茶杯之后给客人品尝。茶杯多由瓷器或紫砂陶制作，也有用玻璃制作的。

（6）煮水器

煮水器是用来烧开泡茶用水的器具，古代用风炉，现代用电热壶、电磁炉、酒精等加热。目前常用的为随手泡。

2. 辅助工具

（1）"茶道六君子"

▲ 茶道六君子

"茶道六君子"又称"茶道组"，是茶筒、茶夹、茶漏、茶拨、茶则、茶针6件泡茶工具的总称。

茶筒：用来放置茶夹、茶漏、茶匙、茶则、茶针。

茶夹：温杯及需要给别人取茶杯时用于夹取品茗杯。

茶漏：投茶时放置壶口，以免干茶外漏。

茶拨：一端弯曲，用来投茶入壶和自壶内掏出茶渣。

茶则：为盛茶入壶的用具，一般为竹制。

茶针：疏通茶壶的内网（蜂巢），以保持水流畅通，当壶嘴被茶叶堵住时用来疏通。

（2）滤网

使用滤网是为了防止碎茶叶末流入杯中，影响茶水的口味和品质。泡茶时放在公道杯上，用来过滤茶渣，不用时放在滤网架上。滤网的材质多选用不锈钢、陶、瓷、木、竹等。

（3）壶承

壶承又名"壶托"，是专门用来放置茶壶的器具，可以承接壶里溅出的废水，让茶桌保持干净。壶承通常有紫砂、陶、瓷、木、竹等质地，可以与相同材质的茶壶配套使用，也可以随意组合。

（4）盖置

盖置用来放置壶盖，目的是防止壶盖上的水滴到桌面上，或是直接接触到桌面显得不卫生。盖置一般有紫砂、瓷、竹、木等质地。

（5）茶荷

茶荷又名"赏茶荷"，盛放用来冲泡的干茶样，兼具赏茶的功能，茶艺表演中用来欣赏干茶。在用茶荷盛放茶叶时，泡茶者的手不能碰到茶荷的缺口部位。

（6）茶刀

茶刀在普洱茶中常用，故又名"普洱刀"，用来撬取紧压的茶叶，是冲泡紧压茶时的专用器具。

（7）茶巾

茶巾用来擦拭泡茶过程中茶具上的水渍、茶渍，尤其是茶壶、茶杯等侧部、底部的水渍和茶渍。饮用时要放在茶盘和泡茶者之间。

第八节 茶叶冲泡流程（以普洱茶为例）

一、冲泡流程

配具—备茶—择水—温具—赏茶—投茶—闻干香—润茶—闻（杯）香—冲泡—出汤—分汤—奉茶—品饮。

二、操作要点

（1）配具

根据选用的普洱茶茶品，配备并摆放好冲泡的组合茶具，如茶盘、随手泡、主泡具（紫砂或紫陶壶、盖碗）、公道杯、品茗杯、茶荷、杯托、滤网、"茶道六君子"（茶则、茶匙、茶夹、茶针、茶漏、茶筒）、茶巾等。

（2）备茶

茶艺师入座，准备好用于冲泡的普洱茶茶品。若选用紧压茶，则应用茶刀将其分解为条索完整的小块状或散茶状，置于茶荷中备用。

（3）择水

普洱茶冲泡用水应符合饮用水卫生标准，宜选择水质"清轻活甘冽"的中性或微酸性的软水。水温的掌握对茶性的展现有着重要作用：高温有利于发散香味、快速浸出茶味。确定水温的高低，一定要因茶而异。例如，用料较粗老的饼砖茶和老茶等适宜沸水冲泡；用料较细嫩的高档芽茶（如较新的宫廷普洱）、高档青饼等适宜适当降温冲泡，避免高温将细嫩茶芽"烫熟"。

冲泡普洱茶的水温要高，通常为95~100℃的沸水。云南大部分地区属于高原，沸水温度低于沿海、平原地区，如昆明的沸水温度约在94℃，适合直接冲泡绝大多数熟茶和原料较老的生茶。不过，对于原料偏嫩、新加工的普洱生茶和晒青毛茶来说，水温应相对偏低一些，否则容易发生"烫熟"的现象。反复煮沸的水不宜泡茶，主要是因为水中所溶气体减少，泡茶时影响茶汤的鲜爽度。

（4）温具

▲ 温具

温具是指用沸水清洁冲泡普洱茶的盖碗（或紫砂壶）、公道杯和品茗杯等。操作方法：先将漏网放置于公道杯上，然后左手揭开主泡具的盖子（拇指、食指和中指夹住盖钮，顺时针揭开盖子置于盖置上），右手提随手泡，用回旋斟水法向壶内注水（右手注水采用逆时针旋转，左手注水采用顺时针旋转），注满沸水，左手拿起壶盖盖上，再用右手提起壶，把壶中的水倒入公道杯温洗，将壶放回原位，漏网放回漏网架上，随后把公道杯中的水倒入品茗杯，公道杯放回原位，右手拿起杯夹，夹住品茗杯内侧，一一清洗。

（5）赏茶

温杯洁具后，左手拿起茶荷（茶荷中放的是散茶），右手接住，双手握住茶荷呈45°向外稍倾斜，从左向右转一圈供宾客欣赏，同时介绍茶叶的产地及其品质特征。

（6）投茶

▲ 投茶

赏茶后，左手揭开壶盖置于盖置上，再取茶漏置于壶口上，右手将茶荷置于左手，右手取茶匙拨茶入壶。冲泡普洱茶时，投茶量的多少与冲泡器具容量和个人饮茶习惯、冲泡方法、茶叶特性等有着密切的关系，富于变化。比如，爱喝浓茶的人可以适当多投些茶；熟茶、陈茶可适当增加；生茶、新茶可适当减少；等等。一般来说，茶水比（g/mL）在 1∶14～1∶16，即 120～150mL 的器具投茶量为 7～9g，结合具体情况需要适当调整投茶量，切忌一成不变。

（7）闻干香

静置 10s，轻轻摇动盖碗或紫砂壶，然后揭盖，从缝隙中嗅闻干茶的香气。

（8）润茶

▲ 润茶

右手提随手泡将沸水沿盖碗边缘或壶口轻缓均匀注入,左手持碗盖或壶盖拂去茶汤表面浮沫,盖上碗(壶)盖,静置约10s,把壶中的茶汤迅速倒入公道杯,茶壶放回原位。

(9)闻(杯)香

倒掉公道杯中的茶汤,闻嗅留存于公道杯中的茶的香气,鉴赏普洱茶的热杯香和冷杯香。

(10)冲泡

左手揭开盖子,右手提随手泡用定点低斟的注水手法将沸水沿盖碗(或壶)边缘轻缓均匀注入,注水时尽量不直接冲击茶叶。注满水后,左手持壶盖从外向内水平刮去上面的一层浮沫,再用清水冲洗杯盖,随后盖上壶盖,右手提随手泡用沸水逆时针旋转浇淋壶身,清除壶身上的泡沫,同时起到壶外加温以促进香气散发的作用。

(11)出汤

▲ 出汤

泡茶是一个动态的过程,科学饮茶要求每泡茶出汤的时间综合考虑各种因素。冲泡时间长短的控制,目的是让茶叶的香气、滋味展现充分、准确。一般而言,冲泡时间和次数视茶叶、所用器皿、泡茶水温和饮茶习惯而定,冲泡时间的掌握就规律而言:陈茶、粗茶冲泡时间长,新茶、细嫩茶冲泡时间短;手工揉捻茶冲泡时间长,机械揉捻茶冲泡时间短;紧压茶冲泡时间长,散茶冲泡时间短。冲泡时间根据茶叶的特性决定。

出汤后,用右手提起壶,并让壶底在茶巾上擦干水分,用低斟的方法将泡好的茶汤倒入茶海。茶汤倒尽后,以"凤凰三点头"的姿势(寓意对客人的欢迎和尊敬)将最后几滴高浓度的茶汤滴入茶海,确保茶汤最后的滋味。根据茶叶品质及饮用习惯选择冲泡次数。

(12)分汤

将盖碗(壶)中的茶汤倒入公道杯,鉴赏汤色后,分入品茗杯,每杯茶汤以七分满为宜。

▲ 分汤

（13）奉茶

双手将盛有茶汤的品茗杯敬奉给宾客。从右边把装有茶汤的杯取过来，并用茶巾擦干杯底部的水分，然后放入杯托，再双手奉给客人，最后一杯茶是留给茶艺师自己的。如果客人坐得远，则把品茗杯放入奉茶盘，端至客人面前，再奉给客人，并行伸掌礼示意客人品饮。

（14）品饮

品饮包括闻香（汤香、杯底香）、观色（观察汤色）、品味（品尝滋味）等。右手采用"三龙护鼎"的手法端起品茗杯，即用右手的大拇指和食指捏住杯身，中指托住杯底，这种端杯法既雅观又不烫手。端杯靠近鼻前，先闻热香，随后观赏汤色，再尝茶汤滋味。分入杯中的茶汤要趁热品啜，引导宾客观其色、尝其味。

▲ "最美茶人"李娜表演茶艺（一）

▲ "最美茶人"李娜表演茶艺（二）

第九节 茶 礼

一、茶艺人员的仪表仪态要求

1. 着装大方得体

茶艺师的服装应该体现实用性、职业性、象征性。普洱茶作为云南地方特色茶种、中国知名品牌，茶艺师可选择旗袍、唐装、当地民族服饰等，但要注意色彩选择吻合品茗环境，颜色不宜过于艳丽，款式不宜过于暴露。鞋子、首饰要与服装相配，首饰不宜过多。

2. 面部、发型

茶艺师应保持面部干净整洁，不宜浓妆艳抹，切忌使用香味浓重的化妆品。

在发型选择上，应符合茶艺师的气质，并与服装、妆容相配。长发女性应梳盘发，短发女性应将碎发固定好；男士不留胡须，额发不超过眉毛，两边的头发不盖过耳朵。

3. 手部举止

茶艺师平时应格外注重手部护理，不留长指甲、不涂指甲油。手指不宜佩戴首饰，穿中式服

装时，可佩戴简单的手镯。在操作时，手部要符合礼仪规范。

二、行茶礼仪

1. 鞠躬礼

鞠躬礼是中国传统礼仪动作，茶道表演开始和结束时，主客均要行鞠躬礼。鞠躬礼根据行礼姿势分为站式、坐式和跪式3种，且根据鞠躬时的弯腰程度，分为真、行、草3种。

2. 端坐礼

在行茶过程中，入座时要在座位前立定，先整理服饰，再缓慢落座，坐在椅子的1/3~2/3位置，要求双腿并拢（男性可以平行，稍分开），手放于操作台上，或放在大腿上。女士右手在上，左手在下，双手以虎口处交叉合十；男士双手呈中空的半握拳状，放在操作台边缘与肩同宽之处。头、肩、身始终保持端正平直，不能歪斜松弛，身体可以稍稍侧身立坐，以表尊敬。面部表情自然、平和、大方，带有微笑。

3. 注目礼和点头礼

注目礼是用眼睛庄重而专注地看着对方，点头礼即点头示意。这两个礼节一般在向客人敬茶或奉上物品时会用到。茶艺表演时，茶艺师与客人的目光交流和点头示意也是一种礼节。

4. 置茶礼

洗茶过程中，用手拿取杯具或茶艺用具时不能捏杯口，而应拿杯具中下部位。拿取用具时动作要轻巧，移动杯具时不能发出声音。巧妙使用茶巾，茶盘、茶具随时保持清洁和整齐。

5. 应答礼

在表演茶艺的过程中，茶艺师与客人之间交流时，要求亲切、大方、得体，不沉默、不抢先，"敬"字当头，注意礼节，对客人提出的需求应该有回应。

6. 寓意礼

在茶道活动中，民间逐渐形成了不少带有寓意的礼节。寓意礼是表示美好寓意的礼仪，如"凤凰三点头"、茶壶的摆放、双手向内回旋、浅茶满酒等。

▲ 各种茶叶

三、敬茶礼仪

1. 奉茶礼

在茶事活动中，奉茶时要求双手敬上，以表示对客人的尊敬、对茶的尊敬和对自然的尊敬。

最基本的奉茶之道就是客人来访，马上奉茶。奉茶时，应依客人身份或年纪长幼顺序奉茶。奉茶前，应先请教客人的喜好，如有点心招待，应先将点心端出，再奉茶。上茶时，应向在座的人说声"对不起"，再以右手端茶，从客人的右方奉上，面带微笑，眼睛注视对方，并说："这是您的茶，请慢用！"奉茶点时，茶点要放在客人的右前方，茶杯应摆在点心右边。奉茶时应注意：茶不要太满，以七八分满为宜；水温不宜太烫，以免客人不小心被烫伤。

2. 伸掌礼

伸掌礼是茶道中使用最多的礼仪，多用于主人向客人请茶或请客人帮助传递茶杯及其他物品时，表示"请"或者"谢谢"的含义。

在伸掌礼中，当两人相对时，可伸右手掌；当两人侧对时，右侧方伸右掌，左侧方伸左掌。伸掌姿势是虎口并拢，四指和拇指靠拢，手掌略向内凹，手心向上自然向某一方向伸出，侧斜中掌伸于敬奉的物品旁，同时欠身、点头微笑，动作要一气呵成。

▲ 伸掌礼

3. 续茶礼

续茶礼是指当客人杯中的茶汤较少或饮尽时，需要及时给客人添加茶水。续水要注意低斟，茶倒七分满。

小品茗杯：当客人饮尽茶水时，续上茶水。

闻香套杯：品工夫茶时常用闻香套杯。续水时，应先把茶汤加到闻香杯中，让客人自行翻杯鉴赏。

玻璃杯：玻璃杯泡茶法中，当客人的茶汤还剩 1/2～1/3 时，应为之续上开水，不能让客人的杯中见底才续水。

盖碗或盖杯：当客人用盖碗品茶时，客人的茶汤还有 1/2～1/3 时要添水。添水时，用右手中指和无名指将杯盖夹住，轻轻抬起，再用大拇指、食指和小拇指将杯子取起，侧对客人，在客人右后侧方，用左手将水注至七分满，再按照原位摆放好盖碗或盖杯。

四、品茶礼仪

1. 言行礼仪

在品茶过程中，品茶者和茶艺师都应举止优雅，动作轻、说话轻，语言文明。在正式的品茗场合，切忌谈论与茶无关的话题。

2. 赏茶礼仪

为了体现对来宾的尊重，泡茶之前主人要先给来宾赏茶。这时，作为客人应该对茶叶做简单的点评。在鉴赏茶叶香气（干茶香或茶汤香）时，客人应双手接过茶荷或公道杯，移近鼻子底下深吸气闻香，待将茶荷或公道杯移开后再呼气，千万不要对着茶荷或公道杯呼气或者说话。

3. 叩手礼

在茶事活动中，茶艺师向宾客奉上茶汤，客人也应以礼还人，这是基本的礼貌。叩手礼是从古代的叩头礼演化而来的，叩头也称"叩首"，用以表示感谢的意思。

▲ 叩手礼

第十节 茶事活动

茶事活动也称"茶会",是一种仪式,是规矩,是恭敬,是让人认真投入喝茶的形式。茶会在魏晋南北朝时期萌芽,到唐代开始兴起,那时的茶会是文人雅士的一种聚会形式。到了宋代,茶会内容丰富多样,如斗茶会、寺院茶会等。现如今,茶会的类型更加多样化,主要有茶席式、宴会式、流觞式、环列式、礼仪式 5 种。

一、如何选定主题

选择主题可根据节日或季节而定,比如传统的佳节、节气,如元宵节、花朝节、端午节等。还可根据重要场合来定,比如拜师茶会、定亲茶会、成人礼茶会等。也可以根据茶品来展开茶会,如试新茶会、普洱专场茶会,某一品种、某一类别都可作为主题。

二、环境的选择

根据选定的主题和参加的人数确定场地。茶会通常需要一个相对独立的场所,一般都在会所、茶馆、户外等专门的空间内,也有诸如"无我茶会"这类选址于风景优美的室外。场地除了要考虑环境和情境,还要考虑适合泡茶的水源、供烧水的热源等。前期主泡师应根据场地布置出符合自己泡茶习惯的位置。如果在室外则要考虑遮蔽物,以免杂物影响。一定要记得和主题紧紧相扣。

三、茶会人员

目前,很多茶会中参与的人重于一切,尤其是以商业性质做的推广茶会,参与者的初次体验非常重要,因此人数不宜过多,以 10 ~ 15 人最佳。人数太多,场面过于嘈杂则不利于主讲师控场,主泡师更是手忙脚乱。

四、茶席的风格

茶席的设计非常重要,参加茶会的人入场后第一眼看到的就是茶席。茶席的设计应该美观大方,忌杂乱无章,以泡茶人方便、喝茶人舒适为重心。台面不要放与茶会无关的东西。繁复的茶席设计不适合茶会,一则容易喧宾夺主,二则华而不实。

第十一节 茶艺培训

一、茶艺师的职业道德修养

第一，遵守职业道德准则。

第二，热爱茶艺工作。

第三，提高茶艺服务质量。

▲ 茶艺师培训

二、茶艺师应具备的基本素质

1. 实际操作能力

茶艺师要具有选茶、择水、备具、冲泡等方面的操作能力，要熟练掌握茶艺程序和冲泡技巧。同时，在整个茶艺活动过程中，女性茶艺师要求姿态端庄，动作优美柔和、自然娴熟，不忸怩作态；男性茶艺师要求动作自然熟练、干脆利落。

▲ 张腾老师泡茶

2. 语言表达能力

在展示茶叶时，茶艺师要准确地向客人介绍冲泡茶叶的种类、特点、产地等相关内容。在冲泡过程中，茶艺师也要同步解说。解说词最好能结合茶叶的特性及有关历史文化背景，并富有诗意。在介绍及解说过程中，均要求茶艺师使用标准的普通话，并做到自然、流畅，用词准确，语速适中。

3. 茶叶审评能力

合格的茶艺师首先必须是合格的评茶员，能够从外形、汤色、香气、滋味、叶底等方面对茶叶的品质进行审评，准确地鉴别茶叶的种类、等级及优劣程度。茶艺师要具有敏锐的嗅觉、味觉及色泽辨别能力，熟悉茶叶审评器具和审评方法，并能正确使用茶叶审评术语。

4. 沟通交流能力

茶艺师要待人热情，举止得体，接待有方；能主动与客人打招呼，安排客人入座、赏茶、品茶；能有效与客人进行沟通、交流，并耐心回答客人的问题，对不懂或不便回答的问题应真诚表示歉意；虚心听取客人的意见或建议，并真诚表示感谢。

5. 美学鉴赏能力

茶艺师的美学素养体现在茶艺礼仪、冲泡技艺、言行举止等多个方面。另外，在品茶场地的布置及品茶氛围的营造上，茶艺师也要遵循美学的原则，如茶叶产品、茶几、茶具的摆放应根据

▲ 茶具展示

空间的大小进行合理搭配，并选择适当的字画、插花、盆花等装饰物。品茶时，可播放一些优雅、舒缓的古典音乐，以放松心情，调节气氛。茶香伴着音乐，能让客人获得美感，陶醉其中。

6. 产品推介能力

承担茶叶产品销售任务的茶艺师，必须有较强的产品推介能力。在掌握所销售茶叶产品基本情况（包括产品特性、生产厂家、生产工艺、历史典故等方面）的前提下，茶艺师应适时向顾客推介，并向顾客介绍茶叶储藏、冲泡品饮时的注意事项。一名合格的茶艺师应当能按照茶叶冲泡技艺要求冲泡不同品类茶饮，组织茶艺表演，设计各种规格的茶宴、茶会等。

如今，一名优秀的茶艺师需要具备的能力不仅是为客人泡好一杯茶，还需要具备丰富的茶文化知识、对美和艺术的鉴赏能力、对不同茶类的识别和冲泡技能等。茶艺师的工作适用范围主要为茶馆、茶艺馆、茶艺表演团体等。茶艺师要让宾客从茶中感受平和、追求宁静，享受茶带来的怡然自得，体会人生的真谛。要求做到举手投足的优雅，冲泡准确到位，讲解栩栩如生，茶席设计赏心悦目……

第十二节　宣传茶文化

茶文化是一个非常宽泛的概念，既有物质内容，也有精神内容，是人们在茶叶的种植、生产、加工、销售、饮用过程中，产生的物质和精神文化总和。物质的"茶"，作为一种基本的生活必需品，满足人的基本生活需要；精神的"茶"，是一种茶艺、茶道，"佳茗如佳人"。

普洱茶文化是中国茶文化的重要组成部分，它以普洱茶为载体，汇集、融合、积淀和传播了各种文化，是云南多样性的立体生态环境、丰富的民族文化、独特的生产工艺和文化积淀。普洱茶文化也具有物质和精神双重性质，体现了人与自然高度和谐的认知理念和实践。

普洱茶文化作为马帮文化或茶马文化的代表，除了具备优秀传统茶文化的精髓外，更有不可复制的独特之处，即普洱茶的民族特性和历史底蕴。品饮普洱茶，不仅是在品饮中国西南边疆云南地区的山光水色，更是在品饮云南民族文化的独特风味。普洱茶文化在成为云南民族文化象征的同时，还因为满足了人们重视提高生活质量、开放自我的文化心理需求，成为大众文化的典型代表。

▲ 赵丹丹老师进行茶艺表演教学

因为普洱茶文化的载体就是普洱茶,所以为了推动普洱茶文化的发展必然要将普洱茶进行产业化发展。普洱茶文化的基石就是生根与自然,随人文、社会的发展而不断发展。在产业化发展过程中,需要不断弘扬普洱茶自身的理念,建设普洱茶文化发展的人才和后备力量,将普洱茶文化和普洱茶产业有机结合起来,制定合理的产业政策、计划,以推广普洱茶文化。在发展普洱茶品牌文化的过程中,必须坚守普洱茶的品质。作为普洱茶文化的载体,一旦普洱茶品质出现了问题,就会对普洱茶文化的发展产生毁灭性的打击。例如,在一些旅游景区,游客付出高昂价格购买的所谓优质普洱茶实际上是很普通的种类,这种过于追求利益化的发展最终会给普洱茶文化的传播带来不利影响。

福佑景迈瑞气盈，佛光普照王者生。
天赐祥云贺盛世，千年明珠万象荣。

——天高云淡·景迈礼赞

景迈山茶盛世夸，香飘寰宇向天涯。
寻常几度千秋月，更展今朝万古霞。

——市委书记李庆元

这一树千年，缘往而情深！

有一种默契，叫相识如故，缘天赐，必永久！

这一叶不语，爱便是一生！

有一种感觉，叫白首如新，爱无疆，故永恒！

人生路远，山高水长；心怀热爱，一路向阳；景迈正山天高云淡，云普人家源远流长。

征途漫漫，山河远阔，唯有追逐梦想：梦想因坚信如炬而慨然以赴、日夜兼程而更加美好。
梦想成真，星辰大海，唯有不忘初心：初心因责任如山方挺身而出、勇者逆行方更加瑰丽。
仰观天宇，天上尘，千年景迈千锤百炼千年云之顶，历史天空坐标，岁月绵绵情怀，源远深邃；
俯身耕耘，地下土，非遗人家千古流传非遗云之巅，正山定海神针，未来熠熠生辉，无限可能。

——天高云淡·礼赞非遗人家古乔青饼凌云志，韶华不负行且知

千年飞天今朝始，景迈春香正当时。

——天高云淡·致景迈之约